市政工程 BIM 正向设计

上海市政工程设计研究总院（集团）有限公司　组织编写

张吕伟　吴军伟　主编

中国建筑工业出版社

图书在版编目（CIP）数据

市政工程 BIM 正向设计/上海市政工程设计研究总院
（集团）有限公司组织编写；张吕伟，吴军伟主编. —
北京：中国建筑工业出版社，2021.11
ISBN 978-7-112-26737-8

Ⅰ.①市… Ⅱ.①上…②张…③吴… Ⅲ.①建筑设
计-计算机辅助设计-应用软件-应用-市政工程 Ⅳ.
①TU99

中国版本图书馆 CIP 数据核字（2021）第 214612 号

本书对 BIM 正向设计产生背景、基础知识、软件支撑、工程应用及发展进行详细描述，旨在为市政设计行业企业数字化转型、企业 BIM 正向设计推广应用提供依据和参考。

全书共 12 章，第 1 章对设计手段进展进行回顾，对 BIM 正向设计实现意义、市政工程正向设计内容及存在问题进行综合论述；第 2 章对 BIM 正向设计需要掌握的基础知识进行系统性论述，如标准、软件、构件库、信息交换、管理等；第 3 章对国际 IFC 标准进行详细描述，同时对中国铁路、公路、水利行业扩展 IFC 标准进行详细分析；第 4～9 章针对目前国内外软件实现正向设计方法进行详细描述，选择国内外 6 家软件公司产品（国外 3 家、国内 3 家）；第 10、11章详细描述上海市政工程设计研究总院（集团）有限公司在道路、桥梁、水处理、管廊领域BIM 正向设计成果；第 12 章探索数字时代 BIM 技术与应用，BIM 与数字工程融合，实现城市级模型数据交换，为数字城市、智慧城市建设提供城市基础数据，充分体现 BIM 正向设计价值。

责任编辑：于　莉
责任校对：焦　乐

市政工程 BIM 正向设计

上海市政工程设计研究总院（集团）有限公司　组织编写
张吕伟　吴军伟　主编

＊

中国建筑工业出版社出版、发行（北京海淀三里河路 9 号）
各地新华书店、建筑书店经销
北京科地亚盟排版公司制版
廊坊市海涛印刷有限公司印刷

＊

开本：787 毫米×1092 毫米　1/16　印张：22¼　字数：548 千字
2021 年 11 月第一版　　2021 年 11 月第一次印刷
定价：78.00 元
ISBN 978-7-112-26737-8
（38065）

本书编委会

主　　　　编：张吕伟　吴军伟
副　主　　编：耿媛婧　徐晓宇
主要编写人员：卓鹏飞　方　毅　李　杰　闫　涛　郑　璇　姜　莹
　　　　　　　陈　静　黄　睿　张　磊　张　琦　张引玉　彭天驰
　　　　　　　朱伟南　季慕州　罗　乔　顾宏璐　许大鹏　沈永然
　　　　　　　王利强　丁永发　罗海涛　任　耀　姚飞骏　余良飞
　　　　　　　陈　晨　武　恒　薛治纲　任蔚青　夏彬磊　张师定
　　　　　　　孙云龙　韩厚正　梁明刚　郭素娟　邓雪原
参加编写人员：于　锋　李晓波　马　骏　林国登　陈　鑫　于文波
　　　　　　　王先建　袁　健　易思齐　翟晓卉　张　敏　石为民
　　　　　　　叶逸彬　雷　俊　曾建宇　陈姜天　袁　博　孙　杰
　　　　　　　刘润泽　王　民　吴　昊　李慧欣　郑志玲　吴宝荣
　　　　　　　陈沸镔　李思博　赵　越　陈淑敏

《市政工程 BIM 正向设计》参编单位

主 编 单 位：上海市政工程设计研究总院（集团）有限公司
参 编 单 位：达索析统（上海）信息技术有限公司
　　　　　　欧特克软件（中国）有限公司
　　　　　　Bentley 软件（北京）有限公司
　　　　　　广联达科技股份有限公司
　　　　　　上海同豪土木工程咨询有限公司
　　　　　　北京世纪旗云软件技术有限公司
　　　　　　上海交通大学 BIM 研究中心

前　言

　　为贯彻落实《国家信息化发展战略纲要》，住房和城乡建设部于2016年9月19日发布《2016—2020年建筑业信息化发展纲要》（建质函〔2016〕183号，简称《纲要》）。《纲要》提出，推广基于BIM的协同设计，开展多专业间的数据共享和协同，优化设计流程，提高设计质量和效率。研究开发基于BIM的集成设计系统及协同工作系统，实现建筑、结构、水暖电等专业的信息集成与共享。

　　近几年来，我国设计企业的经营形势日趋严峻，劳动力成本大幅度提升，为走出困境，设计企业纷纷响应国家提出的建筑产业化和信息化政策，改变传统的粗放型发展模式，从商业模式创新、产品创新、管理创新等方面寻找新的发展道路。在这种前提下，出现了一个新的名词"精细化设计"，目的是提升设计质量。

　　BIM技术是从基于点线面的二维表达向基于对象的三维形体与属性信息表达的转变。BIM技术是实现设计企业信息化、数字化、精细化的基础，被普遍认为将是继CAD技术之后的又一重大设计技术革命，得到了广大设计企业的充分重视和大力投入。BIM技术的实质是信息化深度应用的过程，解决信息来源、信息流转、信息应用的问题，属于信息交换技术范畴。

　　目前翻模技术思路占据着BIM技术领域的大半江山，除管线综合取得了明显的效益外，BIM技术在设计阶段其他方面的应用并不突出，很多翻模人员并非专业出身，也不具备专业技术知识。设计企业应从"正向设计"的角度去思考BIM技术与设计结合，以提升协同工作效率和设计质量为目标，寻求BIM技术发展的解决方案。

　　BIM技术与正向设计相结合，产生新的名词"BIM正向设计"。从某种意义上讲"正向"更多是一种象征，是对设计信息流控制应用的一种方式，即通常说的"先建模，后出图"方式。BIM正向设计是对传统项目设计流程的再造，各专业设计人员在三维协同平台上实现工程全过程设计，有别于以往的设计模式。新技术的应用会对原有工程设计模式产生冲击，引发人们对于BIM正向设计方法的思考。

　　BIM正向设计的初衷是从方案设计阶段就采用三维建模，项目所有的参与方通过BIM模型信息的集成，可以从中提取到各自所需的信息，BIM信息不断传递，一直延续到设计最终交付阶段，施工企业将设计单位提交的BIM模型作为生产和施工的依据，实现工程项目彻底"BIM化"。一致、协同、高效是BIM正向设计的主要特征。信息传递的一致性是正向设计的基础，信息丢失或不匹配将导致正向设计失去意义和价值。在一致性的基础上实现信息协同和对BIM信息流高效控制应用是BIM正向设计的核心理念。

　　当前BIM正向设计发展过程中主要存在如下问题：BIM标准体系还不完善，模型数据互操作性差，数据的完整性和复用性不强，数据难以集成为有效信息；各方利益不一致，很难建立开放透明、数据有效传递的BIM环境；BIM数据的载体是模型，数据结构与模型结构以及构建逻辑关联，模型结构以及构建逻辑与各类软件功能相关，很难统一。

BIM 数据交换问题如果不能得到有效解决，BIM 正向设计发展将会难以得到普及应用。

目前国际上针对信息交换标准倾向于 IFC 标准。IFC 标准把模型信息的表达和用于数据交换的实现方法从逻辑上分离，采用独立于任何具体软件系统的中性机制，可以有效地支持各行业各个应用系统之间的数据交换。

BIM 正向设计可以通过 IFC 标准对设计信息进行有效传递。但在项目实践中发现 IFC 标准与市政工程 BIM 软件整合度不足，采用 IFC 标准进行数据交互时常出现信息丢失、传递不一致等问题。原因是 IFC 标准是在建筑工程基础上建立起来的，其共享层、领域层中的实体不能满足市政工程全生命周期内对数据信息描述的要求，造成信息传递障碍。

由上海市政工程设计研究总院（集团）有限公司组织编写的《市政工程 BIM 技术丛书》中的《市政给水排水 BIM 技术》《市政道路桥梁 BIM 技术》《市政隧道管廊 BIM 技术》3 本 BIM 技术图书，比较完整地描述了市政工程设计阶段的数据信息，可以作为 IFC 标准满足市政工程设计信息的补充。

模型构件是模型的基本组成单元，模型构件的创建是实现模型最终交付的基础之一。BIM 构件库是模型构件的集合，BIM 构件库的重要性在于，它将企业在 BIM 技术项目实施过程中积累的有效模型构件进行整理保存，在后续项目中可根据需要修改参数继续使用，大大降低再次创建时间，为企业节约人力成本，提高建模设计效率。

CIM（City Information Modeling，城市信息模型）是以 3D GIS 和 BIM 技术为基础，集成了物联网（IoT）、云计算（Cloud Computing）、大数据（Big Data）、虚拟现实（VR）、增强现实（AR）、人工智能（AI）等先进技术。BIM 是构成 CIM 的重要基础数据之一，CIM 将开启 BIM 技术发展的第二个十年，同时也为整个 BIM 产业带来了新的生机，CIM 模型将是智慧城市的核心资产。

本书对 BIM 正向设计产生背景、基础知识、软件支撑、工程应用及发展进行详细描述，共分为 12 章。

第 1 章对设计手段进展进行回顾，对 BIM 正向设计实现意义、市政工程正向设计内容及存在问题进行综合论述；第 2 章对 BIM 正向设计所需要掌握的基础知识进行系统性论述，如标准、软件、构件库、信息交换、管理等；第 3 章对国际 IFC 标准进行详细描述，同时对中国铁路、公路、水利行业扩展 IFC 标准进行详细分析；第 4～9 章针对目前国内外软件实现正向设计方法进行详细描述，选择国内外 6 家软件公司产品（国外 3 家、国内 3 家）；第 10、11 章详细描述上海市政工程设计研究总院（集团）有限公司在道路、桥梁、水处理、管廊领域 BIM 正向设计成果；第 12 章探索数字时代 BIM 技术与应用，BIM 与数字工程融合，实现城市级模型数据交换，为数字城市、智慧城市建设提供城市基础数据，充分体现 BIM 正向设计价值。

本书编制内容力求全面、系统、客观，表现形式通俗性与专业性相结合，为市政设计行业企业数字化转型、企业 BIM 正向设计推广应用提供依据和参考。

鉴于 BIM 正向设计刚起步，典型案例较少，应用效果总结不系统，作者的水平和时间有限，还有许多不足之处，有些观点和内容也不一定正确，期待将来逐步完善。

本书适用对象主要是设计人员，也可供 BIM 从业人员作为 BIM 技术应用参考资料。

目　　录

第 1 章 绪 论

1.1 BIM 概述

BIM（Building Information Modeling）即建筑信息模型，通常称为信息模型，这样可以避免误会为属于建筑专业的模型。各工程类型都有属于本专业的信息模型，如道路信息模型、桥梁信息模型、隧道信息模型等。

住房和城乡建设部《建筑信息模型应用指导意见》（建质函［2015］159 号）对 BIM 做出了明确定义。BIM 是在计算机辅助设计（CAD）等技术基础上发展起来的多维模型信息集成技术，是对建筑工程物理特征和功能特性信息的数字化承载和可视化表达；BIM 能够应用于工程项目规划、勘察、设计、施工、运营维护等各阶段，实现建筑全生命周期各参与方在同一多维建筑信息模型基础上的数据共享，为产业链贯通、工业化建造和繁荣建筑创作提供技术保障。

交通运输部《推进公路水运工程 BIM 技术应用的指导意见》（交办公路［2017］205 号）明确指出，加快形成以 BIM 数据方式提交设计成果的能力。鼓励在初步设计阶段同时提交 BIM 数据形式表述的总体设计方案，技术复杂的大桥、地质水文条件复杂的隧道、港口码头、航电枢纽、航道整治等工程鼓励提交 BIM 数据表述的总体布置及关键结构方案。在施工图设计阶段，鼓励利用 BIM 技术进行构造细部优化和施工组织设计；鼓励提交基于地理信息系统（GIS）的交通安全设施、环保景观 BIM 设计文件，推进 BIM 与 GIS 的结合。

BIM 理念是信息共享，BIM 基础是标准化，BIM 核心是信息化。BIM 作为单一工程数据源，可解决分布式、异构工程数据之间的一致性和全局共享问题，支持建设项目全生命周期中动态的工程信息创建、管理和共享。BIM 同时又是一种应用于设计、建造、管理的数字化方法，这种方法支持工程建设的集成管理环境，可提高工程建设整体效率，降低工程建设过程中各类风险，提升工程建设质量。

BIM 技术属于信息交换技术，可以将建（构）筑物的信息集为一体，进行多元化的处理，输出结果将建（构）筑物的真实状态清晰显示出来，以便业主、施工单位和设计单位在工程项目投资决策阶段、设计阶段、施工阶段及运营阶段能够进行相互沟通及协同工作，有效提高工作效率、节省资源、降低成本。

1.1.1 BIM 基本特征

（1）信息的完备性

信息模型除了对工程对象进行 3D 几何信息和拓扑关系的描述，还包括完整的工程信息描述，如对象名称、结构类型、建筑材料、工程性能等设计信息；施工工序、进度、成本、质量以及人力、机械、材料资源等施工信息；工程安全性能、材料耐久性能等维护信息；对象之间的工程逻辑关系等。

（2）信息的关联性

信息模型中的对象是可识别且相互关联的，系统能够对模型的信息进行统计和分析，并生成相应的图形和文档。如果模型中的某个对象发生变化，与之关联的所有对象都会随之更新，以保持信息模型的完整性和健壮性。

（3）信息的一致性

信息模型在建筑全生命周期的不同阶段是一致的，同一信息无需重复输入，而且信息模型能够自动演化，信息模型中各对象在不同阶段可以简单地进行修改和扩展而无需重新创建，避免了信息不一致的错误。

1.1.2 BIM 应用意义

（1）实现设计对象之间的关联

信息模型包含几何信息和非几何信息。利用几何信息可以生成各种图形和文档，而且始终与信息模型逻辑相关，当信息模型发生变化时，与之关联的图形和文档将自动更新；设计过程中所创建的工程对象存在着内建的逻辑关联关系，当某个对象发生变化时，与之关联的对象随之变化。

（2）实现各参与方之间的信息共享

信息模型作为单一工程数据源。工程项目各参与方使用的是单一信息源，确保了信息的准确性和一致性，实现了项目各参与方之间的信息交流和共享，从根本上解决了项目各参与方基于纸介质方式进行信息交流形成的"信息断层"和应用系统之间的"信息孤岛"问题。

各专业 CAD 系统可从信息模型中获取所需的设计参数和相关信息，无需重复录入数据，避免了数据冗余、歧义和错误。

（3）实现各专业之间的协同设计

信息模型是一个工程设计数据库，以工程构件作为管理对象，为协同设计的实现提供了信息共享平台。在相关软件的支持下，各个专业完成的设计信息模型实时传递到共享平台上，在设计过程中，如某专业的设计发生变更，平台中的数据将会实时进行更新，与之相关的部门和专业都可以随时通过平台分享变更信息，以便可以及时做出与之相对应的设计方案。

1.1.3 BIM 正向设计意义

工程设计图纸最早是由设计人员用尺子圆规在图板上绘制完成，交由现场施工单位进行施工及施工前准备。到 20 世纪 90 年代 2D CAD 的兴起，设计行业迎来了一次革新，由原来的手工绘制转向了电脑绘制，但是绘制逻辑还是二维的。这次变革提高了绘图效率，特别是修改效率比之前的手工绘制提高了几倍，但是由于绘制逻辑没变，设计的质量问题仍然没有得到解决。

正向设计（3D CAD 与协同设计相结合）改变了传统的设计模式和逻辑。构建各专业设计模型，协调各专业设计的综合问题，在 3D 模型的基础上，解决设计问题以及各种施工问题，最后剖切模型，出各种设计图纸。这种模式改变了设计人员的工作模式，设计人员 85%～90%的精力和时间用在建设计模型以及解决各种设计问题上，将主要精力都放在了设计本身，而最后的出图只占了 10%～15%的精力和时间。视图与模型关联，模型修改自动关联视图修改，保证了各种图纸的质量，降低了图形修改的人力成本，提高了设计人员的工作效率和设计质量。

然而，正向设计最终将各个专业的三维设计成果以二维 CAD 图纸的形式综合在一起，形成项目最终的设计成果，没有实现设计模型作为设计成果交付。工程项目全生命周期各阶段、每个参与方之间信息互用效率低，造成信息丢失、信息孤岛等问题。因此，改进信息互用效率对提高工程项目整体质量和效率至关重要。

信息互用，是指在工程项目全生命周期建设过程中各参与方之间、不同应用系统工具之间对项目信息的交换和共享。BIM 技术是从根本上解决工程项目全生命周期产生的信息在各专业、各阶段之间的有效传递与共享利用，因此 BIM 被认为是解决目前工程建设行业信息互用效率低下的有效途径。

BIM 技术与正向设计相结合，产生新的名词"BIM 正向设计"。某种意义上"正向"更多地是一种象征，是对设计信息流控制应用的一种方式，即通常说的"先建模，后出图"方式。BIM 正向设计方式是工程项目在信息共享环境下，从方案设计开始到项目施工完成交付使用，全过程基于 BIM 模型实现信息交换，传统设计交互、信息共享，以及项目工作流程、工作方式、交付成果均发生改变，使项目从设计阶段开始到施工、运营，全面提升项目质量和项目管理水平。

1.2　设计手段发展历程

自 2000 年建设部发布《全国工程勘察设计行业 2000—2005 年计算机应用工程及信息化发展规划纲要》以来，我国勘察设计行业的信息化发展已逾 20 年，期间经历了"十五"的网络建设和集成设计系统、"十一五"的信息化集成系统、"十二五"的数字化设计和云计算平台以及"十三五"的勘察设计"互联网＋"应用 4 个阶段。工程设计技术的不断进步对企业信息化建设提出了越来越高的要求，而信息技术和数字化技术的快速发展也推动着勘察设计行业现代化的发展。

1.2.1　2D CAD 设计

CAD 技术的普及促进了设计生产方式的变革。勘察设计行业在建筑领域中率先使用计算机技术，成为我国信息化建设起步早、发展快、效益高的行业。在"九五"期间，建设部通过制定"九五"CAD 技术发展纲要，明确提出了 CAD 应用的任务、目标、措施和验收等内容，指导全国勘察设计行业的计算机应用，极大地推动了 CAD 技术的普及。

CAD 技术的先进性和经济效益是显著的。传统的手工设计方法无法避免"错、漏、碰、缺"等设计错误，采用 CAD 技术后，由于设计工作规范化，数据调用、分析计算、碰撞检查、出图、生成设计文件以及各专业间的配合，都由计算机来完成，从而大大提高了设计质量，工效提高了几倍到几十倍。

2D CAD 起到的作用是代替手工绘图，即我们常说的"甩图板"。2D CAD 设计的优势在于 4 个方面：一是对硬件要求低；二是易于培训，设计人员在学习了 2D CAD 基本绘图命令后，就可以开始工作了；三是灵活，用户可以随心所欲地通过图形线条表达设计内容，大多数情况下，2D 的表达是可以满足工程设计要求的；四是基于 2D CAD 有着大量的第三方专业辅助软件，这些软件大幅提高了 2D 设计的绘图效率。

自"甩掉图板"之后，勘察设计行业信息化建设开始进入了计算机应用的阶段，加快了 CAD 技术的发展和普及。在"十五"期间，大部分单位已经完全普及 CAD 二维设计，同时也掌握了三维设计技术。CAD 设计软件进入百花齐放的阶段，各类面向不同专业和方向的设计软件相继面市。

CAD 设计软件的应用与普及，提升了设计的效率与质量，提高了设计人员的单兵作战能力，但同时也带来了新的需求——企业管理与设计生产间的数据交互和传递。在这样的背景下，信息化建设进入了系统应用阶段。

1.2.2 协同设计

《"十一五"工程勘察设计行业信息化发展规划纲要》要求，在计算机技术的支撑下，实现协同设计、优化设计、信息集成、资源共享；要从二维勘察、二维设计提升到三维协同勘察、三维协同设计上来。

协同设计是设计行业技术更新的一个重要方向，也是设计技术发展的必然趋势。为了适应协同设计技术发展，《房屋建筑制图统一标准》GB/T 50001—2017 增加了协同设计内容。《房屋建筑制图统一标准》GB/T 50001—2017 对协同设计的定义是，通过计算机网络与计算机辅助设计技术，创建协作设计环境，使设计团队各成员围绕共同的设计目标与对象，按照各自分工，并行交互式地完成设计任务，实现设计资源的优化配置和共享，最终获得符合工程要求设计成果文件的设计过程。该标准也对协同层级进行了定义：

文件级协同（file level collaboration），是协同设计的初级方式，所有协同设计的工作基于工作文件展开，以外部文件引用或者互提文件作为协同工作的推进手段。

图层级协同（layer level collaboration），是协同设计的高级方式，所有协同设计的工作在互提文件的基础上，通过图层过滤器对图层进行过滤，保留必要的图层，再进行协同设计。

数据级协同（data level collaboration），是协同设计的最高级方式，在所有协同设计的工作数据共享的基础上实现，通过建立底层数据统一，使各专业及各终端间的数据实现连续协调。

BIM 技术与协同设计技术将成为互相依赖、密不可分的整体，其属于数据级协同。协同是 BIM 的核心概念，同一构件元素，只需输入一次各工种共享元素数据，并于不同的专业角度操作该构件元素。可以说 BIM 技术将为未来协同设计提供底层支撑，大幅提升协同设计的技术含量。BIM 带来的不仅是技术，也将是新的工作流及新的行业惯例。

BIM 技术为协同设计的实现提供了信息共享的平台，在相关软件的支持下，设计方可以将各个专业的设计成果传递到共享平台上，在设计过程中，如某专业的设计发生变更，平台中的数据将会实时进行更新，与之相关的部门和专业都可以随时通过平台分享变更信息，以便可以及时做出与之相对应的设计方案。

1.2.3 三维设计

《"十二五"工程勘察设计行业信息化发展规划纲要》明确"十二五"期间发展目标

为：大型骨干工程设计单位基本建立协同设计、三维设计的设计集成系统，大型骨干勘察企业基本建立三维地层信息系统，其他工程勘察设计单位基本建立计算机辅助设计系统，实现工程勘察设计优化；普及可视化、参数化三维模型设计以提高设计水平、降低工程投资，实现从设计、采购、建造、投产开车到运维全过程的集成应用。

三维设计是新一代数字化、虚拟化、智能化设计平台的基础。它是建立在平面和二维设计的基础上，以三维设计思维，让设计目标更立体化、更形象化的一种新兴设计方法。

市政工程三维设计是指在建立三维地形模型的基础上进行三维选线、三维建模、参数设置、性能分析、工程量统计和工程出图等。现代三维设计方法还应在数据级协同设计和资源管理的环境下开展工作。

三维设计是 BIM 正向设计的基础。通过将非几何信息集成到模型构件中，如材料特征、物理特征、力学参数、设计属性、价格参数、厂商信息等，使得模型构件成为智能实体，三维模型升级为 BIM 模型。BIM 模型可以通过图形运算并考虑专业出图规则形成二维图纸，并可以提取出其他的文档，如工程量统计表等，还可以将模型用于性能分析、日照分析、结构分析、照明分析、声学分析、客流物流分析等诸多方面。

1.2.4 参数化设计

参数化设计（parametric design）是一种可以通过计算机技术自动生成设计方案的方法。在 CAD 中要实现参数化设计，参数化模型的建立是关键。参数化模型表示了实体图形的几何约束和工程约束。几何约束包括结构约束和尺寸约束。结构约束是指几何元素之间的拓扑约束关系，如平行、垂直、相切、对称等；尺寸约束则是通过尺寸标注表示的约束，如距离尺寸、角度尺寸、半径尺寸等。工程约束是指尺寸之间的约束关系，通过定义尺寸变量及它们之间在数值上和逻辑上的关系来表示。

参数化设计是 BIM 的一个重要思想，主要用于规划、设计阶段，它分为两个部分：参数化图元和参数化修改引擎。BIM 中的构件都是以参数化图元的形式出现，这些构件之间的不同是通过参数的调整反映出来的，参数保存了图元作为数字化构件的所有信息；参数化修改引擎提供的参数更改技术，对构件的移动、删除和尺寸的改动所引起的参数变化，会引起相关构件的参数产生关联的变化，如任一视图下所发生的变更都能参数化地、双向地传递到所有视图，以保证所有图纸的一致性，毋须逐一对所有视图进行修改，从而提高了设计效率和质量。

1.2.5 BIM 技术

在《2016—2020 年建筑业信息化发展纲要》战略目标的指导下，中国勘察设计协会发布了《"十三五"工程勘察设计行业信息化工作指导意见》，要求"着力增强 BIM、大数据、智能化、移动通信、云计算、物联网等信息技术集成应用能力，建筑业数字化、网络化、智能化取得突破性进展，初步建成一体化行业监管和服务平台"。

BIM 技术的出现和不断深入应用，使工程项目管理的"颗粒度"进一步细化。在二维平面设计下，通过图形来表达设计意图，最终形成了以矢量图形组成的示意图，图面上各个设计元素通过文字标注和相应的图例来进行表达。因此，二维设计项目管理以文件为单位，基于设计文件进行文档管理、协同共享和电子交付。然而当基于 BIM 技术设计时，则是通过构件来进行表达，所有的设计元素都是一个构件，它包含与之相关的几何信息和非几何信息。这种模式类似于软件开发中的面向对象方法，每一个构件对应一个类（族），通过类生成一个对象（构件）。由于 BIM 技术的这种特性，整个建筑物被拆分为一个个容易被计算机识别的建筑构件，形成结构化的建筑数据库。因此，基于 BIM 技术设计的过程也可以看作是建筑物进行数据建模的过程，而结构化的数据不仅可以实现信息共享和精细化设计，也可以实现真正协同设计，提升工程项目的整体设计效率和质量。

1.3　BIM 正向设计

BIM 正向设计通常是指基于 BIM 技术"先建模，后出图"的三维协同设计方法。BIM 正向设计是对传统项目设计流程的再造，各专业设计人员集中在三维共享信息平台上实现工程设计，有别于以往的设计模式。

1.3.1　BIM 正向设计行业现状

设计阶段 BIM 应用中，行业的一般做法还停留在后 BIM 的状态，利用 BIM 的模型化与可视化特点，还原已经完成的施工图图纸，通过模型的三维特点，查验设计中的空间物理冲突，通过对这些冲突或缺陷的反馈，由设计团队进行弥补，从而提升设计质量。

因为在 BIM 工作开始前，施工图已经基本完成，即设计工作已经基本完成，相对于整个设计阶段工作的诸多核心内容，包括各专业指标计算、性能计算、创意、推演、合规等内容，均在未借助 BIM 技术的情况下完成，所以当前所谓的 BIM 正向设计本质上是一种设计辅助和补充，相对于整个设计过程，它的作用是对设计的反向回馈，它又被称为逆向 BIM 设计。

逆向 BIM 设计是基于图纸的翻模还原，图纸在"提资"BIM 以后，仍旧面临不断深化和修改调整的任务，而翻模无法及时跟上设计的调整频率，致使设计进度和 BIM 工作普遍出现脱节现象，在设计周期紧张或三边工程的项目中，这种情况尤为明显。

1.3.2　BIM 正向设计价值

近年来，无论是国家行业政策还是技术需求方面，都非常重视信息化建设以及 BIM 技术的发展。设计在工程全产业链中处于龙头地位，是工程最主要的信息来源。由于 BIM 正向设计是 BIM 应用的信息源头，因此，在设计中应用 BIM 正向设计对于工程全生命周期的 BIM 应用至关重要。

BIM 正向设计是将 BIM 技术（信息交换技术）和三维数字化设计技术有效结合，并应用于工程设计各阶段，实现数据级协同设计，以提高企业核心竞争力，是工程设计必然的发展方向。

一致、协同、高效是 BIM 正向设计的主要特征。其中：信息传递的一致性是正向设计的基础；在一致性的基础上实现信息协同和对 BIM 信息流高效控制应用是正向设计的核心理念。

BIM 正向设计还使设计信息存储方式发生了改变。传统 CAD 设计方式以线条、字符、图块作为设计信息存储的基本单元，各信息单元之间缺乏有意义的联系，主要通过人为干预组织实现信息的传递和表达，缺少工程意义上的信息传递标准和机制。采用 BIM 信息流方式传递 BIM 正向设计数据，是基于对象的可视化传递，具有对象信息提取高效、数据结构完整、便于交互协同和模拟分析、可全周期集成应用等优点，具体表现如下：

（1）BIM 模型的创建，依据的是设计意图而非成品或半成品的图纸；

（2）BIM 模型作为首选项，进行设计的性能指标计算、设计推演和合规检查；

（3）BIM 模型作为主要的成果载体，进行过程交互和阶段交付；

（4）BIM 模型中包含设计相关信息，其信息的价值大于图形的价值；

（5）BIM 模型作为核心模型，可直接或间接用于多种 BIM 应用，并可以从应用中获得直接或间接回馈，用以丰富和优化 BIM 模型；

（6）BIM 模型具有可传递性，可在原模型基础上优化，用于后续阶段，而无需重新建模。

1.3.3　BIM 正向设计实现模式

BIM 正向设计严格按照设计流程，利用 BIM 模型进行信息共享和传递，完成全过程三维设计。BIM 正向设计的目标是能够直接在三维协同环境下，完成参数化设计、方案优化、自动出图、图纸与模型相互关联，甚至可以与计算模型结合，同步优化。

BIM 正向设计有以下 3 种实现模式：

（1）"先建模，后出图"的 BIM 正向设计

因为使用"先建模，后出图"的正向设计 BIM 技术应用方式，保证了图纸和模型的一致性，减少了施工图的错漏碰缺，对于设计质量有很大的提高，是 BIM 正向设计的初级阶段，以模型应用为主。

（2）全专业的 BIM 正向设计

实现设计过程中各专业之间的信息共享，降低专业交接次数，提高专业间协同效率，更加高效地把控项目设计的质量和效率，是 BIM 正向设计的发展阶段，以信息应用为主。

（3）全三维的 BIM 正向设计

直接在信息共享环境下，以 BIM 模型作为信息源，进行设计优化、性能分析、工程算量统计、出工程图等，减少二维设计盲区，提高设计成果的完整性和准确性，让设计更合理，这也是 BIM 正向设计的最终目标，实现以 BIM 模型作为唯一数据源进行信息交换，完成全过程三维设计。

1.3.4　BIM 正向设计优势

（1）设计方式改变

1）CAD 设计以线和文字为基础，强调二维表达。图形与文字相互独立，易造成图形与文字不一致问题。

2）BIM 正向设计以模型和信息为基础，强调三维空间，模型、信息、图形高度统一。平面图、剖面图、立面图、详图实际为一个模型不同的剖切视图，图形之间、图形与信息之间相互关联，解决了专业内与专业间图形与信息不一致的问题。

（2）任务分配改变

1）CAD 设计按照图纸分配任务，设计顺序为先平面图再立面图、剖面图最后详图。

平面图、立面图、剖面图、详图等设计可能对应不同设计人员。

2）BIM 正向设计按照项目实际工程分配任务，不同设计人员都对应同一个 BIM 设计模型，建模过程兼顾全面，不仅要考虑平面图而且兼顾立面图、剖面图和详图。

（3）协同设计升级

1）CAD 设计参照底图模式，按规定时间节点进行提资。修改设计对各专业一般是按照一个时间周期反馈；对其他人或其他专业的影响以及对于问题的处理和反馈相对滞后。

2）BIM 正向设计基于三维协同模式，一个模型一张图可多人同时协同完成；修改提资只需点击同步与更新，修改信息会实时反馈到各专业，对其他人或其他专业的影响会实时呈现。

（4）项目模拟分析

1）CAD 设计需根据图纸重新创建模型，每次更新图纸需对应更改模型，设计、分析和建模可以是不同的人，可能导致模型不够准确，反馈结果相对滞后。

2）BIM 正向设计利用设计模型，通过转换模型格式导入计算模拟软件，设计人员能独立完成模拟、分析、计算，对成果把控更好，对设计推进更有利。

（5）项目信息整合

1）CAD 设计项目数据是离散的图形，携带数据有限，只能通过线型、图层及说明表达，无法对项目进行整合，也很难通过软件进行数据提取，项目管理相对分散。

2）BIM 正向设计数据集中管理，模型需输入项目信息，如门的具体尺寸、防火等级、生产厂家、材质等参数，能对项目信息进行整合，可通过软件进行数据筛分，实现不同参与方对项目的不同需求。

（6）设计任务前置

1）CAD 设计各阶段工作深度已比较明确，如初步设计阶段机电一般为单线表达，在项目完成 90％后才进行管线综合设计。

2）BIM 正向设计各专业设计工作均前置，初步设计阶段要求结构、机电管线均需按尺寸建模，在项目全生命周期内会有实时或者多次管线综合。BIM 相关技术要求和资源均需在项目正式开始前部署完成，初步设计阶段前置施工图工作量占 10％～20％。

1.3.5　BIM 正向设计相关配套技术

在三维协同平台上，建立建模规范、数据自检、高效工具、重用知识、智能设计等知识库，确保 BIM 正向设计的目标真正落地。

（1）建立统一的结合 CAD 软件使用规范

通用建模规范、二维出图规范、标准构件建立及应用指南。

（2）建立数据标准与自动检查工具

自动检查内容包括：

1）属性类，如：参数名称、参数值、物料号、单位等；

2）建模规范类，如：构件拆分、分类编码、命名规范等；

3）可建造性类，如：碰撞检查、净高检查等。

（3）建立统一和高效的标注工具

目前国内在推行 BIM 正向设计时，同时要求形成具有法律效力的二维设计文件。主流国外三维软件的二维标注功能不符合中国标注要求，标注方式和效率方面不理想，因此，需要在国外三维软件标注功能的基础上，二次开发出既符合我国标准又高效的二维标注工具，从而全面提升三维转二维出图的效率及规范性，真正实现二维工程图与三维模型一致并相关。

（4）建立设计模板库

针对构筑物结构的相似性，为了避免重复工作，将构筑物按照模块化划分和分类，并将每一类的模块设计为模板，模板包含可参数化驱动的模型和关联的二维工程图；以后在进行类似构筑物设计时，从模板库中找到相应的模板，参数化驱动调整模板主体参数，可快速生成该构筑物大部分特征三维模型和对应的工程图，从而大大提高设计效率。

（5）建立构筑物参数化智能设计库

在三维软件平台基础上进行二次开发，建立智能设计系统，实现在专有的界面中选择类型及输入参数的方式，快速得到构筑物的三维模型、二维工程图以及工程量清单，整体提高三维设计效率。

1.3.6　BIM 正向设计质量管理要求

BIM 正向设计将对设计企业人员架构、工作流程、成果文件等方面产生影响，这意味着质量标准的管理内容需要不断衍生变化。

（1）交付成果

BIM 正向设计要求各专业不仅要提交传统的设计成果，还要提交 BIM 成果文件，而对于 BIM 成果文件，在技术标准中需要对各阶段的模型精度和模型内容进行规定。

（2）模型审核

交付 BIM 模型时，其中一个重要的环节是对 BIM 模型的质量审核，要求质量校审文件能在协同平台上与模型进行关联，便于实时查看相关审核文件。

（3）专业配置

BIM 技术应用成果文件的审核、协同管理平台工作权限的设置等内容的新增，意味着将产生新的职能岗位和职责。

（4）策划表格优化

成果文件、技术工种以及办公模式的演变都将要求对原有的 ISO 表格进行更新和优化。例如，根据 BIM 正向设计需要增加 ISO 表格、BIM 专项评审表、BIM 模型检测及校审表、BIM 模型交付记录表等。

1.3.7　BIM 正向设计能力需求

BIM 正向设计需要的人力资源，应为首先具备专业能力，有较好的执行力和自我约束力，其次建立 BIM 意识，再次具备软件能力的人才。

（1）专业能力

BIM 正向设计的设计工作绝大多数是由设计人员完成的，而非 BIM 工程师来完成，所以设计人员的专业能力是保证成果有效性、合理性的关键因素。只具备软件能力，而缺乏专业能力的项目参与人员，仅可称之为操作员，而非 BIM 工程师，更不是 BIM 设计人员。

对于除设计生产人员以外的研究性人员，在 BIM 正向设计的能力建设中，专业能力的优先级仍然是最高的。研究性人员在具备专业能力的前提下，从事 BIM 研究，才能理解软件、联系应用、明晰设计人员诉求、验证解决方案的合理性。

（2）执行力

BIM 标准、协同规则等制定时的角度，往往是基于项目整体，对于项目参与的个体而言，并非每个约束都可以在该个体上得到积极的反馈，新的框架、规则使得原有的职责界限和负担内容产生变化，需要参与者积极的配合。

尤其在协同工作体系下，对个人效率的依赖明显减弱，而是通过约定的规则和标准来提升协同工作参与者的团队整体效率。

在实践中经常可以碰到，标准和制度制定得比较先进和完整，但执行差，使得整个体系被否定。BIM 正向设计也面临同样的风险，尤其是团队成员因为第一能力的要求，普遍具有良好的专业能力和项目实践经验，在固有经验存在的前提下，变化后的规则和标准需要团队执行力的保障。

（3）BIM 意识

BIM 可以认为是一种新的项目生产与管理的方法论，BIM 意识的培养除了从学术角度的阐述外，还包括项目实践的验证等。

（4）软件能力

软件的功能学习是一个非常简单的过程，根据以往经验，从入门到基础的学习时间在 2~3 小时，从基础到中级的学习时间在 1~2 周。

软件能力的关键项并不是学会每个功能的使用方法，而是理解软件内在的功能逻辑、面对问题时多功能之间的组合方式、软件的可扩展性、多个软件之间的数据衔接以及软件体系内的综合应用。

1.4　BIM 正向设计实现

1.4.1　准备阶段

1. 前期策划

传统设计项目策划都相对简单，多数参数都是根据经验来制定，而对于 BIM 正向设计，因为很多设计手段和理念都与传统设计有较大差别，因此前期策划就显得格外重要，提前规范所有可能影响项目进度和成果的因素，对项目实施起到指导和控制作用，以保证项目最终完成。传统项目策划包含项目信息、人员安排、时间安排、流程计划等。BIM 正向设计策划还需包含以下内容：BIM 实施策略、BIM 标准及软件平台、模型拆分及权限设定、项目基准点及数据交换、校审、会审流程及日期、成果交付标准。

2. 协同设计环境准备

设计环境主要包括项目基准、模型标准、注释标准。项目基准包括项目标高、轴网（中心线）、立面、视图范围设定；模型标准包括路线、路面、基础、结构、管线等模型构件的设定；注释标准包括尺寸标注、文字标注、注释线等设定，还包括协同网络搭建、权限划分等。

3. 模型文件组织

项目类型不同其模型组织方式也不同。对于道路项目按每个标段拆分为 1 个子模型，对每个分项进行详细建模，每个分项建模均在标段子模型中完成，最后对整个项目进行拼装；对于桥梁项目一般按照上部结构、下部结构、辅助结构进行拆分，每个分项对应结构、辅助实施等子项建模，最后进行合模。

4. BIM 出图策划

根据项目要求，提前对项目 BIM 出图范围进行策划，BIM 模型出图分为 2 种：

(1) 完全在 BIM 环境中，进行深化设计和模型视图二维加工，完成图纸（优先选择）；

(2) 将模型视图导入 CAD 环境中，进行深化设计和二维加工，完成图纸。

1.4.2 建模阶段

1. 方案阶段

方案阶段进行 BIM 建模，利用 BIM 的可视化特性，进行场地、空间、建筑外形、立面效果的展示，利用 BIM 性能分析的优势对项目进行方案优化。

2. 初步设计阶段

初步设计阶段一般会有 2 种情况：

(1) 深化模型：方案阶段已建 BIM 模型，可沿用模型进行深化；

(2) 重新建模：方案阶段未建 BIM 模型或已建 BIM 模型但变更较大需重新建模。

3. 施工图设计阶段

施工图设计阶段均需对整个项目模型按照施工图策划重新拆分和组织，有 2 种情况：

(1) 深化模型：在初步设计模型基础上继续进行模型深化；

(2) 重新建模：按施工图设计标准进行模型建立与标准统一。

施工图设计阶段完成 BIM 模型，需要各专业进行碰撞检查、相互校核，进行项目全专业深化设计和出施工图。

1.4.3 交付阶段

基于 BIM 模型进行设计交互、出图、工程量统计、设计成果交付（含 3D 成果）是 BIM 正向设计的主要外部表现；以 BIM 模型作为信息载体，通过对设计信息流的重构（技术层面）和设计流程制度的革新（模式层面），最终实现设计信息全过程共享。一致、协同、高效是 BIM 正向设计的主要特征。其中：信息传递的一致性是 BIM 正向设计的基础；信息丢失或不匹配，将导致 BIM 正向设计失去意义和价值。

1.4.4 应用阶段

1. 数据应用

采用 BIM 进行项目管理的关键点之一是数据共享，采用 BIM 进行数据分析的优势在于模型、信息、表格是关联的，设计过程就是装配各类构件的过程。各类构件布置完成、数据录入完成后，各类关联数据表格会同时自动完成，BIM 应用需要的数据可从各类表格数据中直接提取出来，也可通过其他软件进行分类提取。模型进行的工程量计算、设计调整，关联数据表格均会自动更新。

2. 碰撞检查

碰撞检查是 BIM 应用的价值点之一，如何进行有效、有价值的检查是关键。Navisworks 是一款整合项目 BIM 模型进行检查和问题记录的平台，其可整合所有通用的数据格式文件。通过 Navisworks 对各专业模型进行整合，进而进行专业间的冲突检查和合规性检查。

3. 管线综合

BIM 应用最广泛的是管线综合。通过整合各专业 BIM 模型，结合净高分析结果，对管线路由进行优化设计，梳理管线走向排布；按照不同专业的功能要求和施工安装要求，统筹协调管线和设备，完成定位和走向排布，最终完成管线综合图纸和协调模型。BIM 正向设计应该在各阶段进行模型综合和管线综合优化。

4. 图模一致

BIM 正向设计成果二维图纸来源于模型。设计人员基于模型进行项目性能分析、合模检查、管线综合等设计协调工作，完成后通过剖切模型生成平面视图，对二维平面视图进行标注，并完成施工图设计出图，保证模型与图纸的一致性。

5. 轻量化成果

由于 BIM 设计模型对计算机配置要求较高，因此需采用专业软件查看。BIM 设计模型可以转换为轻量化模型，即 BIM 浏览模型，供参与方共享。各参与人员无需安装专业软件即可在网页端、移动端、PC 端随时查看模型，并进行审核和意见批注，可提高业主及设计相关方的沟通效率。

1.5 市政工程 BIM 正向设计内容

1.5.1 道路工程 BIM 正向设计内容

1. 可行性研究阶段

在充分调查研究、评价预测和必要的测量勘察工作基础上，提取出工可阶段基本资料信息，运用以上参考信息对道路各专业进行比选和节点分析，最终得出道路工可阶段 BIM 信息，对项目的必要性、技术可行性、经济合理性、实施可能性、环境影响性，进行综合性的研究和论证。工程总体方案研究，包括线位方案比选、路面方案比选、横断面方案比选等；交通量预测、通行能力分析；照明分析、排水分析；环境影响分析与节能评价。

建模内容：

（1）道路设计模型应包括：道路设计标准、路段模型、平面交叉模型、立体交叉模型、路基模型、边坡防护模型、支挡结构模型、地基处理模型、路面模型、分隔带模型、边沟模型、涵洞模型等。

（2）根据道路（或匝道）的平面、纵断面设计，初步构建道路中心线模型。

（3）基于横断面设计模板，初步建立横断面模型。

（4）基于道路中心线模型、横断面模型，初步建立路段模型；根据路段模型，基于平面交叉、立体交叉设计，初步建立平面交叉模型及立体交叉模型。

（5）根据路段模型、平面交叉模型、立体交叉模型，满足工程可行性研究深度要求的路基、边坡防护、支挡结构、地基处理等设计，初步建立路基模型、边坡防护模型、支挡结构模型、地基处理模型。

（6）根据路段模型、平面交叉模型、立体交叉模型，满足工程可行性研究深度要求的路面结构、分隔带结构等设计，初步建立路面模型、分隔带模型。

2. 初步设计阶段

对各专业进行细化和深化设计，最终得到初步设计阶段 BIM 信息模型，其深度应能控制工程投资、满足主要设备订货、招标及施工准备等要求。主要需进行以下分析：可视化比选分析、运行安全评价分析；路基稳定性验算、耐久性分析；路面分析计算；排水水力分析、结构分析。

建模内容：

（1）根据各条道路（匝道）平面、纵断面设计，建立并核查各条道路（匝道）的道路中心线模型空间关系；结合各条道路（匝道）超高、加宽及横断面布置，深化路段模型。

（2）根据深化后的路段模型，基于平面交叉设计模板，深化平面交叉模型。结合深化后的路段模型，确定立交主线出入口布置，完善立交匝道间分合流布置，深化立体交叉模型。

（3）根据深化后的路段模型、平面交叉模型、立体交叉模型，满足初步设计要求的路基、边坡防护、支挡结构、地基处理、路面结构、分隔带结构、边沟模板和涵洞等设计，分别深化路基模型、边坡防护模型、支挡结构模型、地基处理模型、路面模型、分隔带模型、边沟模型、涵洞模型。

3. 施工图设计阶段

对各专业进行细化和深化设计，最终得到施工图设计阶段 BIM 信息模型，其深度应能满足施工招标、施工安装、材料设备订货、非标设备制作和加工及编制施工图预算的要求。

建模内容：

（1）依据综合碰撞检查要求和道路线形设计标准，核查各条道路（匝道）的道路中心线模型，并最终确定道路空间中心线布局。

（2）基于横断面设计模板，深化和细化横断面模型。

（3）根据竖向设计要求，深化和细化平面交叉模型、立体交叉模型的竖向布置，必要时可进行排水流向分析。

（4）完善路基模型、边坡防护模型、支挡结构模型、地基处理模型、路面模型、分隔带模型、边沟模型、涵洞模型，最终确定相应的空间位置及详细几何尺寸要求，添加相应的材料组成及性能要求、施工工艺及施工验收要求等。

（5）根据道路设计模型，结合路基路面内部排水设计要求，构建路基路面内部排水模型，添加材料组成及性能要求、施工工艺及施工验收要求。

1.5.2　桥梁工程 BIM 正向设计内容

1. 可行性研究阶段

根据设计要求，结合各种桥梁结构的特点，确定桥梁结构类型、跨径布置、分孔方式及横断面布置；根据上部结构形式、跨度、桥梁高度以及场地地质条件，确定下部结构形式；根据使用及景观要求，确定照明等附属结构方案。

建模内容：

（1）桥梁设计模型应包含桥梁总体布置模型、上部结构模型、墩台模型、基础模型以及附属设施模型。

（2）根据道路中心线模型及桥梁总体布置方案，构建桥梁总体布置模型，构建上部结构模型；构建基础及墩台模型；构建附属设施模型。

2. 初步设计阶段

确定主要结构或构件的定位和几何构造等信息。基于详细的基础资料，结合各类桥梁结构的特点完善总体设计，包括落实桥位、优化跨径布置、分孔方式、桥梁总长及横断面布置，确定桥面标高、坡度等总体信息；根据跨径大小、桥宽、结构特点，确定桥梁上部结构截面形式、截面高度、厚度、宽度等参数；根据上部结构的跨度、桥高确定桥墩、桥塔等构造，结合场地地质条件合理选择基础形式及基本参数；考虑桥梁与道路的连接，根据安全、实用及景观要求，进行附属结构设计。

建模内容：

（1）根据初步设计要求，结合道路设计模型及桥梁跨径布置，深化桥梁总体布置模型。

（2）基于桥梁总体布置模型，深化桥梁上部结构模型、墩台模型、基础模型以及附属设施模型。

（3）基于桥梁模型单元，对预应力混凝土结构关键节点创建预应力钢束模型，对钢结构创建主要板件模型。

3. 施工图设计阶段

对桥梁各构件进行详细的结构计算，确保强度、稳定性、刚度、裂缝、构造等各项技术指标满足规范要求。深化主要结构或复杂细部构造的细部设计，细化构造，详细具体尺寸、标高等信息；确定具体的附属和景观等结构的类型、数量和设计详细模型；提出合理的施工组织计划，对相应的施工工艺进行说明，注明施工过程中的注意要点。

建模内容：

（1）根据施工图设计要求，结合道路中心线及横断面布置，核查并最终确定桥梁总体布置模型。

（2）深化和细化桥梁上部结构模型、墩台模型、基础模型、附属设施模型，并最终确定相应的空间位置及详细尺寸，补充相应的材料信息、性能要求、构件编码、工程量统计以及施工验收要求等。

（3）根据桥梁专业内部构造检查结果，确定标准混凝土构件结构钢筋模型及预应力钢束模型，确定标准钢结构板件模型，模型精度应能满足施工图设计阶段的深度要求及施工要求。

1.5.3 隧道工程 BIM 正向设计内容

1. 可行性研究阶段

在充分调查研究、评价预测和必要的勘察工作基础上，对项目建设的必要性、经济合理性、技术可行性、实施可能性、对环境的影响性，进行综合性的研究和论证，对不同建设方案进行比较，提出推荐方案。工程总体方案研究，包括线位方案比选、隧道实施方案比选、路线交叉与疏解、交通组织和评价等；隧道工程线路、建筑景观、结构、通风、给水排水、供配电和照明及监控的总体布设方案；接线道路工程、附属工程方案；防灾救援方案分析、环境影响分析与节能评价。

建模内容：

（1）隧道设计模型应包括：隧道总体布置模型、隧道建筑模型、隧道结构模型、附属设施模型。

（2）根据道路专业交接的道路中心线模型及隧道总体布置方案，构建隧道总体布置模型。

（3）基于隧道总体布置模型初步构建隧道建筑模型、隧道结构模型；根据总体设计方案构建隧道附属设施模型。

2. 初步设计阶段

初步设计主要应明确工程规模、建设目的、投资效益、设计原则和标准，深化设计方案，确定拆迁、征地范围和数量。主要用于控制工程投资，满足编制施工图设计、招标及施工准备的要求。

线路设计主要包括隧道线路平、纵等设计原则，控制因素分析和设计方案等。

建筑设计主要包括隧道建筑总体布置，隧道横断面设计，盾构法隧道的盾构工作井设计（沉管隧道的连接井设计等），隧道设备用房设计（包括变电所、消防泵房、风机房和风塔、光过渡建筑等），隧道装修设计，景观与绿化设计等。

结构设计应根据其采用的工法特点来进行针对性的设计（重点在于结构单元的划分、结构设计参数与关键构造措施等，如盾构法的结构设计参数、拼装方式及相应构造措施等，沉管法的结构设计参数、节段划分、接头设计、基础与覆盖处理等，矿山法的初期支护参数、二次衬砌参数、辅助性施工技术措施、变形缝设置等，明挖法的结构设计参数、变形缝设置等）。

隧道通风设计主要包括风量计算，通风方式比选及设备配置，防排烟，系统控制，通风节能与环保等。

隧道给水排水设计和消防主要包括隧道给水系统，废水、雨水排水系统，消防系统，消防设备控制要求等。

隧道照明设计主要包括光源与灯具选择，照明布置方式，照明供电设计，照明控制，照明设备和照明节能措施等。

隧道供电设计主要包括电源及供电方案，变、配电系统，设备控制及选择，变电所继电保护及自动化装备，接地与防雷，负荷统计，电气节能与环保等。

建模内容：

（1）根据初步设计要求，深化隧道总体布置模型、隧道建筑模型和隧道结构模型。

（2）根据深化后的隧道建筑模型、围护结构模型、内部结构模型，基于通风设计方案，构建隧道通风模型；根据给水排水设计方案构建给水排水模型；根据照明、供配电、监控等专业设计及设备布置原则，完成各专业终端模型；根据隧道装修设计方案构建装修模型。

（3）对隧道工程的关键性、复杂性节点，进行精细化建模。

（4）根据隧道整体景观方案初步创建隧道景观模型。

3. 施工图设计阶段

施工图设计应根据批准的初步设计进行编制，其设计文件应能满足施工招标、施工安装、材料设备订货、非标设备制作和加工及编制施工图预算的要求。

道路交通组织，应处理好与周边路网的关系。建筑设计总平面布置，应在满足交通功能的前提下，综合考虑规划用地、城市景观、环境保护、防灾的要求，进行地下道路主体、地下附属设施及地面附属设施的布置。

结构设计应满足城市规划、总体设计、道路设计、施工、运营、防火、防水、抗震的要求。结构的净空尺寸应满足建筑限界、设备限界、施工工艺及使用等要求。

隧道通风设计包括通风系统平面、通风横断面、通风机房、附属工程通风空调的设计等。

隧道给水排水、消防设计包括给水排水、消防系统平面布置，消防泵房、雨水泵房、废水泵房等的设计。

隧道照明设计包括照明开关柜、照明配电站、照明平面布置、设备用房照明的设计等。

建模内容：

（1）根据施工图设计要求，深化和细化隧道总体布置模型、隧道建筑模型和隧道结构模型。

（2）补充和完善装饰装修模型、通风系统模型、给水排水及消防系统模型、供配电及照明系统模型、综合监控系统模型、通信系统模型，并对建筑结构模型按照变形缝进行拆分，最终确定相应的空间位置及详细尺寸，补充相应的材料信息、性能要求、工程量统计以及施工验收要求。

1.5.4 给水排水工程 BIM 正向设计内容

1. 可行性研究阶段

确定给水厂规模、厂址、工艺流程以及厂平面布置。同时对单体构筑物的工艺参数、净空尺寸、工艺设备、工艺系统进行设计，可通过环境分析以及工艺分析等应用辅助方案设计。可行性研究阶段工艺专业 BIM 正向设计具体内容见表 1-1。

可行性研究阶段工艺专业 BIM 正向设计 表 1-1

功能/需求	设计内容	BIM 正向设计描述
厂址选择	环境分析	1. 通过提取厂址附近气象信息进行日照分析； 2. 通过提取设计资料中现状信息及规划信息对水厂的征地拆迁、水源保证、水土保持、噪声等内容进行分析和评估。如征地拆迁：提取现状地物以及规划用地等信息对厂址占地进行评估，确定征拆量、拆除地物技术难度及经济价值，最后综合进行经济技术指标评价
工艺流程	工艺分析	BIM 与大数据结合，通过大数据提取工程所在区域附近的水厂信息，如规模、进出水质、工艺流程等，自动智能匹配工艺方案及构筑物选型，生成工艺分析报告，辅助设计人员进行设计
	工艺校核	1. 根据既定工艺流程模型，提取进出水质、规模等工艺设计参数（功能级），结合设计构筑物尺寸反算其负荷等参数，与规范及大数据进行评估校核； 2. 提取设计工艺模型信息进行仿真模拟，校核其出水水质是否达标

续表

功能/需求	设计内容	BIM 正向设计描述
厂平面布置	厂平面分析	提取设计厂平面布置模型信息，如构（建）筑物位置及尺寸，分析校核构（建）筑物间距是否满足规范要求
	虚拟漫游	提取厂平面以及单体构筑物模型，进行虚拟漫游以及三维可视化展示，虚拟漫游可以进行专业协同检查，确保各专业设计理念无冲突，三维展示可以将方案模型进行三维可视化展示，作为成果供领导决策用

2. 初步设计阶段

确定工艺总体设计，可通过土方平衡、竖向分析、构筑物设计、工艺校核以及厂平面分析等应用辅助进行设计。初步设计阶段工艺专业 BIM 正向设计具体内容见表 1-2。

初步设计阶段工艺专业 BIM 正向设计　　　　　　　　　　　　表 1-2

功能/需求	设计内容	BIM 正向设计描述
工艺流程	工艺校核	1. 根据确定的工艺流程模型，提取进出水质、水量等工艺设计参数（构件级），结合设计构筑物尺寸反算其负荷等参数，与规范及大数据进行评估校核； 2. 提取设计工艺模型信息进行仿真模拟，校核其出水水质是否达标
厂平面及竖向	厂平面分析	提取设计好的厂平面布置模型信息，如构（建）筑物位置及尺寸，分析校核构（建）筑物间距是否满足规范要求
	竖向分析	提取单体构筑物及厂平面工艺管线信息，计算各单体构筑物以及连接工艺管的水损，辅助竖向设计，同时也可分析出构筑物中部分加压设备（水泵）的性能参数，辅助设备选型
	土方平衡	提取设计厂平面信息以及工程地质勘测信息进行土方平衡过程分析，得到清表、填挖、夯实等土方平衡各步骤工程量
构筑物设计	构筑物设计	根据工艺，提取设计参数对构筑物以及构筑物主要设备进行分析计算，并建立初模，辅助设计人员进行设计
管线碰撞	碰撞分析	提取初模中管道及土建信息，进行碰撞分析，与建筑和结构专业进行协同。碰撞分析分为两种：其一为管线与土建交叉碰撞未预留孔洞；其二为管线与土建平行布置但间距不满足规范或管线敷设间距要求
工程量统计	工程量统计	提取模型中设备及材料信息，对其进行数量统计，生成工程量清单

3. 施工图设计阶段

通过设备模拟等应用辅助进行设计。施工图设计阶段工艺专业 BIM 正向设计具体内容见表 1-3。

施工图设计阶段工艺专业 BIM 正向设计　　　　　　　　　　　　表 1-3

功能/需求	设计内容	BIM 正向设计描述
构筑物设计	设备模拟	提取模型信息，对设备的进场、安装、维修进行方案模拟，看构筑物设计是否合理，预留检修孔洞以及净空是否满足要求
管线碰撞	碰撞分析	提取模型中管道及土建信息，进行碰撞分析，与建筑和结构专业进行协同。碰撞分析分为两种：其一为管线与土建交叉碰撞未预留孔洞；其二为管线与土建平行布置但间距不满足管线敷设间距要求
	管线碰撞	提取模型中管道信息，进行碰撞分析，实现管道零碰撞。碰撞分析分为两种：其一为管线与管线交叉碰撞，需要设置弯头或调整走向避开碰撞；其二为管线与管线间距不满足规范或施工要求

续表

功能/需求	设计内容	BIM 正向设计描述
工程量统计	工程量统计	提取工艺模型中设备、管道及附件、工艺材料信息，对其进行数量统计，生成工程量清单
指导施工	虚拟漫游	1. 提取模型信息，生成三维可视化模型，进行虚拟漫游，施工单位可更加理解设计意图，指导施工及设备安装，减少失误； 2. 结合 VR 技术，施工过程中进行远程多方（施工、设计、业主、监理、审计等）协同沟通，提高施工过程中沟通效率，使设计变更或施工联系更加高效

1.6 BIM 正向设计实现难点

BIM 作为一种全新的理念和技术，已经得到广泛认可。尤其是在设计阶段，基于 BIM 技术的正向设计可大幅提高工程设计质量、降低工程造价、缩短设计周期，是未来勘察设计的主要手段。然而，目前 BIM 正向设计技术的研究处于探索阶段，尚未形成系统的解决方案和设计流程，设计软件工具不完善，多数项目以"先设计后建模型"为主，设计与 BIM 模型割裂，难以发挥 BIM 的最大价值。

1.6.1 BIM 正向设计实现技术问题

（1）标准问题

BIM 正向设计只有在充分的信息交换环境下，才能产生价值。国内信息交换标准体系不成熟、设计流程和交付内容不明确，导致 BIM 正向设计在设计阶段发展缓慢。国外 BIM 标准重点在信息交换，国内 BIM 标准重点在 BIM 应用。

（2）软件问题

BIM 正向设计需要依靠软件实现，目前使用更多的是国外 BIM 应用软件，国产软件数量不多。国外软件需要进行本地化二次开发，以满足国内设计规范要求。

（3）信息传递问题

BIM 正向设计首先需要解决将多源模型信息传递至协同平台问题，多源模型来自不同软件和不同专业，存在信息交换格式不一致、信息交换深度不一致等问题，需要对传递信息进行重构。通过研发信息处理平台，可以实现基于 BIM 信息流重构的多源模型 BIM 正向设计。

（4）进度问题

BIM 正向设计在国外比较常见，基于国外较为宽松的设计周期和相对较多的交付成果，BIM 正向设计相较于传统设计所格外消耗的时间，在项目中并不会引起较大的矛盾。但在国内，极限压缩的设计周期以及基于该周期不断增加的交付成果，导致 BIM 正向设计的矛盾甚为明显。

（5）效率问题

目前仍以二维设计手段为主，三维出图必然比二维出图付出更多的代价，完成同一项工作使用 BIM 正向设计花费的时间可能会数倍于使用 CAD 所花费的时间。国家正在积极推进 BIM 成果交付，交通运输部办公厅《关于推进公路水运工程 BIM 技术应用的指导意见》（交办公路［2017］205 号）明确表示加快形成以 BIM 数据方式提交设计成果的能力，可以解决三维转二维增加工作量问题。

（6）平台问题

现在的 BIM 设计平台软件很多，各类软件针对不同专业各有优势，虽然外面可以各尽其用，但还需要一个统筹的一体化信息平台，以便能够更好地融合这些不同软件平台的 BIM 模型信息，方便组装、使用。

1.6.2 企业推动 BIM 正向设计效益问题

在 BIM 技术研发上的投入能否得到回报，做 BIM 究竟能产生多少价值，设计成果能否从 BIM 模型中直接提取，设计效率和质量能否得到有效提高，设计人员能否减少重复劳动，这些问题还处于探索阶段。

目前 BIM 正向设计在设计企业主要是以试点的形式存在和发展，一直没有主动大力推广，主要原因在于：

（1）企业效益问题

BIM 技术应用一直处于投入大、产出小的状态，如果不是业主强制实施，作为企业难以大力推广 BIM 技术应用。

（2）配套软件问题

BIM 技术最早发展于建筑行业，2013 年前后才引入基础设施行业，主流平台均为国外产品，还没有与国内标准和规范进行深度融合，与之配套的专业软件更是匮乏，实施效率低，难以实现或推广 BIM 正向设计。

（3）相关的法规不够健全完善

目前 BIM 相关的法律和法规相对滞后，BIM 设计成果的合法性、有效性、一致性等问题尚待研究解决，还有 BIM 数据修改权限和知识产权等问题均是企业采用 BIM 设计的制约因素。

1.6.3 专业设计人员掌握 BIM 能力问题

美国实施 BIM 技术的主力年龄分布在 30～45 岁，这部分具备丰富专业背景的 BIM 人员是美国 BIM 成果推进的关键和主力。反观国内，目前 20～30 岁人员是 BIM 具体实施的主要人群。

BIM 技术要在正向设计上真正落地，需要具有 5 年以上专业设计经验的人员直接参与，但是，让他们改变传统的工作模式非常困难。设计企业中能够积极主动学习新技术的都是毕业 1～2 年或者刚刚大学毕业的新员工，这部分人的专业技术和知识储备还没有健全，这是目前国内推行 BIM 的最大阻碍。

BIM 技术是一种全新的思路与管理运作方式，不单单是某个软件、某种工具，不是一学就会，会了就能用的，它不是一个人、一个部门的事情，它需要设计各专业紧紧围绕着以企业为主导的 BIM 协同平台通力合作。

因此，熟练掌握 BIM 软件，会 BIM 技术应用，懂专业设计，正是各大设计企业迫切需要的 BIM 正向设计人才。

1. 6. 4　参与方掌握 BIM 能力问题

BIM 推广速度较慢，行业整体的 BIM 水平还处在比较低下的状态。在实践过程中，BIM 正向设计在项目多参与方的配合并不理想，主要的参与方，例如业主、设计、施工总包，具有一定的 BIM 能力；但涉及专项顾问、审图机构、专项施工分包等时，因为它们在 BIM 能力上的缺失，造成了比较明显的沟通障碍，尤其是审图机构，政府在大力倡导 BIM 和明确要求 BIM 作为交付成果的同时，报批和审图机构还普遍不具有对 BIM 成果审核的能力。

第 2 章　BIM 正向设计基础

2.1　概述

BIM 是一个理念，也是一项技术，更是一个平台。BIM 技术首先实现的是信息共享（理念），其次是数据交换和数据存储格式统一（技术）及数据应用价值体现（平台）。

推广 BIM 正向设计的初心是利用信息化促进设计各方的信息交换。这种信息交换体现在传统设计方式中各专业之间的交接，按照共享的信息交换格式，提高交接信息的效率；各个专业把自己的信息结构化和模板化，提高交接信息的准确度。利用三维模型和其中的信息，自动生成所需要的图档，确保模型数据信息一致完整，并可在后续进行传递。

BIM 标准体系不完善、本地化专业设计软件不成熟、设计流程和交付方式不明确，且无法输出满足规范要求的成果，导致 BIM 技术在设计阶段发展缓慢，与 BIM 正向设计的目标还存在差距。

2.1.1　BIM 标准

BIM 标准不仅仅是一个数据模型传递数据的格式标准或者分类标准，还包括对 BIM 正向设计各参与方进行数据交换或数据模型交付所需要的内容、节点、深度和格式的规定，也是对工作流程与管理的规定。

BIM 标准为 BIM 正向设计的各参与方提供了共同的语言，BIM 正向设计的实现不可能由一个软件完成，也不可能由一个机构或个体完成，不同软件、不同专业之间需要对话，需要共同的语言，需要一致的方法和方式提供项目元素数据，能够方便项目设计人员之间的交流；BIM 标准为各方交流提供了统一的平台，减少了由于不同参与者管理不同的系统和终端而导致的错误信息；BIM 标准能够标准化应用与管理，如合同、交付、沟通和工作流等；BIM 标准在不同项目、不同项目类别和业主中创造一致性和可预测性，能够帮助减少 BIM 实施过程中的风险。

BIM 标准是建立标准的语义和信息交流的规则，可为建筑全生命周期的信息资源共享和业务协作提供有效保证，包括规划阶段、设计阶段、建造阶段以及后期的运营维护阶段，只有各阶段的数据实现共享交互，才能发挥 BIM 正向设计的价值。

2.1.2　BIM 软件

BIM 的三维、海量数据、信息共享等特性，决定了没有相关 BIM 软件就没办法开展 BIM 正向设计。BIM 正向设计的多样性，又决定了不存在能够完成所有 BIM 任务的 BIM 软件，BIM 软件一定是能够完成各种特定 BIM 任务的系列软件集合。

BIM 专业软件的功能性和成熟度是 BIM 正向设计成功应用的决定性因素之一，而目前国内外针对市政行业领域开发的 BIM 软件很少，许多市政特有专业完全没有 BIM 软件可用。没有 BIM 软件，BIM 标准就无法落地，BIM 软件与 BIM 标准体系应从战略层面同步思考和推进。

目前 BIM 软件体系还不成熟，要想实现真正意义上的 BIM 正向设计，还有很长的路要走。设计企业要根据自己的实际情况，选择合适的 BIM 软件，选择合理的发展模式与推进速度。

2.1.3　BIM 构件

BIM 正向设计离不开 BIM 信息资源的积累，而 BIM 构件是 BIM 正向设计过程中积累的 BIM 资源。BIM 构件库的系统性和完备性对于 BIM 模型的创建和应用以及 BIM 建模效率起到了非常重要的作用。因此开发和维护完备的 BIM 构件库管理系统，提升 BIM 构件库的应用水平和管理水平是影响 BIM 正向设计的重要因素。

目前对 BIM 构件的命名、分类、编码和流程缺乏标准化管理，对 BIM 构件的管理多采用个人计算机终端以插件形式进行，较少采用服务器和系统平台进行，存在 BIM 构件标准化程度低、管理流程效率低、软硬件成本高、BIM 构件库扩展困难、缺乏 BIM 构件管理平台的支持等问题。近年来，随着云计算和云服务器在各个领域的应用以及 BIM 云技术的不断发展，建立 BIM 构件的分类和编码标准，完善 BIM 构件的管理流程，结合云计算和云服务器技术开发 BIM 构件库管理系统，为 BIM 构件库管理提供可行的技术标准和技术路线。

2.1.4　BIM 协同平台

当前 BIM 软件间的信息数据交互性较差，导致项目规划、设计、施工、运营、维护阶段各自处于"孤立"状态，无法形成全生命周期的联动，使得信息化具备的集成化、协同化特点无法体现。因此一个具有统一标准能够连接建设工程全生命周期不同阶段的数据、过程和资源，为建设项目参与方提供一个集成管理、协同工作、科学决策环境的 BIM 平台，是当前 BIM 正向设计急需填补的空白。

BIM 正向设计要在设计过程中利用 BIM 技术，有序地组织协同设计工作流和 BIM 数据流。而这个工作流包含的内容涵盖设计模型、线路、路基、桥梁、隧道分析等方面。工作流中规定了工作内容的先后顺序，BIM 数据流中定义了 BIM 设计成果的传递方向。

2.2　国内外 BIM 标准组织

2.2.1　国际 BIM 标准组织

1. buildingSMART 国际组织

国际 BIM 标准组织 bSI（buildingSMART International）是一个中立化、国际性、独立的服务于 BIM 全生命周期的非营利组织，bSI 主页如图 2-1 所示。旨在促进在建筑工程全生命周期过程中，各参与方之间的信息交流与协同合作。

bSI 的前身是国际数据互用联盟 IAI（International Alliance of Interoperability），成立于 1994 年。自成立以来，bSI 联合多家建筑、工程、产品、软件等领域的全世界知名企业和单位，在北美、欧洲、澳大利亚、亚洲及中东地区的许多国家设立了分部。

bSI 对全球 BIM 技术研发的主要贡献包括：

（1）工业基础类 IFC（Industry Foundation Class）标准。自从 BIM 技术在建筑行业的优势开始受到广泛认同以来，许多软件厂商开始相继研发基于 BIM 技术的设计软件和协作平台。不同文件格式之间的沟通转换需要统一的数据接口。IFC 标准为这种数据接口的开发提供了技术依据和准则，为设计文件在众多不同软件和平台之间的传输和读取提供了便利。

图 2-1　国际 BIM 标准组织 bSI 主页（www.buildingsmart.org）

（2）OpenBIM。这是基于开放的标准和透明的工作流程的一种工作模式，旨在促进设计环节各专业各部门间的协同合作。

（3）此外，bSI 还积极举行各种国际交流活动，以拉近商业软件公司与工程实践用户之间的距离，提高 BIM 技术研发创新的效率。国际 BIM 组织和标准图标如图 2-2 所示。

(a)　　　　　　　　　　　　　　　(b)　　　　　　　(c)

图 2-2　国际 BIM 组织和标准图标

(a) 国际 BIM 标准组织 bSI 图标；(b) OpenBIM 图标；(c) IFC 标准图标

2. buildingSMART 中国分部

中国于 2008 年加入 buildingSMART 国际组织，并成立了 buildingSMART China Chapter（即 buildingSMART 中国分部）。但在当时的大环境下，中国分部的运营没有取得良好的效果。效果不佳的关键是当时我国的 BIM 发展不成熟，国家也没有立项编制 BIM 标准，只停留在学术交流层面。

目前，我国正在编制 BIM 国家标准，迫切需要跟国际 BIM 标准组织交流。同时，随着越来越多的国家开始关注和认同 buildingSMART 国际组织及其主要产品如 IFC 和 OpenBIM，国内建筑各行各业对于 BIM 产生日渐浓厚的兴趣，2013 年 5 月 buildingSMART 中国分部在中国建筑标准设计研究院的支持下恢复成立，中国分部主页如图 2-3 所示。

图 2-3　buildingSMART 中国分部主页（www. bschina. org）

buildingSMART 中国分部将致力于创造一个开放的沟通平台，具体包括：促进 IFC 标准在中国落地；推广 OpenBIM 的全行业协作模式；确保国家标准与国际标准接轨。

中国分部设 6 个职能部门，即技术委员会、媒体宣传部、会务活动部、财务管理部、对外交流部和用户群组管理部。各部门的主要任务各有侧重，且相互影响。所有部门均由执行委员会统一管理。

2.2.2　中国 BIM 标准组织

1. 中国 BIM 标委会

中国工程建设标准化协会建筑信息模型专业委员会（简称"中国 BIM 标委会"），英文译名为 China BIM Standard Committee，代号 TC-45，是经业务主管部门住房和城乡建设部同意，登记管理机关民政部批准登记的，中国工程建设标准化协会的专业性分支机构，是由单位和个人自愿组成的非营利性组织，民政部登记号为 4058-45。中国 BIM 标委会的依托单位是中国建筑科学研究院有限公司。

中国 BIM 标委会是在住房和城乡建设部、中国工程建设标准化协会的领导下，从事建筑工程信息模型领域标准化工作的技术组织，为 BIM 标准化活动构建一个高层次的统筹指导、协调沟通以及合作交流的平台，为促进建筑信息模型标准化事业的健康发展贡献力量。

中国 BIM 标委会根据中国工程建设标准化协会的授权，全权开展 BIM 协会标准的全过程管理工作。中国 BIM 标委会探索标准创新立项方式，采用随时申报，定期审批立项的方式，长期开展中国 BIM 应用标准项目征集工作。

中国 BIM 标委会在 BIM 领域主要开展以下工作：

（1）为业务主管部门提供 BIM 标准化的方针、政策和技术措施建议；

（2）负责组织制定中国 BIM 标准体系，组织制定、修订和管理 BIM 协会标准；

（3）组织会员参与 BIM 国家标准、行业标准、地方标准的制定、审查、宣贯及有关的科学研究工作；

（4）组织开展 BIM 宣讲、解释、培训和标准化学术活动；

（5）组织开展 BIM 标准化技术咨询、项目论证和成果评价等技术服务工作；

（6）组织开展 BIM 标准化国际合作和交流，参与国际标准化活动；

（7）接受企业委托，协助编制 BIM 企业标准；

（8）开展建筑环境与节能方面的标准化工作。

2. 中国 BIM 发展联盟

为了落实《中共中央　国务院关于深化科技体制改革加快国家创新体系建设的意见》

（中发［2012］6 号），深入实施国家技术创新工程，推进我国 BIM 技术、标准和软件协调配套发展，实现技术成果的标准化和产业化，提高产业核心竞争力，在中国建筑科学研究院有限公司的倡导下，业内多家骨干企业于 2012 年共同发起成立了建筑信息模型（BIM）产业技术创新战略联盟（简称"中国 BIM 发展联盟"），联盟主页如图 2-4 所示。

图 2-4　中国 BIM 发展联盟主页（www. chinabimunion. net）

2013 年，中国 BIM 发展联盟由国家科技部确定为第三批国家产业技术创新战略试点联盟，即"国家建筑信息模型（BIM）产业技术创新战略试点联盟"。

中国 BIM 发展联盟的宗旨包括但不限于：

（1）筹集 BIM 应用技术与标准研发资金；

（2）建设 BIM 应用技术、标准、软件技术创新平台；

（3）加强 BIM 产学研用技术交流与合作。

中国 BIM 发展联盟自成立以来，创新性地提出了"P-BIM"理念，筹措了合作创新项目经费 1000 余万元，组织实施了项目研究 3 项、课题研究 10 项、子课题研究 38 项，参与单位共达 132 家，近期还通过中国工程建设标准化协会立项并组织开展了 21 部 P-BIM系列标准的编制工作。

2.2.3　国内外 BIM 标准架构

1. 国外 BIM 标准架构

第一类是以国家或行业级标准为目标，以美国的 NBIMS（National Building Information Model Standard）为代表。从软件技术和工业实施两方面对 BIM 的实现提出标准和指导。

第二类是基于某个 BIM 软件平台，以实现项目 BIM 实施过程的规范和统一为目标，以英国和新加坡制定的基于特定软件的实施指南为代表。

2. 中国 BIM 标准架构

第一类：CBIMS（Chinese Building Information Model Standard）标准框架，主要是从信息化的角度，从理论层面论述 BIM 标准体系的框架和方法论。该标准框架的理论和方法与 NBIMS 类似。CBIMS 标准框架可以作为我国国家和行业 BIM 标准编制的理论基础，如图 2-5 所示。

第二类：中国国家 BIM 标准系列。为住房和城乡建设部主持编写的建筑领域国家BIM 标准，研究思路参照借鉴国际 BIM 标准的同时兼顾国内建筑规范规定和建设管理流程要求，如图 2-6 所示。

第三类：地方 BIM 标准。主要是对地域内建筑业 BIM 应用的统一规定。例如北京市《民用建筑信息模型（BIM）设计基础标准》、上海市《建筑信息模型应用标准》，如图 2-7 所示。

无论是从理论研究还是基础实践等方面看，国内外 BIM 的发展仍然处于初级阶段。因此，尽管编制单位作了充分准备，BIM 国家标准在制定过程中仍然存在诸多困难。

图 2-5　CBIMS 标准框架　　　　图 2-6　国家交付标准　　　　图 2-7　地方应用标准

2.3　国内外 BIM 标准

2.3.1　国际 BIM 标准状况

对 BIM 标准的研究是从 IFC 标准开始的。1997 年 1 月，国际数据互用联盟 IAI 发布了 IFC 标准的第一个完整版本。经过十余年的努力，IFC 标准的覆盖范围、应用领域、模型框架都有了很大的改进，并已经被 ISO 接受。IFC 标准是面向对象的三维建筑产品数据标准，其在建筑规划、建筑设计、工程施工、电子政务等领域获得广泛应用。

2007 年美国国家建筑科学研究所 NIBS 发布了基于 IFC 标准制定的 BIM 应用标准 NBIMS。NBIMS 是一个完整的 BIM 指导性和规范性的标准，它规定了基于 IFC 数据格式的建筑信息模型在不同行业之间信息交互的要求，以实现信息化促进商业进程的目的，如图 2-8 所示。

2009 年英国建筑业 BIM 标准委员会（AEC（UK）BIM Standard Committee）发布了"AEC（UK）BIM Standard"，2010 年在此基础上进一步发布了基于 Revit 平台的 BIM 实施标准"AEC（UK）BIM Standard for Autodesk Revit"，该标准旨在指导和支持在 Revit 平台基础上的 BIM 技术应用，其目的在于确保 BIM 项目文件在结构上的统一性，以利于各项目参与方、各项目阶段之间的信息互换，如图 2-9 所示。

2009 年以来，加拿大、澳大利亚、日本、韩国等国家也相继发布了各种 BIM 应用标准和指南。

2010 年国际标准化组织（ISO）推出了 BIM 信息交付标准：Building information modeling-Information delivery manual（IDM）。目前，这部标准有两个部分："Part 1:

Methodology and format"（ISO 29481-1：2010）和"Part 2：Interaction framework"（ISO 29481-2：2012）。

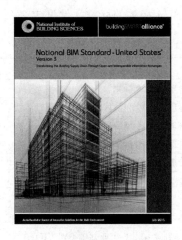

图 2-8　美国 NBIMS 第三版　　　　图 2-9　英国 BIM 实施标准（Revit 软件）

2.3.2　国际 BIM 标准体系

1. 标准体系

国际上 BIM 标准可分为 3 个主要体系：美国体系、欧洲体系和亚洲体系。

欧洲体系的标准发展最早，细化且深入，操作性较强，数据标准采用国际 IFC 体系。如英国、芬兰、挪威等。

北欧国家冬季漫长多雪，这使得建筑的预制化非常重要，这也促进了包含丰富数据、基于模型的 BIM 技术的发展，使得这些国家及早地进行了 BIM 的部署。

美国体系的标准覆盖范围较全面，国家和地方互相配合，侧重基于 COBie 的交付标准。

亚洲体系的标准偏向项目应用层面，数据标准层面较弱。如新加坡、韩国、日本、中国香港等。

2. 标准类型

国际上已经发布的 BIM 标准主要可以分为两类：

第一类是基础数据标准，通常由行业性协会或机构提出推荐做法，由 ISO 等认证的相关行业数据标准，包含信息存储、分类及交换格式。主要分为 IFC（Industry Foundation Class，工业基础类）、IDM（Information Delivery Manual，信息交付手册）、IFD（International Framework for Dictionaries，国际字典）三类，它们是实现 BIM 价值的三大支撑技术。

第二类为执行应用标准，是各个国家针对本国建筑业发展情况制定的 BIM 标准，是针对 BIM 项目应用的指导性标准，是该国针对自身发展情况制定的指导本国实施 BIM 的操作指南，包含项目分类、模型等级、项目交付、协同工作、IT 管理等内容。

2.3.3　国际 BIM ISO 标准

ISO/TC 59/SC 13 是国际标准化组织（ISO）针对 BIM 的信息管理领域的技术委员会，该技术委员会负责制定建筑和土木工程领域中的组织机构和信息数字化，包括 BIM

领域中相应标准的制定和维护。该技术委员会包含中国、英国、德国、法国、美国、加拿大、澳洲等 27 个成员国。

目前，ISO 已经发布的和正在制定/修订的与 BIM 相关的标准文件见表 2-1。

与 BIM 相关的 ISO 标准   表 2-1

序号	标准编号	标准名称
1	ISO 19650-1：2018	使用 BIM 进行信息管理-概念和原则
2	ISO 19650-2：2018	使用 BIM 进行信息管理-资产交付阶段
3	ISO 19650-3：2020	使用 BIM 进行信息管理-资产运维阶段
4	ISO 19650-4	使用 BIM 进行信息管理-信息交换（尚未发布）
5	ISO 19650-5：2020	使用 BIM 进行信息管理-信息管理的安全防范方法
6	ISO 23386：2020	工程中 BIM 和其他数字化的使用-互通数据字典属性的描述、编制和维护的方法
7	ISO 23387：2020	建筑信息模型（BIM）-建筑资产全生命周期中工程对象数据模板
8	ISO 16739-1：2013	工程建设和设施管理业中数据共享工业基础类别（IFC）
9	ISO 29481-1：2010	建筑信息模型-信息交付手册-第 1 分册：方法和格式（IDM）
10	ISO 29481-2：2012	建筑信息模型-信息交付手册-第 2 分册：交互框架/互操作框架
11	ISO 12006-2：2001	建筑施工-施工作业信息组织　第二部分：信息分类框架（IFD）
12	ISO 12006-3：2007	建筑施工-施工工程信息组织　第三部分：面向对象的信息框架
13	ISO/TS12911：2012	建筑信息建模指导框架
14	ISO 16354：2013	知识文库和对象文库导则
15	ISO 22263：2008	建设工程信息组织-项目信息管理框架

2.3.4　国际 BIM 标准

1. 建筑信息分类体系（OmniClass）

OmniClass 的概念来源于 ISO 12006-2 和 ISO 12006-3 两个国际标准，其中主要是 ISO 12006-2，如图 2-10 所示。OmniClass 编制委员会严格遵循 ISO 12006-2 建立和定义 Omni-Class 标准，如图 2-11 所示。

图 2-10　ISO 12006-2 标准　　　　　　　图 2-11　OmniClass 标准

OmniClass 建筑分类系统（被称为 OmniClass™OCCS）是建筑行业一种新的分类系统。OmniClass 用途广泛，从组织图书馆资料、产品说明书和项目信息，到提供一个电子数据库的分类结构都可以使用。

OmniClass 由 15 个表组成，其中每一个表代表建筑信息的一个不同方面。每个表可以单独用于对一种类型的信息进行分类，或者表中的条目可以与其他表中的条目结合，以对更复杂的主题进行分类，见表 2-2。

OmniClass 的 15 个表与 ISO 12006-2 标准对应　　　　表 2-2

表号	表名	定义	对应 ISO 12006-2 标准
表 11	建筑实体按功能分类	定义：由相互关联的空间组成，并以功能为特征的建成环境设立的有效的、可定义的分类单元	ISO 表格 4.2 建筑实体 ISO 表格 4.3 建筑综合体 ISO 表格 4.6 设施
		例：家庭住宅、采矿设施、局部运输公共汽车站、州际高速公路、废水处理设备、冷藏设备、部门仓库、法院、酒店、会议中心等	
表 12	建筑实体按形态分类	定义：由相互关联的空间组成，并以构成为特征的建成环境设立的有效的、可定义的分类单元	ISO 表格 4.1 建筑实体（按照形态分类）
		例：高层建筑、悬浮大桥、月台、空间站等	
表 13	空间按功能分类	定义：具有实在或抽象的范围界定的，以功能为特征的建成环境的基本分类单元	ISO 表格 4.5 建筑空间（按照功能或用户活动分类）
		例：厨房、机械杆、办公室、高速公路等	
表 14	空间按形态分类	定义：具有实在或抽象的范围界定的，以形态为特征的建成环境的基本分类单元	ISO 表格 4.4 建筑空间（按照附件等级分类）
		例：房间、壁龛、洞、庭院、附属建筑、城市街区等	
表 21	要素（含计划要素）	定义：建设主体中独立或与其他部分结合起来，满足建设主体主要功能的部分	ISO 表格 4.7 基本要素 ISO 表格 4.8 设计原理
		例：结构地面、外墙、给水排水设施、楼梯、屋顶框架、家具陈设、HVAC 等	
表 22	工作成果	定义：在生产阶段或者后来的修改、维修、拆除进程得到的建设成果	ISO 表格 4.9 工作成果（按照工作类型分类）
		例：混凝土梁、钢化结构框架、木工门框、组合沥青防水、釉面铝幕墙、陶瓷瓷砖、液压货运电梯、热电锅炉、室内照明、铁路等	
表 23	产品	定义：组件或组件的集合，永久结合到建筑实体中	ISO 表格 4.13 建筑产品（按照功能分类）
		例：混凝土、普通砖、玻璃门、金属窗、接线盒、管涵洞、铸铁锅炉、玻璃幕墙、涂料、乙烯基织物图层墙、拆除的间隔、预先设计制造结构等	
表 31	阶段	定义：通常是概念、项目交付的选择、设计、施工文件、采购、实施、使用、终止	ISO 表格 4.11 建筑实体寿命周期阶段 ISO 表格 4.12 项目阶段
		例：构思阶段、方案设计阶段、招标投标阶段、施工阶段、占用阶段、停运阶段等	

表号	表名	定义	对应 ISO 12006-2 标准
表32	服务	定义：服务是与设计、施工、改造、拆除、调试、退役和所有与建设实体寿命周期相关的功能的相关活动、流程和程序	ISO 表格 4.10 管理过程（按照过程类型分类）
		例：设计、投标、评估、施工、测量、维护、检查等	
表33	学科	定义：学科是专业的参与者执行出现在建设单位寿命周期内的过程、进程的实践区域	ISO 表格 4.15 施工代理（按照学科分类）
		例：建筑、室内设计、机械工程、总承包、机电分包合同、法律、金融、房地产销售等	
表34	组织角色	定义：组织角色是参与者（执行建设单位寿命周期内的进程与程序的个人和组织）所占据的功能性位置	ISO 表格 4.15 施工代理（按照限定条款分类）
		例：总经理、监事、业主、建筑师、成本估算师、设施经理、承包商、设备操作员、行政助理、学徒、小组、委员会、协会等	
表35	工具	定义：用于帮助项目的设计和建设的资源，但不成为设施的永久部分	ISO 表格 4.14 施工辅助（按照功能分类）
		例：计算机硬件、CAD 软件、临时围栏、反铲挖土机、塔式起重机、排水网络设施、模具锤、轻型卡车、工地活动房等	
表36	信息	定义：信息是创造和维持建设环境进程中数据的引用和使用	ISO 表格 4.16 建设信息（按照媒介类型分类）
		例：参考标准、期刊、CAD 文件、规格、规定、建设工程合同、租赁文件、契约、产品目录、操作和维护手册等	
表41	材料	定义：材料是用于建设或制造产品和其他建设用产品的物质。这些物质可以是原料或精制的化合物，是与表格形式无关的主体	ISO 表格 4.17 性能及特点（按照材料类型分类）
		例：金属化合物、岩石、土壤、木材、玻璃、塑料、橡胶等	
表49	属性	定义：属性是建设单位的特征。在没有特指一个或多个建设主体的情况下，属性的定义没有任何实际意义	ISO 表格 4.17 性能及特点（按照材料类型分类）
		例：常见的性能，包括颜色、宽度、长度、厚度、深度、直径、面积、防火性能、质量、强度、防潮性能等	

2. 施工运营建筑信息交换标准（COBie）

施工运营建筑信息交换 COBie（Construction Operations Building information exchange）于 2007 年由美国陆军工兵单位所公布，主要是希望建筑物在设计施工阶段就能考虑未来竣工交付运营单位时设施管理所需信息的搜集与汇整，有利于建筑物的运营维护期。COBie 也称为施工运营建筑信息交换标准，如图 2-12 所示。

（1）COBie 的基本原理

COBie 是一种标准化的方法，将获取的有关建筑设施的文档信息与数据资料加以整合、存储和共享。利用 IFC 等格式，在不同的建筑利益相关者之间进行交换，规定了从设计到运维阶段内信息的获取交换技术、交换标准、交换流程。从技术上讲，COBie 是 IFC 数据模型的模型视图定义，作为 IFC 的模型视图，COBie 共享 IFC 数据模型的语义和结构，使用 COBie 作为 IFC 文件，导出 BIM 模型中的结构化数据。

COBie 是基于电子表格的数据收集/传递模板。表单的简单结构，使得无需任何特定的 BIM 工具，且无需了解 IFC 数据模型，即可参与 OpenBIM 工作流程。

COBie 的关键基础是分类系统，使用哪种分类系统取决于所有者。美国的业主可能需要 OmniClass，英国的业主可能会要求 UniClass。

图 2-12　COBie 标准

（2）COBie 遵循三个原则

1）可重复使用：一项信息输入，可输出给多方使用（one input，many outputs）。

2）可被检查：一项信息输入，可受多方检查确认（one input，many checks）。

3）可互操作：一种信息格式，可供多种路径使用（one format，many paths）。

（3）COBie 数据模型的结构

COBie 具体信息架构，其内容可分为两大主体：需要管理的空间和需要维护/运营的设备。空间又可分为区域、空间、楼层等主体；设备则可分为类型、组件与系统等主体。如图 2-13 所示。

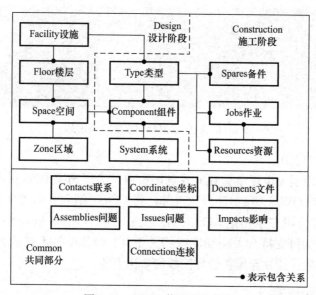

图 2-13　COBie 信息组织框架

（4）COBie 数据提取标准模板

目前支持 COBie 技术的软件可分为 BIM 建模软件、营建项目管理软件及设施运维管理软件。BIM 建模软件可建立 BIM 模型及相关对象属性，并输入相对应的空间信息，以利于后续设施管理系统定位使用，其相关软件如 Autodesk Revit、Bentley AECOsim、Tekla 及 Graphisoft ArchiCAD 等，提取模型信息标准模板见表 2-3。

空间信息提取标准模板 表 2-3

Assembly（属性）	Example（属性值）	Notes（属性性质）
Name（名称）	B086-J	expected（必需信息）
CreatedBy（创建者）	name@email.com	reference（引用其他表信息）
CreatedOn（创建日期）	2012-12-12T13：29：49	expected（必需信息）
Category（类别）	D115：Permanent way and track	pick（拾取信息）
FloorName（楼层名称）	B086	reference（引用其他表信息）
Description（描述）	Metro Grey Line between Queensbury and Kingsbury	expected（必需信息）
ExtSystem（设备系统）	Authoring Application	application（项目应用信息）
ExtObject（设备空间）	IfcSpace	application（项目应用信息）
ExtIdentifier（设备 GUID）	3PbU3I0k5FVO3gc98VQGZm	application（项目应用信息）
RoomTag（房间标签）	n/a	requirable（选择性信息）
UsableHeight（使用高度）	n/a	requirable（选择性信息）
GrossArea（建筑面积）	245.0	requirable（选择性信息）
NetArea（净面积）	245.0	requirable（选择性信息）

（5）COBie 交付

COBie 交付形式通常为电子表格格式（excel xlsx 或 SpreadsheetML XML 文件），按照空间信息提取标准模板，提取信息结果如图 2-14 所示。对于移交，也可以是压缩的 zip 文件，其中包含电子表格文件和从电子表格中引用的 PDF 文档。

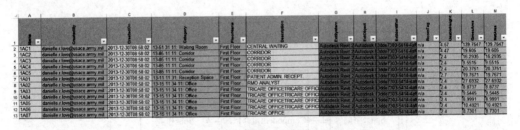

图 2-14　从信息模型中提取空间信息

（6）COBie 标准引用

COBie 标准应用至今也逐渐受到世界各国重视，美国国家 BIM 标准（NBIMS）第三版及英国 BIM 标准（BS1192-4：2014）也都已将 COBie 纳入其参考标准之中，如图 2-15 所示。而 BIM 软件公司亦争相把 COBie 纳入其软件中（例如 Autodesk Revit 及 Bentley AECOsim 等），作为可支持 COBie 功能或相关工具。COBie 技术被认为是从 BIM 各生命周期应用阶段中提取并传递至维护管理阶段的解决方法。

2.3.5　英国国家 BIM 标准

英国标准协会 BSI 也发布实施了工程应用方面的 BIM 国家标准 BS1192，该标准目前有 5 部分，覆盖了工程项目不同阶段，具体是：

(a)　　　　　　　　　　　　　　　(b)

图 2-15　美国和英国 BIM 标准引用 COBie

（<i>a</i>）美国国家 BIM 标准引用 COBie；（<i>b</i>）英国 BIM 标准引用 COBie

（1）第一部分 BS 1192：2007《建筑工程信息协同工作规程》；

（2）第二部分 BS PAS 1192-2：2013《BIM 工程项目建设交付阶段信息管理规程》；

（3）第三部分 BS PAS 1192-3：2014《BIM 项目/资产运行阶段信息管理规程》；

（4）第四部分 BS 1192-4：2014《使用 COBie 满足业主信息交换要求的信息协同工作规程》；

（5）第五部分 BS PAS 1192-5：2015《建筑信息模型、数字建筑环境与智慧资产管理安全规程》。

自 2016 年 4 月 4 日起，英国所有建筑项目的招标投标必须满足 BIM Level 2；所有投标厂商必须具备"在项目上使用 BIM Level 2 的协同能力"，包括所有信息和数据。

英国 BIM 实施策略如图 2-16 所示。

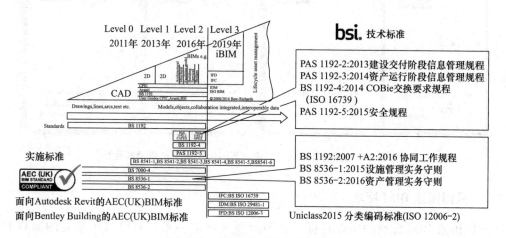

图 2-16　英国国家 BIM 标准体系

BIM Level 1，指平面设计和立体设计（2D&3D），大量的项目信息分散在半结构化的电子文档中；

BIM Level 2，指建筑信息模型（BIM）技术，整合协同的文档化电子信息，部分可自动链接；

BIM Level 3，指 iBIM 技术，集成的电子化信息，完备的自动链接和网络储存。

英国政府选择 COBie 作为组合建筑信息管理（英国第二级）以及 BIM 模型和 PDF 文件的信息交换模式，目的是将有商业价值的信息与业主业务的其他部分集成到一起。

Uniclass 是英国根据 ISO 12006-2 编制的建筑信息分类。Uniclass 将建筑环境分为：综合体、单体、分项、系统、产品、空间和活动。综合体包括分项，分项包括系统，系统包括产品。建筑包括空间，而活动发生在空间。

2.3.6 英国建筑业 BIM 标准

英国建筑业 BIM 标准委员会在 2009 年 11 月和 2012 年先后发布了《建筑工程施工工业（英国）建筑信息模型规程》（AEC（UK）BIM 标准）第一版和第二版，与美国标准的不同之处在于，英国的建筑业 BIM 标准只着眼于设计环境下的信息交互应用，基本未涉及 BIM 软件技术和工业实施。

这些标准的制定都是为了给英国的 AEC 企业从 CAD 过渡到 BIM 提供切实可行的方案和程序，例如，如何命名模型、如何命名对象、单个组件的建模、与其他应用程序或专业的数据交换等。特定产品的标准是为了在特定 BIM 产品应用中解释和扩展通用标准中的一些概念。英国建筑业 BIM 标准委员会成员编写了这些标准，这些成员来自日常使用 BIM 工作的建筑行业专业人员，所以这些服务不只停留在理论上，更能应用于 BIM 的实际实施。

目前，英国建筑业 BIM 标准委员会还制定了适用于 Revit、Bentley、Vectorworks 的 BIM 软件标准，如图 2-17 所示。

图 2-17 《建筑工程施工工业（英国）建筑信息模型规程》

2.3.7 美国国家 BIM 标准

美国国家 BIM 标准的主要目标，是通过预先规定一系列有效与可重复的原理和机制，来创建、交换和管理建筑信息模型，并提供一整套标准体系促进信息技术支持下的建筑全生命周期管理。其中的核心原理和机制包括：相关技术标准的引用、建筑信息分类标准、一致性规范；针对建筑全生命周期中不同业务活动的业务流程和交换需求的信息交换标准；针对业务流程中数据建模、管理、交流、项目执行和交付的 BIM 实施标准。

BIM 标准体系不是一个单一的标准，而是所有 BIM 相关标准的集合。美国国家 BIM 标准 NBIMS 第三版的主要内容框架可以分为标准引用层、信息交换层和 BIM 标准实施层 3 个层次。这 3 个层次之间相互引用、相互联系、相互依托，形成一个整体，如图 2-18 所示。

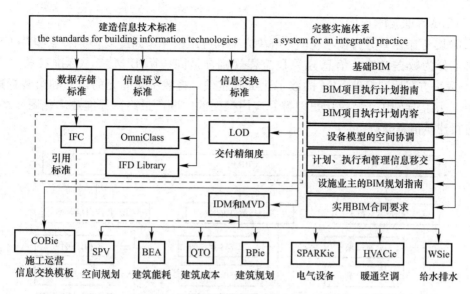

图 2-18　美国国家 BIM 标准 V3 体系框架

2007 年美国国家建筑科学研究所 NIBS 依据 IFC 系列标准研究发布了美国国家 BIM 标准 NBIMS 第一版。2012 年美国 BuildingSMART 联盟对 NBIMS 第一版中的 BIM 参考标准、信息交换标准与指南和应用进行了补充和修订，发布了 NBIMS 第二版。为了更有效地落实 BIM 技术的应用，NBIMS 第三版在原有版本的基础上增加了模块内容，还引入了二维 CAD 美国国家标准，二维图纸在 BIM 技术实际运用过程中仍然起着不可替代的作用，见表 2-4。

美国国家 BIM 标准 NBIMS-US V3　　　　　　　　　　　　　表 2-4

第二章　引用标准	第四章　信息交换标准	第五章　实施文档
IFC2X3 数据模型标准	施工运营信息交换（COBie）	基础 BIM（Minimum BIM）
W3C_XML 数据标准	空间规划验证信息交换（SPV）	BIM 项目执行计划指南
OmniClass™分类标准	建筑能耗分析信息交换（BEA）	BIM 项目执行计划内容
IFD Library 数据字典	建筑成本估算信息交换（QTO）	设备模型的空间协调
BCF 模型协同格式	建筑规划信息交换（BPie）	计划、执行和管理信息移交
LOD 模型深度等级	电气设备信息交换（SPΛRKie）	设施业主的 BIM 规划指南
NCS 美国国家 CAD 标准	暖通空调信息交换（HVACie）	实用 BIM 合同要求
	给水排水系统信息交换（WSie）	BIM 应用（The Uses of BIM）

2.3.8　中国 BIM 标准框架

清华大学 BIM 课题组于 2010 年编制发行的 CBIMS 是目前比较权威的框架体系。作为一种开放性的框架体系，CBIMS 为全体从业人员结合各自领域的 BIM 应用情况提出适用的 BIM 标准提供了体系基础。

国内现行 BIM 标准大多集中在体系框架的建立层面，尚未深入到实际应用层面，尤其是相应的技术标准、交付标准和应用标准的建立，尚存在诸多方面需要完善。

1. CBIMS 框架体系

CBIMS 框架体系分为技术规范、解决方案和应用指导，如图 2-19 所示。其中 CBIMS 技术规范分为数据交换、信息分类和流程规则，是同国际 BIM 三大标准接轨的关键；CBIMS 解决方案旨在打破 BIM 的数字化资源瓶颈，将数字化图元的建立和组装标准化；CBIMS 应用指导则用于解决用户理解并应用框架的问题，最终用标准数字化图元搭建模型并进行建筑信息分析。

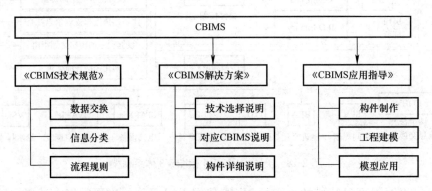

图 2-19　中国 BIM 标准框架体系 CBIMS

CBIMS 框架体系主要包括 3 个方面的内容：

（1）技术规范：即信息交换规范，包括引用现有国家和国际的标准，建设中国的标准体系。主要内容包括：中国建筑业信息分类体系与术语标准；中国建筑领域的数据交换标准；中国建筑信息化流程规则标准。

（2）解决方案：主要针对中国 BIM 数字化资源问题，BIM 软件研发应符合《CBIMS框架研究——技术规范》中的 BIM 数字构件资源要求。

（3）应用指导：主要是协助用户理解和应用 CBIMS，并利用技术规范来制作构件，用 CBIMS 标准构件来搭建和使用 BIM 模型。

2. CBIMS 技术规范

完整的 BIM 信息交换有 3 个方面，分别为数据存储格式、资料库的规范、在具体交换过程中的交换需求和规则。CBIMS 技术规范包括以下内容：

（1）数据交换：即交换格式，是如何共享信息的问题；

（2）信息分类：即引用的信息库、术语体系，是共享什么信息的问题；

（3）流程规则：即建筑全生命周期某一阶段某一专业需要从整体 BIM 中获取和提交信息的规则，是如何具体交换信息的问题。

3. CBIMS 解决方案

制作符合 CBIMS 的数字化建筑构件资源，不同的 BIM 软件可以通过不同的方式来完成，每个构件资源可以具有不同的尺寸、形状、材质设置或其他参数变量，需要符合CBIMS 技术规范中对数字构件的要求。

4. CBIMS 应用指导

根据已有的技术规范中制定的标准构件如梁、柱、结构件、墙、幕墙、屋顶、板、门、窗、楼梯、楼梯段、坡道、坡道段、扶手，制定构件的制作教程。

2.3.9　中国国家 BIM 标准

2012 年 1 月住房和城乡建设部印发建标［2012］5 号文件，将 5 本 BIM 标准列为国家标准制定项目。5 本标准分为 3 个层次：第一层为最高标准：《建筑信息模型应用统一标准》；第二层为基础数据标准：《建筑信息模型分类和编码标准》《建筑工程信息模型存储标准》；第三层为执行标准：《建筑信息模型设计交付标准》《制造工业工程设计信息模型应用标准》。建标［2014］189 号文件确定两本标准，《建筑信息模型施工应用标准》《建筑工程设计信息模型制图标准》。

1.《建筑信息模型应用统一标准》GB/T 51212—2016

《建筑信息模型应用统一标准》GB/T 51212—2016 是我国第一部国家级建筑信息模型应用的工程建设标准，提出了建筑信息模型应用的基本要求，可作为我国建筑信息模型应用及相关标准研究和编制的依据。《建筑信息模型应用统一标准》GB/T 51212—2016 主要内容包括总则、术语和缩略语、基本规定、模型结构与扩展、数据互用、模型应用。

2.《建筑信息模型施工应用标准》GB/T 51235—2017

《建筑信息模型施工应用标准》GB/T 51235—2017 直接面向施工技术和管理人员，间接面向软件开发人员（提出功能要求），技术定位于指导（实用、可操作）和引导（适度超前）。该标准应用条文从应用内容、模型元素、交付成果和软件要求几个方面展开。《建筑信息模型施工应用标准》GB/T 51235—2017 是我国第一部建筑工程施工领域的 BIM 应用标准，填补了我国 BIM 技术施工应用标准的空白，主要内容包括总则、术语、基本规定、施工模型、深化设计、施工模拟、预制加工、进度管理、预算与成本管理、质量与安全管理、施工监理、竣工验收。

3.《建筑信息模型分类和编码标准》GB/T 51269—2017

《建筑信息模型分类和编码标准》GB/T 51269—2017 直接参考美国的 OmniClass，并针对国情作了一些本土化调整，它在数据结构和分类方法上与 OmniClass 基本一致，但具体分类编码编号有所不同。值得注意的是，这个标准是对建筑全生命周期进行编码，不只是模型和信息有编码，项目中涉及的人和他们做的事也都有对应的编码。

4.《建筑信息模型设计交付标准》GB/T 51301—2018

《建筑信息模型设计交付标准》GB/T 51301—2018 编制的目的在于提供一个具有可操作性的、兼容性强的统一基准，以指导基于建筑信息模型的建筑工程设计过程中各阶段数据的建立、传递和解读，特别是各专业之间的协同、工程设计参与各方的协作以及质量管理体系中的管控等过程。另外，该标准也用于评估建筑信息模型数据的完整度和建筑行业的多方交付。

5.《建筑工程设计信息模型制图标准》JGJ/T 448—2018

《建筑工程设计信息模型制图标准》JGJ/T 448—2018 是 BIM 领域的重要标准之一，其在国家标准《建筑信息模型设计交付标准》GB/T 51301—2018 的基础之上进一步深化和明晰了 BIM 交付体系、方法和要求，在 BIM 表达方面具有可操作意义的约束和引导作用，也为 BIM 模型成为合法交付物提供了标准依据。

6.《制造工业工程设计信息模型应用标准》GB/T 51362—2019

《制造工业工程设计信息模型应用标准》GB/T 51362—2019 结合制造工业工程特点，

从模型分类、工程设计特征信息、模型设计深度、模型成品交付和数据安全等方面对制造工业工程设计信息模型应用的技术要求做了统一规定，对提升数字化工厂建设水平和实现工厂设施全生命周期管理具有重要作用。《制造工业工程设计信息模型应用标准》GB/T 51362—2019 的主要内容包括总则、术语与代号、模型分类、工程设计特征信息、模型设计深度、模型成品交付、数据安全。

7.《建筑工程信息模型存储标准》（报批稿）

《建筑工程信息模型存储标准》已完成报批稿。制定该标准的目的是规范建筑信息模型数据在建筑全生命周期各阶段的存储与交换，保证数据存储与传递的安全。该标准中的数据模式依据国际标准 ISO 16739(IFC 4.1) 规定的原则和架构制定，数据存储与交换依据国际标准 ISO 10303-11 以及 ISO 10303-28 的有关规定制定，适用于建筑工程全生命周期各阶段的建筑信息模型数据的存储与交换，并适用于建筑信息模型应用软件输入和输出数据通用格式及一致性的验证。

2.3.10 中国 BIM 标准存在的问题

在中国 BIM 标准的编制过程中，各标准编制单位均参照了国际标准。在取得一定成绩的同时，也存在部分问题。

（1）编制时间过长，6 部标准编制工作持续了 5～8 年时间（2012 年开始编制）；

（2）标准发挥作用有局限性，已发布标准使用频次不多，更关键的是标准内容不能满足用户需求，缺乏具体性；

（3）信息共享壁垒：目前，信息共享依靠厂商提供的数据格式，并非标准内容规范。

针对上述问题，对国际 BIM 标准进行再分析。

buildingSMART 国际组织提出的 BIM 标准核心框架由 3 部标准组成，这 3 部标准皆为 ISO 国际标准，如图 2-20 所示，其中数据模型标准（IFC 标准）最为重要，经过了 23 年的迭代发展。

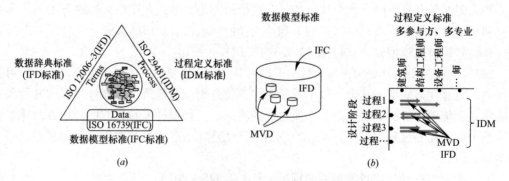

图 2-20　3 部 ISO 国际 BIM 标准的作用及相关关系

(a) 3 部 ISO 国际 BIM 标准；(b) 3 部 ISO 国际 BIM 标准相关关系

BIM 标准支持的是多操作方、多专业间基于开放的信息标准，包括 IFC 标准、IDM 标准、IFD 标准、MVD 标准等的信息共享。

过程定义标准（IDM 标准）用于规定某个阶段拥有哪些过程，并定性规定某个过程需要提供的用于交互的信息。

数据模型标准（MVD 标准）作为 IFC 标准的子集，用于具体规定 IDM 标准中定性规定的信息应包含的内容以及格式。数据字典标准（IFD 标准）则用于对 MVD 标准中规定的非数值信息进行编码，以保证数据交换的准确性和效率。

2018 年 BIM 领域 ISO 19650 标准发布。该标准由英国首先提出成为英国标准，而后成为欧洲标准，并于 2018 年上升为 ISO 标准，用于在建筑资产全生命周期中使用 BIM 进行信息管理。

1. 美国国家 BIM 标准的优点

国际标准在应用过程中如何落地，美国国家 BIM 标准提供了很好的应用示范。

（1）完全遵循 buildingSMART 国际组织的 BIM 标准核心框架；IFC、IFD 标准出现在参考标准中，IDM、MVD 标准出现在信息共享标准中，通过考察内容 IDM、MVD 标准建立在 IFC 标准之上。

（2）将 IFC、IFD、OmniClass、BCF、LOD、XML、CAD 等 7 个标准作为参考标准，不仅体现出美国国家 BIM 标准与国际标准的融合，更进一步体现出对基础性标准的重视。形成的三层结构越到上层越接近应用，越到下层越接近基础。

（3）美国国家 BIM 标准具有全面性，中国相关 BIM 标准规范的内容均可以在美国国家 BIM 标准中找到相关标准。

2. 中国 BIM 标准发展思路

建立科学的国家 BIM 标准框架体系，可借鉴国外标准和框架。国际标准可以等同采用或等效采用，避免做低水平重复工作。

重视 BIM 基础标准，数据交换标准先行，重视数据交换标准，使之成为其他标准的基础，让基于计算机的信息交换落地。

2.4　信息储存 IFC 标准

IFC 和 MPG、JPG 一样，是一种数据储存格式标准，它定义了一种数据结构，用于储存"信息＋模型"的数据，帮助某类应用之间进行数据交换。

IFC 标准的目标是为工程建设行业提供一套不依赖于任何具体软件系统的中间数据标准，用于建（构）筑物全生命周期中各阶段内以及各阶段之间的信息交换和共享。

IFC 标准自 1997 年发布以来经过 20 余年的发展，已经成为国际上广泛认可的数据标准，越来越多的 BIM 软件支持 IFC 数据的输出与读入，IFC 标准促进了 BIM 技术的发展。

2.4.1　IFC 标准研究必要性

市政工程项目全生命周期 BIM 运用，不可能由一家责任主体实施完成，而是通过 BIM 数据的有效传递，让项目全生命周期的各参与方都能共享信息，协同互动，各司其职。

如果 BIM 数据在项目全生命周期的传递是线性的，那么模型数据就会像滚雪球一样越滚越大，把上游很多不必要的数据传递给下游，模型越来越大，调改就越来越困难，数据传递必然受阻。应用模型传递拆分为两部分：共享模型＋场景应用模型，数据传递应该是以共享模型为中心，放射状传递，如图 2-21 所示。

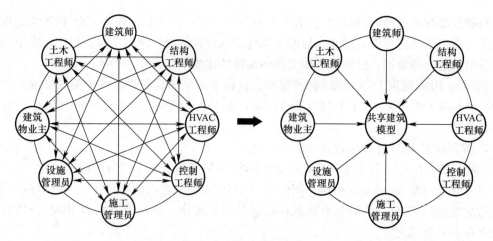

图 2-21 BIM 数据交换方式

对于市政工程 BIM 正向设计，依靠单一软件功能是不可能实现的，它一定是多软件协同工作的结果。多软件协同必然存在数据交换的问题，解决数据交换与共享问题的出路在于标准。国际数据互用联盟 IAI 制定的 IFC 标准是国际工程建设事实上的工程数据交换标准，并已经被接受为国际标准（ISO 标准）。将 IFC 标准作为基础标准，可以有效解决目前普遍存在的工程建设信息交换与共享问题。

IFC 标准是建筑工程数据共享与交换的数据标准，是可供计算机自动识别和处理的数据标准。它不依赖于任何计算机软件，适用于建筑工程全生命周期所有对象与信息的描述。

2.4.2 IFC 标准研究现状

IFC 标准最早于 1995 年由国际数据互用联盟 IAI 提出，其主要针对面向对象的三维建筑产品，目的在于促成建筑业中不同软件数据源的有效链接，实现数据共享，其在规划、设计、施工等领域得到了广泛应用。1997 年，IAI 发布了第一版的 IFC 标准。

2004 年，美国 NBIMS 标准规定了基于 IFC 数据格式的建筑信息模型在不同行业之间数据信息交换的标准和要求，实现了信息化在建筑行业的发展。2006 年，发布 IFC2x 版本 3（简称 IFC2x3）；2013 年，IFC 标准已逐渐发展到了 IFC4 版本，如图 2-22 所示，所涉及范围、应用领域、模型架构都得到了完善。

图 2-22 IFC4 标准

2.4.3 支持 IFC 标准的 BIM 软件

IFC 代表了建筑全生命周期过程中，不同参与者使用不同软件交换和共享 BIM 数据的开放的国际标准。如果充分利用和发展这样一个国际 IFC 标准，就可以逐渐发展自主的 BIM 专业软件，并和不同的 BIM 专业软件进行数据交互，从而形成一个围绕 IFC 标准的多种 BIM 专业软件共存和竞争的 BIM 生态圈，而不是被国外一家或几家 BIM 软件公司所垄断。

IFC 标准的制定解决了 BIM 软件之间数据共享与交换的难题，其在国际上得到了广泛认可。随着 BIM 技术的发展，越来越多的软件都支持 IFC 数据标准的输入输出。目前，通过 IFC 标准认证的国内外 BIM 软件公司有 30 多家。

IFC 将给建筑业带来深刻的影响，它解决了软件数据不兼容的难题。当需要多个不同软件来完成任务时，由于每种软件都有自身的图形内核、数据格式，这给数据的交换和共享带来了障碍。IFC 作为数据交付的中介和中转站完成数据的无障碍流通和链接，从而实现最大程度的数据共享，避免重复劳动，降低建设设计成本。IFC 顺畅的数据流通会打破软件之间的障碍，对现有的软件市场产生冲击，打破某些常规软件的垄断地位。各大 BIM 软件商如 Autodesk、Bentley、Dassault Systémes、Graphisoft、Tekla 等均宣布了各自旗下软件产品对 IFC 标准的支持，但实现真正基于 IFC 标准的数据共享和交换还有很长一段路要走。

新加坡政府的电子审图系统可能是 IFC 标准在电子政务中应用的最好实例。在新加坡，所有的设计方案都要以电子方式递交政府审查，政府将规范的强制要求编成检查条件，以电子方式自动进行规范检查，并能标示出违反规范的地方和原因。目前最大的问题是，设计方案所用的软件各种各样，不可能为每一种软件编写一个规范检查程序。所以，新加坡政府要求所有的软件都要输出符合 IFC2x 标准的数据，而检查程序只要能识别IFC2x 的数据即可完成任务。

2.4.4　中国 IFC 标准研究历程

IFC 标准在国外的广泛应用引起了我国有关部门和学术界的高度重视。我国从"九五"科技攻关计划开始，在科研项目中研究和应用 IFC 标准，并持续跟踪其发展，为后来的深层次研究和应用打下了良好的基础。如在国家 863 计划"数字城市空间信息管理与服务系统及应用示范"项目的"基于空间信息的数字社区技术标准研究及应用示范"课题中，对 IFC 标准进行了深入研究和探讨，完成了 IFC 标准的翻译和本地化工作，开发了IFC 标准的数据访问接口工具集，并在数字社区建设与管理领域应用、扩展了 IFC 标准。

国家"十五"科技攻关计划"建筑业信息化关键技术研究"开展了工程建设信息共享的基础研究工作。在国家"十五"科技攻关计划"建筑业信息化关键技术研究"的"基于国际标准 IFC 的建筑设计及施工管理系统研究"课题中，进一步对 IFC 标准进行了深入研究，将其等同采用为我国国家标准，为在我国应用该标准打下基础，并基于该标准研究新一代的建筑设计和施工管理系统，其核心是要解决建筑设计和施工管理过程的信息共享问题，开发更加高效的建筑设计和施工管理系统，实现建筑结构模型数据共享。

2.4.5　中国 IFC 标准

1. 《建筑对象数字化定义》JG/T 198—2007

2007 年，中国建筑标准设计研究院编制了行业标准《建筑对象数字化定义》JG/T 198—2007，其非等效采用了国际上的 IFC 标准，只是对 IFC 标准进行了一定简化。

建筑对象数字化技术在我国还是一门崭新的技术，目前还没有统一的标准，如果各家厂商、各个单位各行其是，不遵循统一的标准，自行设计制定自己的数字化建筑对象，那么如同汽车跑在拥挤的公路上面一样，不同厂商、不同单位之间根本无法在建筑对象一级进行信息共享，只能把建筑对象拆分成原来的点、线元素的简单组合，失去建筑对象数字化的意义，提高效率就无从谈起。制定行业标准《建筑对象数字化定义》JG/T 198—2007

如同铺设建筑设计行业的信息高速公路，标准的成功制定与实施能够真正地大范围普及建筑对象数字化技术，从而极大地提高建筑设计的效率，如图 2-23 所示。

2.《工业基础类平台规范》GB/T 25507—2010

2008 年，中国建筑科学研究院、中国标准化研究院等单位共同起草了《工业基础类平台规范》GB/T 25507—2010，等同采用 IFC 标准（ISO/PAS 16739：2005），在技术内容上与其完全保持一致，仅为了将其转化为中国国家标准，并根据我国国家标准的制定要求，在编写格式上作了一些改动，如图 2-24 所示。

图 2-23 《建筑对象数字化定义》 　　　图 2-24 《工业基础类平台规范》
　　　JG/T 198—2007　　　　　　　　　　　　GB/T 25507—2010

2.5 信息交换 IDM 标准

由于市政工程的复杂性，不可能建立一个完全覆盖建筑物全生命周期的应用系统，只能由每一款工程应用软件完成特定目的，支持特定阶段。而要以 BIM 模型为中心实现不同工程软件的数据交换内容，必须依赖统一的数据交付标准。

这个标准就是 IDM 标准。该标准对实际的工作流程和所需交付的内容定义清晰，对全生命周期中的各个工程阶段进行了明确的划分，同时详细定义了每个工程节点各专业人员所需的交流信息。

2.5.1 信息交换方式

采用基于对象的信息流方式传递各专业 BIM 正向设计数据，具有信息提取高效、结构完整、便于交互协同和模拟分析、可全生命周期集成应用等优点，符合 BIM 正向设计核心理念的内在要求。传统 CAD 设计方式以线条、字符、图块等作为设计数据交换信息的基本单元，各信息单元之间缺乏有意义的联系，主要通过人为干预组织实现信息的传递和表达，缺少工程意义上的信息传递机制。

BIM 正向设计基于对象的信息流传递方式与 IFC 标准有着天然的契合度。在实际的应用中，IFC 能够安全可靠地交互统一数据格式，但 IFC 标准并未定义不同的项目阶段、不同的项目角色以及软件之间特定的数据交换内容，BIM 正向设计因缺乏数据交换内容定义而遭遇瓶颈，软件系统无法保证数据交换的完整性与协调性。针对这个问题的一个解决方案就是制定一套标准，将实际的工作流程和所需数据交换内容定义清晰，而这个标准就是 IDM 标准。

IDM 标准提供了一整套各专业基本设计流程模块，流程模块的提供可以帮助设计人员在工程的设计、施工等过程中，更好地做到各专业信息的交换。IDM 的目标在于使得针对全生命周期某一特定阶段的信息需求标准化，并将需求提供给软件商，与公开的数据标准（IFC）映射，最终形成解决方案。IDM 标准的制定将使 IFC 标准真正得到落实，并使得 IFC 交互性能够实现并创造价值。而此时交互性的价值将不仅是自动交换，更大的利益在于完善工作流程。

IFC 的目的是支持所有项目阶段的所有业务需求，实际上就是项目成员之间需要交换或分享的所有信息的总和。通常情况下要交换的信息是关于某一个特定应用的，如结构分析、HVAC、预算等，信息的详细等级也由特定的项目阶段决定，其目的是支持某一个或几个阶段的某一个业务需求，IDM 标准的主要任务是决定由哪些 IFC 的基本元素来满足这个业务要求。

2.5.2　IDM 标准研究现状

作为致力于推动建筑全生命周期 OpenBIM 的机构，bSI 引领 IDM 标准的发展。2007年，bSI 发布了第一版的 IDM 指南，指南中详细阐述了 IDM 的任务目标、组成部件及开发方法，为 IDM 的研究提供了参考，并使得标准的制定规范化。之后指南进行了两次修订，最新版本是 2010 年发布的 1.2 版本。

2010 年，IDM 指南中的方法提交给 ISO 组织，并最终正式成为 ISO 标准，即 ISO 29481-1：2010《建筑信息模型-信息交付手册-第 1 分册：方法和格式（IDM)》。

2.5.3　IDM 标准的目标

IDM 从用户的角度定义信息的交换需求（Exchange Requirements），描述的信息是项目指定时间和地点的基于特定目的的信息集合。信息的交换由 IDM 定义，最终由模型视图定义（Model View Definition，MVD）将数据交付手册中的定义和软件中可实现的数据交换对应起来，定义软件为完成数据交付手册中的流程所需要交换的数据集合。IDM 的目标如下：

（1）定义建设项目全生命周期内用户需要信息交换的所有流程；

（2）确定支持上述流程所需要的 IFC 功能；

（3）描述后续流程可以使用的该流程执行结果；

（4）指定流程中发送和接收信息的角色；

（5）保证上述定义、明细和描述以 IDM 目标群体可以使用和容易理解的形式提供。

2.5.4　IDM 标准的组成

IDM 标准的完整技术架构由 5 部分组成：流程图（Process Map）、交换需求（Exchange Requirements）、功能部件（Functional Parts）、商业规则（Business Rules）和有效性测试（Verification Tests），每个组成部件都作为架构中的一层，如图 2-25 所示。

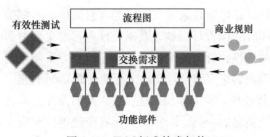

图 2-25 IDM 标准技术架构

（1）流程图（Process Map）

信息的需求与利用总是基于特定的任务和过程。流程图定义了针对某一特定应用（如从建筑设计到结构设计）的信息流、所涉及的人员角色以及整个过程中需要信息交换的节点。同时，流程图对于各流程及相应的子流程有详尽的文字描述。

（2）交换需求（Exchange Requirements，ER）

交换需求是对流程图中的特定活动所需交换的一组信息的完整描述。而这种描述采用的是非技术性方式，即从建筑师、工程师、建造师等 BIM 用户的角度对信息进行文字性的叙述。

（3）功能部件（Functional Parts，FP）

功能部件是 IDM 中数据信息的基本单元。每一个交换需求都是由若干个功能部件组成的，一个功能部件也可能与多个交换需求关联。交换需求中文字性描述的信息被转述为各个功能部件中以技术性语言（即一定数据模型标准和格式）描述的数据信息。功能部件的建立都是基于 IFC 数据模型标准。一个功能部件完全可以描述为一个独立的信息模型，作为 IFC 数据模型的子集。

（4）商业规则（Business Rules，BR）

需要交换怎样的信息已经在 ER 中定义，而信息的详略程度以及精确度则需要通过商业规则来控制。商业规则是用来描述特定过程或者活动中交换的数据、属性的限制条件。这种限制条件可以基于一个项目，也可以基于当地的标准。通过商业规则，可以改变使用信息模型的结果而无需对信息模型本身做出改变。这使得 IDM 在使用中更加灵活。

（5）有效性测试（Verification Tests）

有效性测试用于检验软件所输出的信息与交换需求定义是否一致，确保在特定的商业规则下交换需求能完全被满足。如 IFC 有效性测试是检验软件是否支持特定过程的基于 IFC 标准的数据传递，软件中能否表达交流过程中所必需交互的对象以及对应的所必需的属性。

2.5.5 流程图的描述方法

IDM 中的流程图绘制采用的是业务流程建模标记方法（Business Process Modeling Notation，BPMN）。BPMN 是由对象管理组织（Object Management Group，OMG）开发，于 2006 年正式被采纳为用于表达流程图的标准，最新版本是 2011 年发布的 2.0 版本。BPMN 整合了早期模型标注方法的理念，IDEF0（Integration Definition for Function Modeling）中一些有用的概念和 UML（Unified Modeling Language）中的活动图表部件都涵盖在其中。

BPMN 过程模型如图 2-26 所示，主要组成部分包括：

（1）泳池（Swimming Pool），代表所要描述的流程。

（2）泳道（Swimming Lane），一个泳池可以划分为多个泳道，泳道用于将不同功能性目标的任务归类，一般可以根据角色活动来划分泳道；另外，信息模型作为单独的角色类型拥有专属的泳道，而交换需求作为数据对象放置于信息模型泳道。

（3）流对象，包含任务（Tasks）、事件（Events）、网关（Gateways）。任务（Tasks）是 BPMN 中的基本单位，用于描述需要完成的工作类型，一个任务可能包含多个子任务，用"＋"加以标记；另外，任务有可能是需要重复进行的过程，添加循环符号。事件（Events）用于区别不同的起始事情或者结果。网关（Gateways）用于做决策。

（4）连接对象，包含顺序流和消息流。

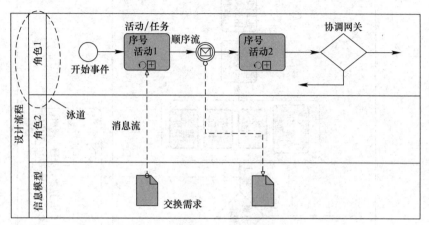

图 2-26　BPMN 过程模型的组成部分

2.5.6　流程定义的标准表格描述

为了保证 IDM 标准制定的规范化，需要事先制定描述模板，模板中罗列一份标准定义所需包含的全部信息，使用者只需填入相应的内容即可。在整个流程定义之前是流程图概述表格，用于介绍流程定义所属的专业以及项目阶段（这里对应于 ISO 的项目阶段定义），同时包括可选的作者信息以及版本号信息，以便进行修订与管理。而针对活动的具体描述表格共分为 3 个部分：功能、分析与表现，功能部分表述对应的活动或任务所需要达到的目标，分析则是由所要实现的功能决定的需要包含的细化的活动内容，表现则是整个活动的结果最终以怎样的形式加以提交或呈现。这样，在标准的方法和体系下，用户就能够着手制定 IDM 标准了。

2.5.7　流程定义案例

道路工程可行性研究阶段（简称"工可阶段"）是在充分调查研究、评价预测和必要的测量勘察工作基础上，提取出工可阶段基本资料信息，运用以上参考信息对道路工程各专业进行比选和节点分析，最终得出道路工程工可阶段 BIM 信息，对项目的必要性、技术可行性、经济合理性、实施可能性、环境影响性进行综合性的研究和论证。

道路工程在工可阶段根据工可阶段基本资料信息进行道路工程设计，对初拟的道路方案模型进行道路分析模拟及道路方案比选，通过专业校审后得出工可阶段道路工程各专业 BIM 信息。

道路工程工可阶段主要进行分析模拟和方案比选。分析模拟主要包括：现状交通分析、交通量预测、道路通行能力分析、照明分析、排水分析等。方案比选主要包括：路线线路位置、路面结构类型、照明、交通组织等方案比选。

各专业设计经专业校审后，将 BIM 模型上传至协同共享平台进行协调校审，校审通过后输出模型图纸，完成本阶段设计。

工可阶段道路工程 BIM 设计流程如图 2-27 所示。

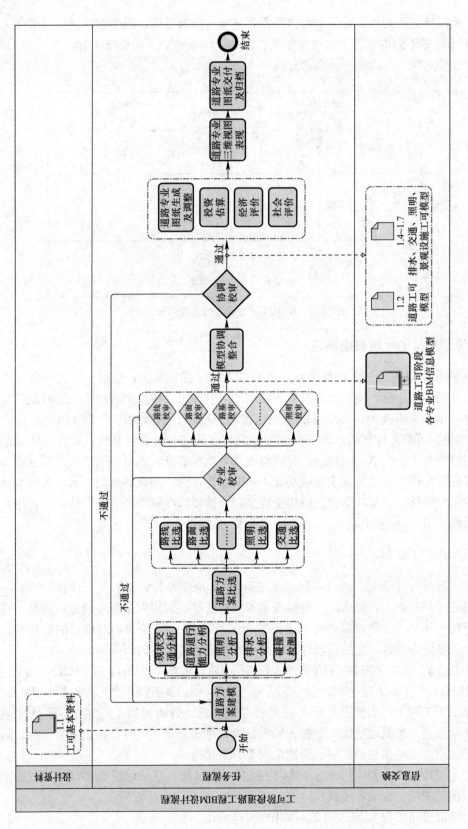

图2-27 工可阶段道路工程BIM设计流程

2.6　应用软件

基于 BIM 技术的软件发展迅速，国内外出现了大量与 BIM 相关的软件，但由于工程的复杂性，BIM 技术不可能通过一个软件或者一类软件来完成，需要多个类型的 BIM 软件相互配合。

BIM 软件可以分为 BIM 平台软件和 BIM 工具软件两类，而 BIM 工具软件根据其实现功能的不同可以进一步分为结构分析软件、深化设计软件等。

2.6.1　BIM 平台软件

美国 Autodesk 公司推出 Revit、Civil 3D 和 Plant 3D 等 BIM 平台软件。其中，Revit 致力于建筑市场，集建筑、结构、机电于一体，同时可以与 Civil 3D 对接完成场地分析，与 Inventor 对接完成构件制造。

美国 Bentley 公司推出 ABD（AECOsim Building Designer）软件，集建筑、结构和设备设计于一体。在石油、化工、电力、医药等工厂设计领域和道路、桥梁、市政、水利等基础设施领域有着无可匹敌的优势。

德国 Nemetschek 公司于 2007 年收购匈牙利 Graphisoft 公司，将全球第一款建筑设计类 BIM 软件 ArchiCAD 收归门下，自此 ArchiCAD、ALLPLAN、Vectorworks 三个产品便归属同派。国内较为熟知的是 ArchiCAD，其可以通过脚本语言（GDL）和通用数据标准（IFC）与不同领域的多种工具进行衔接。

法国 Dassault 公司的 CATIA 是全球最高端的机械设计制造参数化建模平台，其致力于航空、航天、汽车等市场领域。Gery Technology 公司在 CATIA 基础上开发了 Digital Project(DP)，DP 是面向工程建设行业的应用软件。

2.6.2　BIM 工具软件

BIM 核心建模软件除了容纳各专业模型的信息，还会容纳结构分析软件传递回来的信息，以建立一个具有完备信息的 BIM 模型。而 BIM 工具软件可以从 BIM 核心建模软件中提取相关模型信息，也可以将自身计算分析结果传递给 BIM 核心建模软件，从而丰富完善 BIM 核心建模软件中的建筑全信息模型。国内外著名的 BIM 工具软件见表 2-5。

国内外著名的 BIM 工具软件　　　　　　　　　　　　　　　　　表 2-5

软件类型	国外主要软件	国内主要软件
核心建模软件	Autodesk Revit、Bentley、CATIA	
方案设计软件	Onuma Planning System、Affinity	
几何造型软件	SketchUp、Rhino、FormZ	
绿色分析软件	Echotect、IES、Green Building Studio、DOE-2、EnergyPlus、Radiance	PKPM
结构分析软件	ETABS、SAP2000、STAAD、Robot、Risa、RAM、Athena	PKPM、YJK、理正
深化设计软件	Tekla、ProStructure	
机电分析软件	Designmaster、IES Virtual Environment、Trane Trace	鸿业、MagiCAD
可视化软件	3ds Max、Artlantis、AccuRender、Lightscape	

续表

软件类型	国外主要软件	国内主要软件
模型检查软件	Navisworks、Navigator、Solibri Model Checker	广联达 GMC
造价管理软件	Innovaya、Solibri	广联达、鲁班
运营管理软件	Archibus、Navisworks	
发布审核软件	Autodesk Design Review、Adobe PDF、Adobe 3D PDF	

2.6.3 BIM 工具软件功能介绍

1. 核心建模软件

这类软件英文通常叫"BIM Authoring Software",有了这类软件才有了 BIM,它是从事 BIM 的人员首先要碰到的 BIM 软件,因此称为"BIM 核心建模软件",简称"BIM 建模软件"。应用较广的主要是国外 4 家公司的软件,分别为:Autodesk 公司的 Revit 软件系列;Bentley 公司基于 Microstation 平台的软件系列;Nemetschek 公司的 ArchiCAD、ALLPLAN、Vectorworks 三大产品;Dassault 公司的 CATIA。

2. 方案设计软件

BIM 方案设计软件主要有 Onuma Planning System 和 Affinity 等,该类软件主要应用于设计初期,将业主对于项目中各个具体要求从数字的形式转化为基于三维结构形式的方案,使业主和设计人员之间的沟通更加顺畅,可以实现对方案的深入研究。BIM 方案设计软件可以帮助设计人员将设计的项目方案与业主项目任务书中的项目要求相匹配。BIM 方案设计软件可以实现将方案输入建模软件开展深入设计,使方案更加符合业主的相关要求。

3. 几何造型软件

设计初期阶段的形体、体量研究或者遇到复杂建筑造型时,使用几何造型软件会比直接使用 BIM 核心建模软件更方便、更高效,甚至可以实现 BIM 核心建模软件无法实现的功能。几何造型软件的成果可以作为 BIM 核心建模软件的输入。目前常用的几何造型软件有 SketchUp、Rhino 和 FormZ 等。

4. 绿色分析软件

绿色分析软件主要是对项目开展环保相关的分析,涉及光照、风、热量、景观设计、噪声、废气、废液、废渣等相关内容,通过调用 BIM 模型中的各种所需信息来完成,主要软件有 Echotect、IES、Green Building Studio 以及国内的 PKPM 等。

5. 结构分析软件

BIM 技术将建筑信息转化为数据,通过软件对建筑结构进行深入分析,可开展有限元分析。结构分析软件与 BIM 建模软件的信息交换非常流畅,集成度高,可双向交换信息,BIM 建模软件分析得到的数据可以导入结构分析软件中进行专门的结构分析,经过优化的数据又可返回 BIM 建模软件中,对模型数据进行优化改进。由于两者数据的共同性,可以实现在结构分析软件中进行修改,自动在 BIM 模型中更新。常用的有 STAAD、ETABS、Robot 等国外软件以及 PKPM 等国内软件。

6. 深化设计软件

Tekla、ProStructure 是目前最有影响的基于 BIM 技术的深化设计软件,该软件可以使用 BIM 核心建模软件的数据,进行面向加工、安装的详细设计,生成结构施工图、材料表等。

7. 机电分析软件

这类软件的专业性较强，适用于特定的项目。例如，辅助设备（水、暖、电等）和电气设备分析软件可采用鸿业、博超、IES Virtual Environment、Designmaster、Trane Trace 等。

8. 可视化软件

BIM 模型的出现将设计图纸从二维平面图纸升级为三维可视化模型，设计人员或者业主可以通过三维可视化模型开展设计和检查，脱离了二维平面图纸的限制，提高了设计的准确度和精度，特别是三维模型与最终建设完成的实际工程几乎一致，可以预先使用 BIM 软件对设计进行全面的可视化设计、检查等。常用的可视化软件有 3ds Max、AccuRender、Artlantis、Lightscape 等。

9. 模型检查软件

此类软件的应用主要分为专业内碰撞检查和专业之间碰撞检查两个部分。

（1）专业内碰撞检查

使用 BIM 技术得到三维模型，设计人员不仅可以从传统平面视图的角度开展设计，还可以实时查看三维模型，检查设计的各个参数，对设计不断进行改进。由于三维模型与最终实际产品几乎一致，可以利用软件对设计进行检查，查看其是否满足设计要求、是否存在碰撞，包括自身碰撞和与周围事物的碰撞；同时可以进行数据库的设计，将设计中需要考虑的规范或者业主的特殊要求输入软件制定检查规则，从而实现对设计成果的全面检查。目前使用较多的 BIM 模型检查软件为 Solibri Model Checker。

（2）专业之间碰撞检查

BIM 技术另一个重要的部分就是项目中不同专业的设计协同，而不同专业之间的碰撞检查也可以在 BIM 软件中实现。一个大型项目不可能由一个人、一个专业来完成，肯定是需要很多专业、很多设计人员来共同完成，但由于专业的区别，使用的 BIM 建模软件有所区别，BIM 技术搭建了很好的协同设计的平台，各个专业都可以在该平台开展设计，将各专业的模型集合在一起，进行整体分析。模型综合碰撞检查类软件可实现三维模型的多专业集合，开展协同设计，该类软件常见的有 Autodesk 公司的 Navisworks 软件、Bentley 公司的 ProjectWise 软件、Solibri Model Checker 软件等。

10. 造价管理软件

BIM 模型包含各种具体设计参数、属性和数据，造价管理软件基于 BIM 数据统计项目工程量，并开展造价工作，当 BIM 模型中的设计修改了部分参数时，相对应的造价信息也会随之变化。在项目施工过程中，造价管理软件可实现实时动态数据更新，开展造价分析，构成 BIM 技术"5D 应用"。国外的 BIM 造价管理软件有 Innovaya 和 Solibri，国内的 BIM 造价管理软件主要以鲁班和广联达 5D 为代表。

11. 运营管理软件

BIM 技术不仅仅应用于项目的初期设计，还可以在建设施工、后期运营管理过程中发挥重要作用，在项目的全生命周期应用广泛。BIM 技术在项目设计时可开展工作，施工过程中可以提供数据，当项目建成后将实时数据反馈到模型中，用于指导项目运营管理。常用的运营管理软件为美国的 Archibus。

12. 发布审核软件

最常用的 BIM 成果发布审核软件包括 Autodesk Design Review、Adobe PDF、Adobe 3D PDF。发布审核软件把 BIM 成果发布成静态的、轻型的、包含大部分智能信息的、不能编辑修改但可以标注审核意见的、更多人可以访问的格式如 DWF/PDF/3DPDF 等，供项目其他参与方进行审核或者利用。

2.7 BIM 构件库

2.7.1 BIM 构件库建立的必要性

构件是 BIM 模型中最小粒度的基础数据和基本组成单元，对于相同类型的工程项目，绝大多数构件是可以重复利用的，对于不同类型的工程项目，部分构件也是可以重复利用的。为提高创建三维信息模型的效率与质量，采取面向对象的设计模式，通过把模型拆分成不同的构件，单独去创建 BIM 构件资源，然后调用构件资源做较少的修改，组合成为三维信息模型，将大大提高 BIM 正向设计的效率与质量，将设计人员从大量的重复劳动中解放出来，使设计人员能有更多的时间专注于设计工作，并且极大地发挥构件资源的可复用性。

目前只有少数设计企业和工程项目针对特定 BIM 软件建立了 BIM 构件库，供自身使用。将这些 BIM 构件资源积累形成面向全社会相关企业通用的 BIM 构件库，将是工程建设行业发展 BIM 技术的必然趋势。

中国 BIM 技术的发展需要规范、标准的 BIM 构件库，现在大多数 BIM 构件库都是专项设计类软件自带，各软件的 BIM 构件库都是独立且分散的，库中的模型文件大多没有厂家信息和产品技术参数，数据并不完善。

国内设计企业的 BIM 正向设计还处于起步阶段，随着应用的不断深入，各企业对 BIM 模型构件的需求将越来越大。由于当前国内广泛应用的国外 BIM 建模软件自身所带构件资源有限，且部分构件不完全符合我国的工程建设设计要求。因此，设计企业需要自有 BIM 构件库，丰富 BIM 设计资源，成为设计企业全面深入推进 BIM 正向设计和应用的重要条件和关键环节。

在 BIM 构件库中构件信息完整、规范、可用，保证了后续数据的传递，为各类 BIM 应用打下了坚实的基础。企业 BIM 构件库的建设并非一朝一夕能够完成，而是需要很长一段时间的积累，它将伴随 BIM 正向设计项目的开展不断丰富和完善。BIM 构件是企业重要的技术和知识资源，如何防止资源流失，是 BIM 构件库建成之后又一个具有挑战性和不可回避的课题。

2.7.2 住房和城乡建设产品 BIM 大型数据库

住房和城乡建设部为推动 BIM 技术在工程建设行业的应用，陆续出台了《2016—2020年建筑业信息化发展纲要》（建质函［2016］183 号）、《关于印发推进建筑信息模型应用指导意见的通知》（建质函［2015］159 号）、《关于推进建筑业发展和改革的若干意见》（建市［2014］92 号）等政策文件，文件要求大力提升住房和城乡建设领域的技术能力和设计水平，推进建筑信息模型等信息技术在工程设计、施工和运行维护全过程的应用。

住房和城乡建设部科技与产业化发展中心开发了"住房和城乡建设产品 BIM 大型数据库"（简称"BIM 数据库"）。BIM 数据库涵盖建设领域全部产品类别，并于 2017 年 4 月上线运行，为广大设计、施工、运维和开发企业提供选型服务。如图 2-28 所示。

图 2-28　住房和城乡建设产品 BIM 大型数据库主页（www. chinabimdata. org）

该数据库分为"通用构件库"和企业产品"品牌库"两部分，通用构件库（不附带企业产品参数信息，构件模型简单）用于初步设计阶段，品牌库（附带企业产品参数信息，构件模型精致）可广泛用于初步设计、深化设计、选型、招标、造价、施工、验收、运维等各个阶段。如图 2-29 所示。

图 2-29　市政工程通用构件模型库

BIM 数据库上线运行将有力推动我国工程建设行业标准化产品构件体系建设，并与住宅产业化、建筑工业化深度融合，对提升建设科技成果工程应用发挥积极作用。为有效服务工程建设行业，住房和城乡建设部科技与产业化发展中心将不断丰富 BIM 数据库，建立起符合建筑设计、施工、运维和开发要求的产品 BIM 模型应用体系，为建筑行业 BIM 技术应用提供关键技术支撑。同时，住房和城乡建设部科技与产业化发展中心还将充分发挥自身职能，引导 BIM 技术在建设科技领域的应用，培育 BIM 技术应用骨干企业，积极推动建筑业向标准化、集成化、信息化和工业化的转型升级。

2.7.3 BIM 构件储存格式

国内外 BIM 软件公司已经意识到完善 BIM 构件库是推广 BIM 技术的重要途径，均开始建设自己的 BIM 构件库，然而构件文件储存格式未对外公布，造成软件之间构件资源利用困难。针对每一款软件均需要投入大量的人力去创建自己的 BIM 构件库，造成资源的极大浪费。同时由于 BIM 软件众多，很难保证构件资源的同步更新。因此，必须采用一种通用格式数据标准来创建 BIM 构件库，才能整合社会构件资源，真正实现构件资源的可复用性。

BIM 技术的目标是协同，核心是信息共享与交换，基础是数据标准。IFC 标准的制定解决了 BIM 软件之间数据共享与交换的难题。随着 BIM 技术的发展，越来越多的软件都支持 IFC 数据标准的输入输出，IFC 标准对信息的描述存在多种方式的表达。因此，迫切需要规范 IFC 标准对建筑信息的表达，建立统一标准的 BIM 构件库。

创建基于 IFC 标准的 BIM 构件库，将从根本上解决建筑信息共享与交换过程中信息不一致的问题，实现构件资源的可复用性。在已有的构件库的基础上需要实现构件的新增、修改与删除功能，才能保证构件库的扩充与优化。

2.7.4 BIM 构件库建设步骤

企业 BIM 构件库的建设一般可分为：构件资源规划，构件分类与编码，构件制作、审核与入库，BIM 构件库管理四大步骤。

（1）构件资源规划

构件资源规划是 BIM 构件库建设的基础和前提，在开始建设 BIM 构件库之初，首先应做好构件资源规划。做好构件资源规划，建立相应标准，用标准统一规范构件的制作、审核与入库以及 BIM 构件库管理等活动，才能最大限度地提高对构件资源的开发与利用效率。

（2）构件分类与编码

构件分类是构件入库和检索的基础，是 BIM 构件库建设的重要内容。构件资源规划完成之后，企业对构件的需求和 BIM 构件库的存储内容已基本确定。为了使 BIM 构件库使用方便，并易于扩充和维护，必须对构件进行分类，并依据分类类目建立 BIM 构件库的存储结构。

构件分类应以方便使用为基本原则，可依据行业习惯按专业划分，可以先划分专业大类，如道路、结构、机电等，再根据专业大类进一步细分，如按功能、材料、特征等划分。为了避免过度分类，应对分类层级进行控制，如每个专业下分类建议不要超过 3 级。

构件分类是快速存储和检索构件的基础，是 BIM 标准研究的分支。市政工程 BIM 构件分类方法可以参考《建筑信息模型分类和编码标准》GB/T 51269—2017。

BIM 构件要遵循我国现有的标准体系及国际通行的标准体系，主要包括构件的信息格式、信息语义和信息传递。其中，构件的信息语义要求是对构件库和术语进行规定，类似命名字典，保证每个构件具有唯一的名称，以确保信息交换快速准确。同时，为了保证构件符合国际通行的信息语义要求，也需要对构件的分类、编码和命名展开工作。

（3）构件制作、审核与入库

在构件制作过程中，应根据建模深度需要，在构件属性中包含其几何信息以及材质、防火等级、工程造价等工程信息。但是每个构件包含的信息并非越多越好，满足设计深度需求即可，信息过多可能导致最终三维模型信息量过大，占用大量设备资源，难以操控。

（4）BIM 构件库管理

BIM 构件库管理包括权限分配和维护两部分。BIM 构件库是企业重要的技术和知识资源，因此，必须对 BIM 构件库采取有效的保护措施。通常应按照不同部门、不同专业对构件的使用需求设置不同的访问权限。随着 BIM 构件库中构件的不断扩容，库中构件文件的版本不统一、数据冗余等问题也将暴露出来。因此，BIM 构件库管理员还应定期升级库中构件文件的版本，删除不再适用的废弃构件文件。

2.7.5　BIM 构件库管理系统

对 BIM 构件进行妥善管理，有助于提高建模的标准化水平及构件的通用性，并且逐步地将构件管理纳入企业信息化系统，可提高企业信息化平台的 BIM 项目管理水平。

在 BIM 正向设计实施中会建立和引入大量的 BIM 构件，这些 BIM 构件经过加工处理可形成能重复利用的构件资源。BIM 构件库的合理管理和有效利用可大幅度提高 BIM 的设计效率和设计质量，同时也降低了 BIM 正向设计的实施成本。

管理好 BIM 构件库，需要建立 BIM 构件库管理系统，这是对 BIM 项目进行管理的重要内容，也是合理管理和利用构件的有效手段。BIM 构件库管理系统应基于协同化的数据平台，能和 BIM 软件高度集成，提供高效和方便的数据检索、下载及增删改功能。并能够设置必要的管理和使用权限，实现按角色进行授权，知识产权得到保护。

BIM 构件库管理系统按功能组织划分为：构件管理、权限管理、版本管理、项目库管理、查询布置、数据库管理、报表统计、批量升级、Web 接口等模块。

2.7.6　上海市政工程设计研究总院（集团）有限公司（简称"上海市政总院"）《SMEDI-BIM 构件库管理系统》

上海市政总院各生产院在多年实施 BIM 正向设计工作中积累了大量的 BIM 构件，这些 BIM 构件是企业宝贵的知识财富。但由于构件的创建主要以满足当前项目的需要为目标，导致构件的创建存在一定的随意性，对参数化驱动以便后续项目使用考虑较少。同时，由于缺乏统一的制作规则导致各生产院制作的构件在分类、命名、表达精度、行为上都各不相同，这就造成尽管都是同一部门交付的模型，但组成模型的构件却表现各异。

以前 Revit 构件（通常称为族）以文件夹的形式管理，有些构件功能相同，但储存在不同文件夹中，有些构件命名接近，但功能不完全相同，这种情况让设计人员无从分辨各个构件的具体差异。CATIA 构件（通常称为模板）以结构树的形式管理，结构树的层级划分不规范，无从追溯构件来源，更谈不上把控质量。

针对构件管理中存在的这些问题，上海市政总院亟需建立一套企业级的 BIM 构件库管理系统，收集按照统一规则要求制作的 BIM 构件，进行结构性存储和管理，以便设计人员能够对上海市政总院范围内的知识成果有全面的了解，共享 BIM 构件，提高 BIM 的设计效率和设计质量，降低 BIM 的实施成本。

为了适应不同的应用环境，上海市政总院《SMEDI-BIM 构件库管理系统》由企业内部版和云平台版组成，是跨软件平台的 BIM 构件库管理系统，如图 2-30 所示。

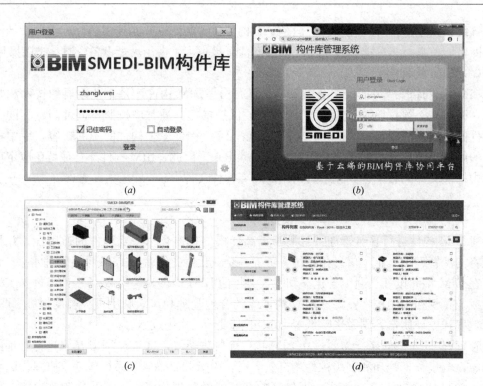

图 2-30　《SMEDI-BIM 构件库管理系统》

（a）企业内部 BIM 构件库登录；（b）云平台 BIM 构件库登录；（c）企业内部 BIM 构件库；（d）云平台 BIM 构件库

1. 系统架构

《SMEDI-BIM 构件库管理系统》的基本架构如图 2-31 所示。通过数据服务层及底层数据库对构件进行访问查询、安全权限设置等处理，用以实现结构性存储、展示、查询、调用。

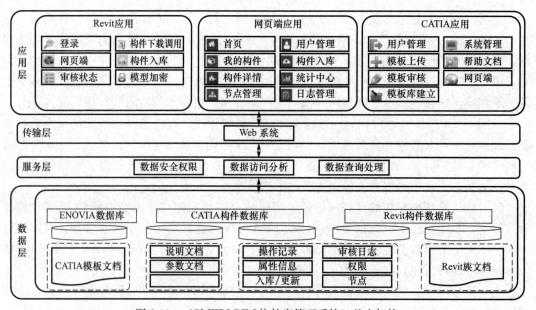

图 2-31　《SMEDI-BIM 构件库管理系统》基本架构

2. 主要功能

（1）网页端功能，见表 2-6。

《SMEDI-BIM 构件库管理系统》网页端功能　　　　　　　　　　　　　　　表 2-6

功能名称	功能描述	备注
首页	系统中的主要信息展示，包括 Revit 和 CATIA 构件在过去 6 个月的入库数量，两类构件入库最多的部门前五位等	
构件详情	在各 BIM 构件库中浏览、查询、下载构件，也可以为构件打分和添加评论	
构件入库	无需运行 Revit 软件而通过网页端上传构件至管理系统	
我的构件	对与当前用户相关的各项构件信息统一管理、展示	
统计中心	展示构件相关各项统计数据	
节点管理	对上海市政总院 BIM 构件库及各部门 BIM 构件库的专业层级进行管理	管理员权限
用户管理	对 BIM 构件库管理系统的用户权限等进行管理，并记录最后登录时间、当前状态等信息	超级管理员权限
部门管理	以部门为维度，对该部门的权限、用户等进行管理	
日志管理	查看用户操作日志	管理员权限
加密策略	对各一级专业（BIM 构件库级别目录层级）进行加密设置及缩略图设置	超级管理员权限
设置	超级管理员对整个 BIM 构件库管理系统进行设置	超级管理员权限

（2）Revit 端功能，见表 2-7。

《SMEDI-BIM 构件库管理系统》Revit 端功能　　　　　　　　　　　　　　表 2-7

功能名称	功能描述	备注
登录/退出	通过 SMEDI 域用户名和密码至域控验证服务器验证账户有效性，登录系统并获取相应权限	
Web 族库	以已登录用户身份跳转至 SMEDI-BIM 构件库管理系统网页端	
构件库	浏览、查询 BIM 构件库中的构件并调用	
族入库	将符合要求的构件上传至 SMEDI-BIM 构件库管理系统	
审核状态	查看由当前用户上传的构件的审核情况	
模型加密	将模型中所含构件形体分解为多个实体，防止未经授权的模型修改或盗用	

（3）CATIA 端功能，见表 2-8。

《SMEDI-BIM 构件库管理系统》CATIA 端功能　　　　　　　　　　　　　　表 2-8

功能名称	功能描述	备注
登录/退出	通过 SMEDI 域用户名和密码至域控验证服务器验证账户有效性，登录系统并获取相应权限	
Web 页面	用于跳转至 SMEDI-BIM 构件库管理系统 Web 页面，在 Web 端可浏览已入库构件模板以及使用主页和统计分析功能	
构件上传	用于帮助用户上传 CATIA 构件库工程模板至 BIM 构件库管理系统，该功能可自动识别 CATIA 客户端用户上传的模板文件信息，用户只需按照专业-功能-构件分类进行选择传入节点	
审核	用于 BIM 构件库管理系统"初审人员""终审人员"对用户上传的构件进行审查工作，审查完成合格后系统自动迁移数据存储位置	

功能名称	功能描述	备注
构件审核状态	用于用户查看自己上传至 BIM 构件库的构件审核状态	
构件库	在 CATIA 客户端提供用户浏览已完成审核入库操作的构件模板，用户可以通过界面提供的"搜索""高级搜索""详细信息""CATIA 中打开"筛选查看所需要的构件模板，在工程中使用	
基本设置	用于设置系统所需要的数据库、文件服务器的 IP 地址和网页的网址	
统计分析	用户可在此页面查看上传下载的排名情况	
用户管理	系统管理员可在此界面对 BIM 构件库所有用户的权限进行管理，包括修改权限和禁止登录等	管理员权限
节点管理	用于对 CATIA 分类结构树节点进行增删改操作	管理员权限
操作日志	系统管理员可在此界面筛选查看用户的操作日志	管理员权限
帮助	用户可在此页面查看软件版本信息，获得软件帮助文档	
辅助工具	用户在准备上传附件时通过交互选择生成标准参数表格，调用 Windows 自带的截图工具进行截图	

2.8 BIM 管理

2.8.1 协同设计

市政工程不论是 CAD 还是 BIM 都是以多部门、多专业协同工作为目标。协同设计是协同工作在设计领域的分支，通过建立统一的标准和协同设计软件系统，实现设计数据及时、准确的共享。通过一定的信息交换和沟通机制，分别完成各自的设计任务，从而共同完成最终的设计目标。

BIM 正向设计需要以 BIM 思维来推进工程设计，即需要引入协同工作机制，包含专业内部的自身协同以及多专业之间的相互协同，所有的设计信息均搭载于 BIM 模型之上，并依据 BIM 模型完成设计阶段的各类应用。

协同性是 BIM 正向设计的主要特点，BIM 正向设计的协同既包括各专业之间的协同，又包括专业内部的协同。目前 BIM 正向设计面临的问题主要是单一软件难以满足设计人员要求，而多种 BIM 专业软件虽能满足专业设计人员要求，但存在数据兼容性、全生命周期信息传递的完整性以及多专业协同标准的建立等问题，解决这些问题需要依靠协同环境，而不能依靠点对点的个性化方式。

2.8.2 协同环境

协同环境就是要将散落在各 BIM 模型中的数据进行集中管理，统一标准，保证数据源的唯一性。所有设计人员都采用实时在线设计的方式，直接在服务器上存取数据。

BIM 技术在工程上的应用改变了传统设计中各个专业协同设计模式，将工程项目的各个参与方（包括业主单位、设计单位、施工单位等）通过 BIM 综合模型协同在一起，帮助设计单位有效地完成协同设计。同时，BIM 技术还为协同设计的实现提供了信息共享的平台，在相关软件的支持下，设计方可以把各个专业的设计成果实时传递到共享平台上，在设计过程中，如某专业的设计发生变更，平台中的数据将会实时进行更新，与之相关的部门和专业都可以随时通过平台分享变更信息，以便可以及时做出与之相对应的设计方案。

随着 BIM 正向设计在国内应用得越来越广泛，对协同环境方面的要求必然会提高。现今，BIM 技术与云技术相结合，建立云协同平台才是未来 BIM 正向设计发展的趋势。

基于云协同平台的 BIM 正向设计由于继承了云技术强大的计算能力及云服务多方共享和协同的特点，因此具有高性能、安全可靠、通用性好、成本低、可扩展性好等优点，加强了项目各参与方之间的协同工作。基于云协同平台的 BIM 正向设计具有以下优势：

（1）可以实现多个主体针对同一目标进行协调一致工作；

（2）基于云的 BIM 技术降低了项目各参与方之间协同工作的难度；

（3）不同参与方之间都只通过一个统一的模型和相关联的图档进行沟通；

（4）各参与方对模型的修改和现场施工中反馈的信息都在统一的云协同平台上，确保了工程信息能够快速、安全、便捷地在各参与方中流通和共享。

2.8.3　模型审核

《住房和城乡建设部工程质量安全监管司 2020 年工作要点的通知》（建司局函质〔2020〕10 号）要求推广施工图数字化审查，试点推进 BIM 审图模式，提高信息化监管能力和审查效率。

BIM 正向设计势必会产生多阶段的 BIM 模型，对于多阶段的 BIM 模型审核，目前还没有成熟的方法。

BIM 正向设计主要的交付成果为模型文件，图纸则是依附于模型文件而生成。多阶段的 BIM 模型是否满足相应阶段的设计要求，需要监督设计过程，并针对不同的模型应用阶段划分交付节点，审核模型是否满足相应交付阶段的工作内容。明确不同阶段的模型交付要求，就可以对模型所携带的信息载体提出审核要求。

通过项目实践，发现建立一个模型总有一些参考信息。如设计阶段建模，需要参考设计规范、甲方需求等；施工阶段建模，需要参考设计图纸、施工规范等。将这类建模参考信息称为"数据源"，建模的过程则是将"数据源"转化为"模型信息"。而审核工作则是检查模型信息与 BIM 应用目标所需求数据源的对应关系。

审核内容围绕需求信息进行，并不需要检查该项目是否包含所有 BIM 数据，而只需确认该项目是否包含执行该种 BIM 应用的必要数据，并对数据的准确性和合理性进行审核。

2020 年 3 月湖南省住房和城乡建设厅发布《湖南省 BIM 审查系统技术标准》DBJ43/T 010—2020、《湖南省 BIM 审查系统模型交付标准》DBJ43/T 011—2020、《湖南省 BIM 审查系统数字化交付数据标准》DBJ43/T 012—2020 三项湖南省工程建设地方标准。2019 年 12 月"湖南省 BIM 审查系统"项目验收，自 2020 年 6 月 1 日起施工图实行 BIM 审查。

2020 年 6 月广州市住房和城乡建设局发布《关于试行开展房屋建筑工程施工图三维（BIM）电子辅助审查工作》的通知（穗建 CIM〔2020〕3 号）。送审要求建设单位应委托设计单位按照《广州市施工图三维数字化设计交付标准》（1.0 版）、《广州市施工图三维数字化交付数据标准》（1.0 版）开展 BIM 设计，设计单位登录广州市施工图审查管理信息系统同步上传二维施工图和 BIM 模型，建设单位应对设计单位上传的 BIM 模型与二维施工图的一致性进行确认。

2.8.4　企业 ISO 管理

传统设计的策划、管理、图审和交付等各方面的控制因素无法和 BIM 正向设计很好的兼容，导致 BIM 正向设计推进较为缓慢。如果设计企业还是沿用传统 CAD 及纸质文件的管理体系，在项目策划、人员组织、工种配合、校审及交付等方面都会产生各种矛盾和冲突，大大降低工作效率。推广 BIM 正向设计也是为了提高设计质量，提升工作效率，工作方式的转变也需要配套的管理方式相应转变，而 ISO 9001 的管理理论适合于各类项目，需要改变的是具体的管理方式，对原架构有针对性地进行调整，既能保证前期管理架构的延续，又能提升图纸质量和设计效率，BIM 正向设计 ISO 流程与传统 ISO 流程的比较见表 2-9。

BIM 正向设计 ISO 管理

表 2-9

BIM 正向设计 ISO 流程	与传统 ISO 流程的不同之处
设计项目质量记录册	补充增加的清单
设计任务单	备注注明采用 BIM 正向设计
工程项目组人员表	增加 BIM 的相关设计人员
设计进度计划表	考虑 BIM 正向设计的情况
方案设计策划、实施表	增加 BIM 参与方案部分
设计大纲	增加 BIM 专项部分及 BIM 负责人签名
项目使用的法律	增加 BIM 的相关技术规程
项目各专业互提技术资料书	增加三维协同的配合清单
项目设计评审表	增加 BIM 专项评审
校审意见书	增加 BIM 模型检测及校审专项意见
设计验证评审表	增加模型验证评审表
BIM 模型交付记录表	—
服务报告表、BIM 专项服务表	增加 BIM 专项服务内容
纠正/预防措施与验证记录表	增加 BIM 模型的修改和验证记录
设计资料归档登记表	增加 BIM 模型归档的相关标准及记录表
设计文件签收表	BIM 模型提交的电子记录

2.8.5　国际标准 ISO 19650

ISO 19650 标准是使用 BIM 进行信息管理的新国际标准。标准旨在使团队通过共同和协作的方法来实现信息管理。

当今，BIM 服务以及数据交付质量问题，已经成为行业发展的主要瓶颈之一。没有信息管理，何谈 BIM 质量？没有 BIM 质量，搞什么 BIM？ISO 19650 标准是从组织和管理角度解决 BIM 正向设计高质量发展的有力工具。

1. ISO 19650 意义

信息的质量是决定信息价值的基础，每个项目在刚刚启动的时候就必须建立信息质量保证的流程，并且作为整个项目质量保证体系的一部分。信息的质量决定 BIM 模型的价值，因此，在建模过程中必须保证每个流程的数据信息精确，这样才能保证整个工程项目的高质量建造。

ISO 19650 系列标准提出了信息管理的方法和原则。这些方法和原则继承了 ISO 9000 系列（质量管理体系）、ISO 55000 系列（资产管理体系）和 ISO 21500(项目管理)，健全了从组织到信息的整个质量管理框架。该系列标准广为全球接受，规则科学合理、通用性较强，因此在众多国际项目中被采纳为 BIM 信息管理的规则，甚至要求具备相应的认证证书。

2. ISO 19650 介绍

ISO 19650 系列标准的全称是“建筑和土木工程信息的组织和数字化，包括建筑信息模型（BIM）——使用建筑信息模型的信息管理”（Organization and digitization of information about buildings and civil engineering works，including building information modelling (BIM) —Information management using building information modelling)，是国际标准化组织发布的一系列 BIM 应用标准，旨在提出产业链当中基于 BIM 的信息沟通、合约确定、履约执行等方面的质量管理体系和基本方法。

ISO 19650 系列标准主要基于 BSI 制定的 PAS 1192 系列标准编制而成，两套标准的原则一致，均依据质量管理体系（ISO 9001）的标准，遵循计划-执行-检查-处理（PDCA）的原则。ISO 19650 标准中仍然遵循在 PAS 1192 中提及的信息传递环（information delivery cycle）流程，把要求定义为一套包含逻辑顺序、时间线的实践流程，并且与工程建设领域的投标、设计、施工、交付等环节一致。

ISO 19650 系列标准由 5 本标准组成，分别是 ISO 19650-1 概念和原则、ISO 19650-2 资产交付阶段、ISO 19650-3 资产运维阶段、ISO 19650-4 信息交换、ISO 19650-5 考虑安全的信息管理，如图 2-32 所示。

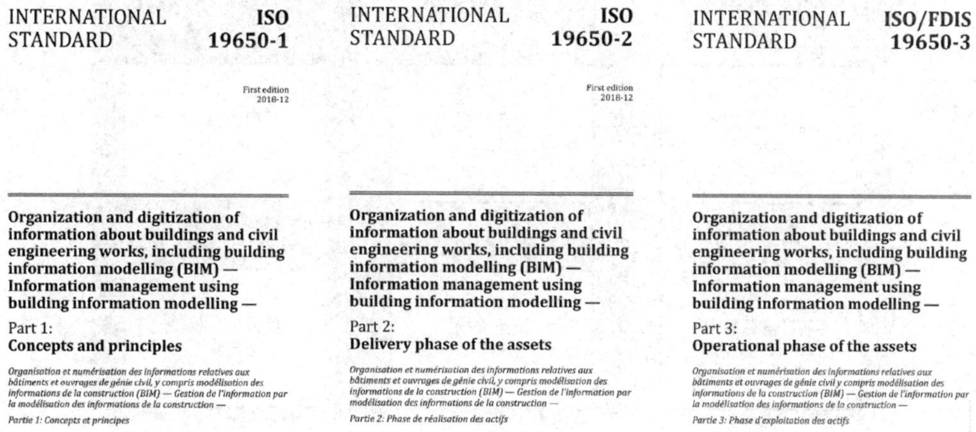
INTERNATIONAL STANDARD ISO 19650-1

First edition 2018-12

Organization and digitization of information about buildings and civil engineering works, including building information modelling (BIM) — Information management using building information modelling —

Part 1: Concepts and principles

Organisation et numérisation des informations relatives aux bâtiments et ouvrages de génie civil, y compris modélisation des informations de la construction (BIM) — Gestion de l'information par la modélisation des informations de la construction —

Partie 1: Concepts et principes

INTERNATIONAL STANDARD ISO 19650-2

First edition 2018-12

Organization and digitization of information about buildings and civil engineering works, including building information modelling (BIM) — Information management using building information modelling —

Part 2: Delivery phase of the assets

Organisation et numérisation des informations relatives aux bâtiments et ouvrages de génie civil, y compris modélisation des informations de la construction (BIM) — Gestion de l'information par modélisation des informations de la construction —

Partie 2: Phase de réalisation des actifs

INTERNATIONAL STANDARD ISO/FDIS 19650-3

Organization and digitization of information about buildings and civil engineering works, including building information modelling (BIM) — Information management using building information modelling —

Part 3: Operational phase of the assets

Organisation et numérisation des informations relatives aux bâtiments et ouvrages de génie civil y compris modélisation des informations de la construction (BIM) — Gestion de l'information par la modélisation des informations de la construction —

Partie 3: Phase d'exploitation des actifs

(*a*)　(*b*)　(*c*)

图 2-32　ISO 19650 系列标准

(*a*) ISO 19650-1 概念和原则；(*b*) ISO 19650-2 资产交付阶段；(*c*) ISO 19650-3 资产运维阶段

3. ISO 19650-1：2018 概念和原则

ISO 19650-1：2018《使用 BIM 进行信息管理-概念和原则》(Information management using building information modelling — Part 1：Concepts and principles)。

该标准依据 BIM 提出了在成熟阶段 BIM 信息管理的概念和原则。该标准提供和推荐了一个框架来管理信息，包括：信息交换、信息记录、信息版本和活动人员的组织规划。

该标准适用于建筑的全生命周期，涵盖战略规划、前期设计、工程设计、开发、文件归档和施工、日常运营、维护、翻新、修缮、设施退役。其中涉及的角色包括业主、运营商、客户、资产经理、设计团队、施工团队、设备制造商、系统专家、政策制定者、投资方和终端用户。

4. ISO 19650-2：2018 资产交付阶段

ISO 19650-2：2018《使用 BIM 进行信息管理-资产交付阶段》（Information management using building information modelling — Part 2：Delivery phase of the assets）。

该标准定义了信息管理的要求，通过管理流程的形式，规范了 BIM 中关于资产交付阶段和信息交换的内容。该标准适用于所有资产类型、所有组织类型和规模，不受限于不同的采购策略。

5. 明确信息需求

业主要求企业交付 BIM 信息成果需求不明确，导致企业多次提交 BIM 信息成果，导致企业 BIM 正向设计成本较高，BIM 的使用与企业的经营成本难以平衡，甚至最后交付的 BIM 信息成果无法满足业主需求。

根据 ISO 19650-1，与资产交付阶段相关的信息需求应按照委任方或主要被委任方使用的项目阶段来明确信息需求层次，如图 2-33 所示。

通过对信息需求的明确，ISO 19650 有助于实现产业链上下游对需求的共识以及对完成需求所付出的成本共识，从而实现上下游间的价值共识。通过价值共识，BIM 的服务过程、服务成果物有所值。

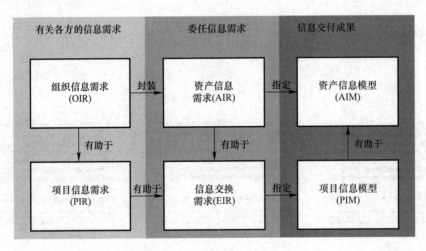

图 2-33 信息需求层次

6. 公共数据环境

企业往往通过协同平台来实现企业间上下游 BIM 应用和信息协同。企业间以及企业内部的信息协同，往往由于模型版本不统一、权限规定不明确、模型的发布状态未明确，导致模型信息较为混乱，不利于对数据资产的质量控制与管理。

ISO 19650-1 对公共数据环境如何规范化管理信息给出了解决方案。ISO 19650-1 强调，在资产管理和项目交付期间，应采用公共数据环境解决方案和工作流来管理信息。公共数据环境内的每个信息容器的当前版本，应处于正在进行、共享、已发布、"归档"状态。在项目结束时，资产管理所需的信息容器应该从项目信息模型转移到资产信息模型。剩余的项目信息容器，包括任何处于"归档"状态的信息容器，应保持只读状态。保留项目信息容器的时间段应在信息交换需求中予以规定。

7. 成果交付检验

BIM 交付质量往往不高，"真三维、假 BIM"的情况屡见不鲜。主要表现在：对 BIM 交付结果不明确，缺少对 BIM 成果交付的检验和验收过程。

ISO 19650-1 对信息需求发布以及对需求的响应进行了明确描述：所有将在资产全生命周期内提供的资产和项目信息应由委任方通过一套信息需求来指定。相关信息需求应向各潜在主要被委任方发布。潜在主要被委任方应负责对各项需求制定响应方案，并由委任方在委任之前进行评审。然后，由各主要被委任方负责管理和制定针对信息需求的响应，并纳入其资产管理或项目交付活动的计划中。信息由主要被委任方负责管理和交付，并由确定需求的一方接受。反馈环节考虑到了必要时需修改的信息交付成果。

8. 执行计划落实

在 BIM 的各应用环节上并未按 BIM 执行计划落实，并未按 BIM 要求精细化施工，各方之间关于 BIM 的职责范围不清晰，导致 BIM 的执行不到位，在工程建设中往往存在扯皮现象。

ISO 19650-2 通过责任矩阵来解决上述问题。ISO 19650-2 指出，在 BIM 执行计划中建立交付矩阵。主要被委任方应进一步完善高级责任矩阵，包括将生产什么信息、何时与谁交换信息以及哪个任务团队负责信息生产。在制定任务信息交付计划时，需要明确任务团队在详细责任矩阵中的责任，主要被委任方应考虑到详细责任矩阵中已分配的责任。

2.8.6　国际标准 ISO 23386

ISO 23386 标准的全称是"工程中 BIM 和其他数字化的使用-互通数据字典属性的描述、编制和维护的方法"（Building information modelling and other digital processes used in construction — Methodology to describe，author and maintain properties in interconnected data dictionaries）。

数据字典（Data dictionary）对于 BIM 从业者来说并不是一个十分熟悉的术语，然而在 BIM 标准领域，数据字典却是不可或缺的一部分，代表在一定范围内所形成的 BIM 语义的共识。新华字典就是汉语语义的基础规则，在新华字典的支撑下，说汉语的人能够相互理解和沟通。在 BIM 数据共享方面，同样需要类似的技术基础，使人与计算机、计算机与计算机能够进行正确和完整的数据交流。

数据字典天然具有领域性。从一个企业到一个行业，乃至一个国家，都可能会存在与众不同的数据字典。这导致了跨领域沟通时，由于字典的不同，数据无法进行必要的相互识别。

ISO 23386 标准并非只有编制数据字典的人才需要，对于每个追求数字化的企业来说，都需要建立这样一套标准来管理企业的工程数据库。

2.8.7　国际标准 ISO 12911

ISO 12911 可以说是 BIM "标准的标准"，其作用是为 BIM 实施的技术标准建立框架。

该标准涵盖各类工程情况，包括建筑和土木工程；也包括群体到单体，乃至工程系统或实体。ISO 12911 主要的应用者是 BIM 管理者或程序开发者，以助力其建立国际、国内、项目等各层次互通融合的 BIM 技术导则。

ISO 12911 界定了一般 BIM 技术导则应考虑的各个层次要求，以保障行业技术体系上的一致性。总的来说，ISO 12911 所担负的任务是制定一个全球公认的 BIM 实施框架，在这个框架下，各国或地区，甚至各项目都能够为自身发展出基本一致的 BIM 技术路线，如此，BIM 所追求的行业协同才能够得以实现。

2.8.8　中国 BIM 认证体系

BIM 技术作为我国建筑业信息化变革的关键支撑，近年来得到了国家和行业的高度重视，取得了快速发展，《建筑信息模型分类和编码标准》GB/T 51269—2017、《建筑信息模型设计交付标准》GB/T 51301—2018 等系列 BIM 国家标准已经发布。我国 BIM 技术虽然取得了一定成绩，但从全行业看，BIM 技术的应用水平仍处于初级阶段，不可避免地在成果交付、专业人才、实施机构以及软硬件环境等方面出现鱼目混珠、良莠不齐的现象，有些甚至误导了行业对 BIM 技术的认知，阻碍了 BIM 技术的发展，影响了 BIM 技术整体质量水平的提升，亟待通过认证，科学、公信地检验 BIM 成果，提供行业权威的评价认证服务。

中国 BIM 认证体系旨在为行业认证企业和人员的 BIM 能力水平以及优秀软硬件环境，保证服务方采购到符合要求的 BIM 成果，保证工程信息全生命周期的协同交付。中国 BIM 认证体系的技术委员会由来自全国各地、工程建设行业各领域的知名专家学者组成，共同为 BIM 认证研究和制定技术路线、实施导则等各项技术文件，力求做出具有国际先进水平的 BIM 认证技术体系。近期，中国 BIM 认证体系将开展 3 个方面的认证，即工程项目、人员和信息技术环境；中国 BIM 认证体系在远期将面向 BIM 服务企业本身的能力及设备设施运营维护的信息化能力进行评价。

2018 年 7 月 3 日，"中国 BIM 认证体系发布会"在上海中心大厦成功举行。本次会议由中国工程建设检验检测认证联盟、buildingSMART 中国分部共同主办，如图 2-34 所示。

图 2-34　中国 BIM 认证体系发布启动仪式

2016 年 10 月，国际知名的标准制定和认证机构英国标准协会 BSI 推出针对企业在设计和施工、建筑资产管理以及建筑产品三个方面的 BIM 能力认证服务；BIM 领域的 buildingSMART 国际组织推出面向软件的 IFC 软件认证，用以更好地支持 BIM 数据交换；buildingSMART 国际组织还在 2017 年 9 月推出了 OpenBIM 人员认证，旨在为全球

BIM 领域的工作人员提供稳定的参考准线，协助招聘 BIM 专业人员。中国 BIM 认证体系正式发布，标志着中国成为世界上为数不多开展 BIM 认证服务的国家之一。

2.8.9　中国 BIM 认证联盟

为规范 BIM 技术在建筑行业信息化建设中的应用，2016 年中国工程建设检验检测认证联盟与 buildingSMART 中国分部共同倡议并发起成立了中国 BIM 认证联盟。2018 年 7 月 3 日中国 BIM 认证体系发布，标志着 BIM 认证工作正式开展。

2018 年，中建协认证中心和中国 BIM 认证联盟合作开展了基于 ISO 19650 标准的企业级 BIM 认证、项目 BIM 技术服务认证和软硬件评价工作，推动了 BIM 技术服务标准的开发和应用。经过近两年的合作研究，初步形成了系列成果，开发了《工程项目建筑信息模型（BIM）认证示范项目评定技术导则》（认证依据标准）、《信息技术环境建筑模型（BIM）认证：示范计算机硬件》和《信息技术环境建筑模型（BIM）认证：示范计算机软件》等标准。

2.8.10　BIM 评价标准

全国智能建筑及居住区数字化标准化技术委员会（简称"全国智标委"）（SAC/TC426）于 2008 年由国家标准化管理委员会批准（国标委综合［2008］108 号）成立，是由住房和城乡建设部负责业务指导的技术标准组织，秘书处承担单位为住房和城乡建设部信息中心。

为了规范工程建设领域各级组织和企业对 BIM 技术的应用，有效提高住房和城乡建设领域的 BIM 应用能力，提升工程项目 BIM 应用和企业 BIM 实施能力，全国智标委编制完成了《工程项目建筑信息模型（BIM）应用成熟度评价导则》《企业建筑信息模型（BIM）实施能力成熟度评价导则》。

《工程项目建筑信息模型（BIM）应用成熟度评价导则》适用于对工程项目全生命周期中的设计阶段、施工阶段和运营维护阶段的建筑信息模型（BIM）创建过程、应用深度和管理成熟度进行评价，促进 BIM 技术在规划、勘察、设计、施工和运营维护全过程的集成应用，实现工程建设项目全生命周期数据共享和信息化管理。

《企业建筑信息模型（BIM）实施能力成熟度评价导则》适用于对房地产公司、设计公司、施工企业、运维单位、BIM 工程咨询公司、BIM 工程顾问公司、BIM 软件开发公司、小微型 BIM 工作室等从事 BIM 技术服务的相关组织的 BIM 技术实施能力进行评价，促进 BIM 技术在规划、勘察、设计、施工和运营维护全过程的集成应用，实现企业建筑信息模型（BIM）实施能力成熟度评价。

第3章 IFC 标准

3.1 概述

BIM 技术的目标是实现工程项目全生命周期的协同工作，核心是信息共享与交换，基础是数据标准。IFC 标准为工程信息技术提供了数据基础，已经成为国际上广泛认可的数据标准，越来越多的 BIM 软件支持 IFC 数据的输出与读入。IFC 标准具有完整性、开放性、可拓展性、权威性的特点，使得土木工程行业对 IFC 标准越来越重视，研究也越来越深入，与其他的专业软件数据格式相比，IFC 标准对统一数据格式具有非常明显的优势。

随着 BIM 技术的推广逐步深入，BIM 应用不是某一个软件平台可以完成的观点也得到业界普遍共识。工程项目中跨平台、跨图形引擎、跨阶段的软件之间如何形成数据的流通，IFC 标准就是在这样的需求下产生的。IFC 数据模型是一个公开标准，基于面向对象的文件格式。IFC 标准是一个计算机可以处理的工程数据表示和交换标准，是用于工程全生命周期内各方面的信息表达与交换的国际标准。BIM 软件可以基于 IFC 标准进行数据交换和共享。

1997 年，国际数据互用联盟 IAI 首次发布了 IFC 标准。2005 年，ISO 基于 IFC 标准发布了第一个国际 BIM 数据存储标准 ISO 16739。自第一版 IFC 标准发布以来，基于 IFC 标准的研究络绎不绝，IFC 标准也在不断完善和进步。

IFC1.0 版本至目前最新的 IFC2x4（buildingSMART 国际组织官方网站也称为 IFC4）版本，总共经历了 15 年之久，这是一个很大的时间跨度。并且直到 2006 年，buildingSMART 国际组织才公开了真正的稳定版本 IFC2x3，这也是目前大多数 BIM 软件支持的 IFC 标准版本。目前，IFC 标准的最新版本是 IFC4 ADD2，于 2016 年 7 月发布。

3.2 IFC 标准体系架构

3.2.1 IFC 标准架构

IFC 标准架构提供了建筑工程实施过程中所处理的各种信息描述和定义的规范，这里的信息既可以描述一个真实的物体，如建筑物的构件，也可以表示一个抽象的概念，如空间、系统、组织、关系和过程等。

IFC 标准架构由 4 个层次组成，从上到下依次为领域层（Domain Layer）、共享层（Shared Layer）、核心层（Core Layer）、资源层（Resource Layer），如图 3-1 所示。各层次分为不同的模块，引用关系严格，只能是上层次的模块引用下层次的模块，不能出现反向引用的情况。

1. 领域层

分别定义了一个建筑项目不同领域（如建筑、结构、暖通、设备管理等）特有的概念和信息实体。如施工管理领域中的工人、施工设备、承包商等，结构工程领域中的桩、基础、支座等。

领域层为 IFC 标准架构的最高层级，定义最终专业化的实体。这一层定义的实体是独立的，不能被其他层级引用。领域层根据行业学科分为 8 个模块，包括建筑控制领域（Building Controls Domain）、消防给水排水领域（Plumbing Fire Protection Domain）、结构元素领域（Structural Elements Domain）、结构分析领域（Structural Analysis Domain）、暖通空调领域（HVAC Domain）、电气领域（Electrical Domain）、建筑领域（Architecture Domain）、施工管理领域（Construction Management Domain）8 个领域，共有 102 个类型、198 个实体，这些领域可以根据实际需要进行扩展。

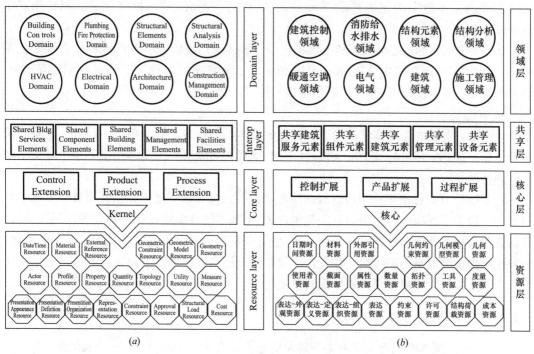

图 3-1　IFC 标准架构

（a）英文原版；（b）中文翻译

2. 共享层

分类定义了一些适用于建筑项目各领域（如建筑设计、施工管理、设备管理等）的通用元素，以实现不同领域间的信息交换。如梁、柱、门、墙等构成一个建筑结构的主要构件，是采暖、通风、空调、机电、管道、防火等领域的通用元素。

共享层定义了领域层模型之间的共同元素，包括中间的专业化实体。其包含共享建筑服务元素（Shared Bldg Services Elements）、共享组件元素（Shared Component Elements）、共享建筑元素（Shared Building Elements）、共享管理元素（Shared Management Elements）和共享设备元素（Shared Facilities Elements）5 个模块，共有 40 个类型、100 个实体。共享层提供多个领域共享的更专业化的对象和关系。

3. 核心层

提炼定义了一些适用于整个建筑行业的抽象概念，如一个建筑项目的空间、场地、建筑物、建筑构件等都被定义为产品的子实体，而建筑项目的作业任务、工期、工序等则被定义为过程和控制的子实体。

核心层是 IFC 标准架构中最通用的层次，它进一步为特定的专业化模型提供了更具体的基础结构、基本关系和通用概念。其包含核心（Kernel）、控制扩展（Control Extension）、产品扩展（Product Extension）、过程扩展（Process Extension）4 个模块，共有 33 个类型、119 个实体。核心层定义的实体能够被其上面的层级引用。

核心层的实体类型为抽象超类型（Abstract Super type）。抽象超类型是面向对象语言中的基类型，一般不在 IFC 格式的文件中直接使用，而是使用其子类型（Subtype）。

核心层的抽象基类包括对象（object）、属性（property）和关系（relationship）。这些基类会被进一步地实例化为产品（product）、过程（process）、控制（control）和资源（resource）。

IFC 数据组织的核心体现在核心层的核心（Kernel）模块中，IfcKernel 中有 4 个抽象基类，其中对象定义实体（IfcObjectDefinition）、属性定义实体（IfcPropertyDefinition）和关联实体（IfcRelationship）皆继承于根实体（IfcRoot）。

4. 资源层

包含了一些独立于具体建筑的通用信息的实体，如材料、计量单位、尺寸、时间、价格等信息。这些实体可与其上层（核心层、共享层和领域层）的实体连接，用于定义上层实体的特性。

资源层是 IFC 标准架构中最低级的层次，此层定义元素描述的是建筑项目中最基本的信息，一般为工程项目的通用信息。其包含 21 个基本信息模块，如材料资源、属性资源、几何资源、拓扑资源、日期时间资源、表达-组织资源等，共有 216 个类型、347 个实体。资源层所提供的信息不能够独立存在，一般作为上层实体的属性值存在，通过被上层一个或多个根实体直接或间接引用来体现其价值。

3.2.2　IFC 标准类与对象

IFC4 RC4 版本中包含大量的类与对象的定义，有 764 个实体、408 个属性集、391 个类型，见表 3-1。

IFC4 RC4 版本各功能层元素数量分布　　　　　　　　　　　　　表 3-1

功能层	类型	实体	函数	规则	属性集	数量集
领域层	102	198	0	0	276	69
共享层	40	100	1	0	90	16
核心层	33	119	3	1	25	6
资源层	216	347	44	1	17	0
合计	391	764	48	2	408	91

IFC 标准架构将所有的类与对象按概念进行分类：类型、实体、函数、规则、属性集及数量集，具体定义如下：

1. 类型（Types）

由基本元素、枚举或实体选择派生的基本信息构成。一共定义了 3 种类型，即定义类型（Defined types）、枚举类型（Enumerated types）、选择类型（Select types）。

2. 实体（Entities）

根据通用属性和约束定义的信息类，是指现实世界中客观存在的并可以相互区分的对象或事物，是某类事物的集合。实体是组成 IFC 文件的基本单元，一个 IFC 模型由大量的实体组成，实体又分为抽象实体（ABS）与具体化的实体，具有自身的属性以及约束定义的属性。

3. 函数（Functions）

规定了 IFC 中的一些功能，如轴线定义只需要给定两个方向即 Z 轴、X 轴，Y 轴为默认继承关系。

4. 规则（Rules）

定义了一些基本的原则，用于约束实体属性的范围及验证模型的正确性，如一个项目文件中只能有一个项目存在。

5. 属性集（Property sets）

包含一组属性实例的信息单元，属性集中的每个属性实例都具有唯一的名称。一组属性的集合，可被不同的对象所引用。属性表达了对象的说明信息，属性集通过关系实体将属性关联到具体的构件。

6. 数量集（Quantity sets）

包含一组数量实例的信息单元，数量集中的每个数量实例都具有唯一的名称。一组定量信息的集合，可被不同的对象所引用。元素数量是数量集的描述实体，表示构件定量属性的集合，数量集通过关系实体将数量关联到具体的构件。

3.3　IFC 标准实体继承关系

3.3.1　根实体（IfcRoot）

IFC 标准包括很多实体，其中根实体（IfcRoot）是 IFC 实体定义中最重要的根类，其余实体都是根实体（IfcRoot）派生的，分为两大类：一类是可以独立用于数据交换的实体，分布在核心层、共享层和领域层，具有全球标识（GlobalId）属性；另一类是不可以独立进行数据交换的实体，常以根实体（IfcRoot）派生实体的属性形式存在，不具备全球标识（GlobalId）特性，该类实体全部分布在资源层。

根实体（IfcRoot）只有 4 个显示属性：全球标识（GlobalId）、归属历史（OwnerHistory）、名称（Name）、描述（Description）。其中，全球标识（GlobalId）、名称（Name）、描述（Description）是一个实体的身份信息描述，归属历史（OwnerHistory）用于记录一个实体的修改历史。全球标识（GlobalId）是一个实体的全局唯一标识符（简称 GUID，也译作全球唯一标识符），是一个由程序自动生成的、随机的 128 字节的字符串。全球唯一标识符是资源层中的实体。一般来说，全球标识（GlobalId）是一个实体的必填项，但是名称（Name）和描述（Description）则是非必填项。在实际使用时，名称（Name）和描述（Description）作为设计人员识别实体（构件）的辅助信息，不作为程序识别实体的依据。

从根实体（IfcRoot）向下派生出 3 个子类，即对象定义实体（IfcObjectDefinition）、属性定义实体（IfcPropertyDefinition）、关联实体（IfcRelationship），这 3 个抽象类是 IFC 标准的重要组成部分。IFC 标准主要通过这 3 个类派生出具体的类来描述具体的建筑模型。某些类的名字前面加有 ABS，表示该类是抽象类，如图 3-2 所示。

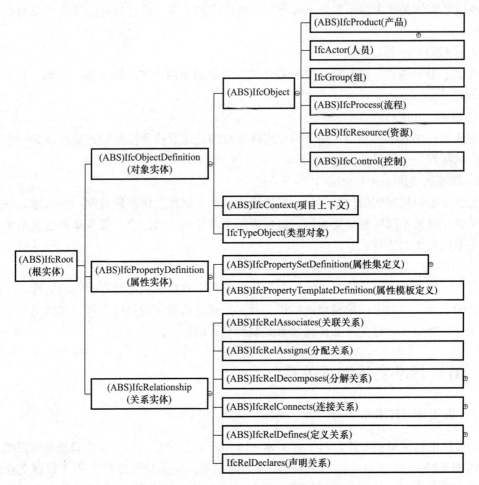

图 3-2　根实体（IfcRoot）对象继承结构图

3.3.2　对象定义实体（IfcObjectDefinition）

对象定义实体（IfcObjectDefinition）是 IFC 标准中对一般事物、过程、类型或事件在语义上的归纳。对象定义实体（IfcObjectDefinition）又向下派生出对象（IfcObject）、上下文（IfcContext）和类型对象（IfcTypeObject）3 个子类，对象（IfcObject）是各个建筑概念类的基类，其又向下派生出 6 个子基类：

（1）IfcProduct：表示空间中的对象，例如物理建筑元素和空间位置（墙、梁、柱等）。

（2）IfcActor：表示人员或组织。

（3）IfcGroup：表示特定用途的对象集合，例如电路。

（4）IfcProcess：表示时间上的过程，例如任务、事件和过程。

（5）IfcResource：表示资源，例如材料、劳动力和设备。

（6）IfcControl：表示控制时间、成本或范围的规则，例如工单。

3.3.3　属性定义实体（IfcPropertyDefinition）

属性定义实体（IfcPropertyDefinition）定义的是一个可以指定给实体的属性基类，所有表示实体属性的 IFC 实体都直接或间接继承该实体。属性定义实体（IfcPropertyDefinition）共有两个子类：属性集定义实体（IfcPropertySetDefinition）和属性模板定义实体（IfcPropertyTemplateDefinition）。

属性集定义实体（IfcPropertySetDefinition）可定义且可扩展。属性集包含一个或多个属性，这些属性可能是单个值（例如字符串、数字、单位测量）、有界值（具有最小值和最大值）、枚举值、值列表、值表或数据结构体。尽管 IFC 标准为特定类型定义了数百个属性集，但自定义属性集可由应用程序供应商或最终用户定义。

属性模板定义实体（IfcPropertyTemplateDefinition）表示属性及其数据类型的定义，IFC4 增加对象。

3.3.4　关系实体（IfcRelationship）

关系实体（IfcRelationship）是对 IFC 标准中所有表示关系实体的抽象。这个基类的提出使得各实体间的关系更容易表达，也方便后续对实体间关系的操作。IFC 标准中有"一对一"和"一对多"两种类型的关系。建立关系的"双方"分别称为被关联实体（Relatingobject）和待关联实体（Relatedobject）。在一对多的关系中，待关联实体（Relatedobject）将会超过一个，因此待关联实体（Relatedobject）是一个容量不小于 1 的 SET容器。

IFC 标准把建筑实体之间的关系以及概念之间的关系都抽象为对象，任何两个对象之间的关联都要通过关系实体（IfcRelationship）实现。关系实体（IfcRelationship）包含 6个子类：

（1）IfcRelAssociates：指示对象的外部引用，例如定义对象的外部 IFC 库文件。

（2）IfcRelAssigns：分配关系，表示一个对象消耗另一个对象的服务，例如分配给任务的劳动力资源或分配给建筑元素的任务。

（3）IfcRelDecomposes：组成空间结构整体关系，例如将建筑物细分为地板和房间或墙壁，并将其分解为立柱和护套。

（4）IfcRelConnects：表示对象之间的关联，例如连接到梁的楼板或连接到接收器的管道。

（5）IfcRelDefines：表示对象实例与属性关联，例如一个特定类型的管段。

（6）IfcRelDeclares：是项目对象或属性的清单，IFC4 增加对象。

3.4　IFC 标准文件格式

IFC 标准文件包含完整的项目信息，如场址信息、几何信息、材料信息、相互关联信息、空间位置信息等。

IFC 标准数据结构采用 EXPRESS 语言定义，以一种中性文件格式保存物理文件，见表 3-2。

IFC 标准文件描述格式   表 3-2

EXPRESS 语言格式（一个实体表达）	IFC 物理文件格式

ENTITY IfcProject;
  ENTITY IfcRoot;
    GlobalId   :
    OwnerHistory :
    Name   :
    Description   :
  ENTITY IfcObjectDefinition
  INVERSE
    HasAssignments :
    IsDecomposedBy :
    Decomposes   :
    HasAssociations :
  ENTITY IfcObject;
    ObjectType   :
  INVERSE
    IsDefinedBy :
  ENTITY IfcProject;
    LongName   :
    Phase   :
    RepresentationContexts :
    UnitsInContext :
END_ENTITY;
	1 ISO-10303-21;
	2
	3 HEADER;
	4
	5 FILE_DESCRIPTION(('ViewDefinition [Coordination
	6 FILE_NAME('\X2\987976EE7F1653F7\X0\','2020-02-0
	7 FILE_SCHEMA(('IFC2X3'));
	8
	9 ENDSEC;
	10
	11 DATA;
	12
	13 #94= IFCPROJECT('28arALXcjEku1vq9Wtp4ej',$,'SME
	14 #461= IFCSITE('28arALXcjEku1vq9Wtp4el',$,'SMEDI
	15 #104= IFCBUILDING('28arALXcjEku1vq9Wtp4ei',$,'S
	16 #119= IFCBUILDINGSTOREY('28arALXcjEku1vq9Z8CxTh
	17
	18 #121= IFCCARTESIANPOINT((0,0,0.));
	19 #123= IFCAXIS2PLACEMENT3D(#121,$,$);
	20 #124= IFCLOCALPLACEMENT($,#123);
	21
	22 #157= IFCBEAM('SMEDIGUID',$,'smed:300x600x10000
	23
	24 #159 = IFCPROPERTYSET('1rOOHbmCZ4XKfXE2$SSWw4',
	25 #160= IFCPROPERTYSINGLEVALUE('Reference', 'Ref
	26
	27 ENDSEC;
	28
	29 END-ISO-10303-21;

3.4.1 EXPRESS 语言介绍

EXPRESS 语言是工业自动化系统与集成中，产品数据表达与交换的描述方法，是国际标准 ISO 10303 中 STEP 标准的概念性语言。EXPRESS 语言采用面向对象的方法编写，具有良好的抽象性、继承性、封装性与多态性。对于 EXPRESS 语言定义的实体，不用关注实体的所有属性，只需要关注其部分属性，对象的新类从现有的类中派生出来，并且继承基类的所有特性，对象的修改局限在实体内部，保证了整体的稳定性。

EXPRESS 语言是一种产品数据描述语言，并不是编程语言，不能直接被各种开发环境编译运行。但是它吸收了很多语言的优点，尤其是面向对象语言的特性。EXPRESS 语言编写的文件是一个中性文档，可直接用文本编辑器查看；并且在了解语法规则后，可直接读懂内容，而不需要再借助其他参考文件，这是 EXPRESS 语言文件与一般软件格式文件的最大不同点，也是很多标准采用 EXPRESS 语言作为描述语言的原因。

以梁的信息描述为例，介绍 IFC 标准中工程信息的描述方法。从根实体（IfcRoot）到梁（IfcBeam）一共形成了 7 层的继承关系，如图 3-3 所示。而梁（IfcBeam）拥有从自身定义开始一直到根实体（IfcRoot）的所有内容。

梁（IfcBeam）是一个实体（ENTITY），实体是最小的信息组织单位，作为信息获取的中性文件就是由若干个实体数据（也可以称之为实体实例）组成的。如一栋楼有 1000 根梁，在中性文件里就会有 1000 个梁（IfcBeam）实例。其次，定义梁（IfcBeam）是建筑单元（IfcBuildingElement）的子类型（SUBTYPE），反过来说建筑单元（IfcBuildingElement）是梁（IfcBeam）的超类型（SUPERTYPE），这里应用了面向对象语言的特性

"继承"。梁（IfcBeam）继承了来自建筑单元（IfcBuildingElement）的内容（属性、约束等），如图 3-4 所示。

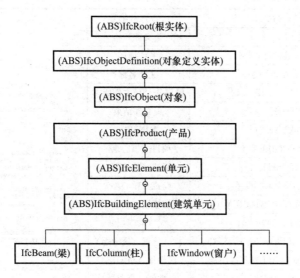

图 3-3　梁（IfcBeam）继承关系图

```
ENTITY IfcBeam
 SUPERTYPE OF(IfcBeamStandardCase)
 SUBTYPE OF (IfcBuildingElement);
  PredefinedType : OPTIONAL IfcBeamTypeEnum;
 WHERE
  CorrectPredefinedType : NOT(EXISTS(PredefinedType))
(PredefinedType <> IfcBeamTypeEnum.USERDEFINED) OR
((PredefinedType = IfcBeamTypeEnum.USERDEFINED) AND EX
  CorrectTypeAssigned : (SIZEOF(IsTypedBy) = 0) OR
('IFCSHAREDBLDGELEMENTS.IfcBeamType' IN TYPEOF(SELF\If
END_ENTITY;
```

图 3-4　梁（IfcBeam）EXPRESS 语言描述

3. 4. 2　物理文件的构成

IFC 标准以一种中性文件格式保存物理文件，可以用普通的文本编辑器阅读。一个完整的 IFC 项目文件以"ISO-10303-21；"开始，以"END-ISO-10303-21；"结束，中间包含头文件和数据部分两部分，头文件为此文件本身的信息，数据部分为所需要交换的工程信息。

头文件以"HEADER；"开始，以"ENDSEC；"结束，头文件主要描述文件名称、文件创建日期、文件版本、创建者等信息；文件的核心部分是数据部分，该部分文件以"DATA；"开始，以"ENDSEC；"结束。

数据部分由多条 IFC 实体组成，通过实体自身表达的属性和相互关联关系组成一个整体，包括项目（IfcProject）、场地（IfcSite）、建筑（IfcBuilding）、建筑楼层（IfcBuilding-Storey）、嵌套坐标系（IfcAxis2Placement3D）、空间关联关系（IfcLocalPlacement）、梁（IfcBeam）、属性集（IfcPropertySet）、属性值（IfcPropertySingleValue）等内容，见表 3-3。

IFC 物理文件内容示例说明 表 3-3

项目	命令名	描述	IFC 物理文件内容示例
头文件内容	ISO-10303-21;	ISO 标准编号	1 ISO-10303-21; 2 3 HEADER; 4 5 FILE_DESCRIPTION(('ViewDefinition [Coordination 6 FILE_NAME('\X2\987976EE7F1653F7\X0\','2020-02-0 7 FILE_SCHEMA(('IFC2X3')); 8 9 ENDSEC; 10 11 DATA; 12 13 #94= IFCPROJECT('28arALXcjEku1vq9Wtp4ej',$,'SME 14 #461= IFCSITE('28arALXcjEku1vq9Wtp4el',$,'SMEDI 15 #104= IFCBUILDING('28arALXcjEku1vq9Wtp4ei',$,'S 16 #119= IFCBUILDINGSTOREY('28arALXcjEku1vq9Z8CxTh 17 18 #121= IFCCARTESIANPOINT((0,0,0.)); 19 #123= IFCAXIS2PLACEMENT3D(#121,$,$); 20 #124= IFCLOCALPLACEMENT($,#123); 21 22 #157= IFCBEAM('SMEDIGUID',$,'smed:300x600x10000; 23 24 #159 = IFCPROPERTYSET('1rOOHbmCZ4XKfXE2$SSWw4', 25 #160= IFCPROPERTYSINGLEVALUE('Reference', 'Ref 26 27 ENDSEC; 28 29 END-ISO-10303-21;
	HEADER;	头文件开始	
	FILE_DESCRIPTION ();	文件描述	
	FILE_NAME ();	文件名称	
	FILE_SCHEMA (('IFC2X3'));	输出的 IFC 文件版本	
	ENDSEC;	头文件结束	
数据部分内容	DATA;	数据开始	
	#94=IFCPROJECT ();	项目（核心层）	
	#461=IFCSITE ();	场地（核心层）	
	#104=IFCBUILDING ();	建筑（核心层）	
	#119=IFCBUILDINGSTOREY ();	建筑楼层（核心层）	
	#157=IFCBEAM ();	梁（共享层）	
	#124=IFCLOCALPLACEMENT ();	构件位置（资源层）	
	#159=IFCPROPERTYSET ();	属性集（核心层）	
	#160=IFCPROPERTYSINGLEVALUE;	属性值（资源层）	
	ENDSEC;	数据结束	
	END-ISO-10303-21;	文件结束	

3.4.3 物理文件格式描述

以长度为 1500mm、截面尺寸为 300mm×600mm 的混凝土矩形梁为例，文件格式描述如下：

```
#85= IFCBEAM('GUID',$,'$',$,'$',#64,#73,'2837');
#64= IFCLOCALPLACEMENT(#59);
#73= IFCSHAPEREPRESENTATION( $,'Body','SweptSolid',(#72));
#72= IFCEXTRUDEDAREASOLID ( #68,' $ ',#15,1500. );
#68= IFCRECTANGLEPROFILEDEF(.AREA.,'300mm ×600 mm',$,600.,300.);
#15= IFCDIRECTION((0.,0.,1.))
```

#85 代表该语句的实例号，在 IFC 文件中，每一条语句被分配一个实例号，以便被其他实例引用。为了比较简单地分析语句，以 $ 符号代替语句中的次要信息，但是 $ 所占部分同样是该语句中需要被赋值的属性。#64、#73 表示该实体引用了其他实例进行表达。

#64 表示该梁的几何坐标，这里几何坐标引用了 #59 父坐标系，是一种相对坐标体系的表达方法。

#73 表示该梁采用了 SweptSolid 实体拉伸方法，其拉伸的参数在实例 #72 中，拉伸 1500mm。

#68 表示 300mm×600mm 的矩形。

#15 指明沿其 Z 轴方向拉伸。

3.5　IFC 标准文件描述

3.5.1　项目空间结构

IFC 标准的建筑项目模型数据文件的空间结构，从项目目标的从属关系上可以划分为 5 个层次，分别是项目（IfcProject）、场地（IfcSite）、建筑（IfcBuilding）、建筑楼层（IfcBuildingStorey）、建筑单元（IfcBuildingElement），IFC 项目空间结构如图 3-5 所示。

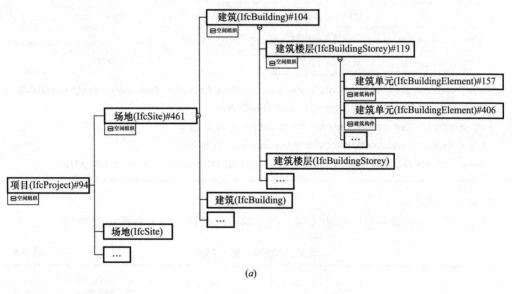

(a)

```
 1
 2    /*工程项目*/
 3    #94= IFCPROJECT('28arALXcjEku1vq9Wtp4ej',#41,'SMEDI_PROJECT',$,
 4
 5    /*项目场地*/
 6    #461= IFCSITE('28arALXcjEku1vq9Wtp4el',#41,'SMEDI_SITE',$,'',#4
 7
 8    /*工程建筑物*/
 9    #104= IFCBUILDING('28arALXcjEku1vq9Wtp4ei',#41,'SMEDI_BUILDING'
10
11    /*建筑物楼层*/
12    #119= IFCBUILDINGSTOREY('28arALXcjEku1vq9Z8CxTh',#41,'SMEDI_BUI
13
14    /*建筑物梁构件*/
15    #157= IFCBEAM('3tr$lg7IX4DwvbxRsMVotJ',#41,'smed:300 x 600 mm:3
16
17    #406= IFCBEAM('3tr$lg7IX4DwvbxRsMVot4',#41,'smed:600 x 600 mm:3
18
```

(b)

图 3-5　IFC 项目空间结构

(a) 空间结构逻辑图；(b) 空间结构物理文件示例

1. 项目（IfcProject）

项目（IfcProject）是设计、施工、建造、维护等活动产出的一个产品。项目建立工程信息交换和共享的环境，输入属性见表 3-4。

项目（IfcProject）输入属性

表 3-4

编号	属性	属性说明	属性性质	输入案例值	项目（IfcProject）对象 EXPRESS 语言描述
1	GlobalId	全球标识	必须输入	28arALXcjEku1vq9Wtp4ej	`ENTITY IfcProject;`

2	OwnerHistory	归属历史	必须输入	#41	`  ENTITY IfcRoot;`
					`    GlobalId        :`
					`    OwnerHistory    :`

3	Name	名称	选择输入	SMEDI_PROJECT	`    Name            :` `    Description     :`
4	Description	描述	选择输入	$	`  ENTITY IfcObjectDefinition` `  INVERSE`

5	ObjectType	对象类型	选择输入	$	`    HasAssignments  :`
					`    IsDecomposedBy  :`
					`    Decomposes      :`
					`    HasAssociations :`

6	LongName	工程名称	必须输入	SMEDI	`  ENTITY IfcObject;`
					`    ObjectType      :`
					`  INVERSE`

7	Phase	阶段	必须输入	Preliminary Design	`    IsDefinedBy     :`
					`  ENTITY IfcProject;`
					`    LongName        :`

8	RepresentationContexts	表达环境	必须输入	(#83，#91)	`    Phase           :` `    RepresentationContexts :`
9	UnitsInContext	单位	必须输入	#78	`    UnitsInContext  :` `END_ENTITY;`

物理文件	#94= IFCPROJECT('28arALXcjEku1vq9Wtp4ej',#41,'SMEDI_PROJECT',$,$,'SMEDI',' Preliminary Design ',(#83,#91),#78); #41=IFCOWNERHISTORY(#38,#5,$,.NOCHANGE.,$,$,$,1430055551); #83=IFCGEOMETRICREPRESENTATIONCONTEXT($,'Model',3,0.01,#80,#81); #91=IFCGEOMETRICREPRESENTATIONCONTEXT($,'Annotation',3,0.01,#80,#81); #78=IFCUNITASSIGNMENT((#42,#44,#45,#49,#50,#51,#52,#54,#58,#62,#64,#65,#66,#67,#68,#69,#70,#77))

2. 场地（IfcSite）

场地（IfcSite）对象定义陆地区域，用于建设建筑物，输入属性见表 3-5。

场地（IfcSite）输入属性

表 3-5

编号	属性	属性说明	属性性质	输入案例值	场地（IfcSite）对象 EXPRESS 语言描述
1	GlobalId	全球标识	必须输入	28arALXcjEku1vq9Wtp4el	`ENTITY IfcSite;`

2	OwnerHistory	归属历史	必须输入	#41	`  ENTITY IfcRoot;`
					`    GlobalId        :`
					`    OwnerHistory    :`

3	Name	名称	选择输入	SMEDI_SITE	`    Name            :` `    Description     :`
4	Description	描述	选择输入	$	`  ENTITY IfcObjectDefinition;` `  INVERSE`
5	ObjectType	对象类型	选择输入	''	`    HasAssignments  :` `    IsDecomposedBy  :`

6	ObjectPlacement	对象坐标	选择输入	#460	`    Decomposes      :`
					`    HasAssociations :`
					`  ENTITY IfcObject;`
					`    ObjectType      :`

7	Representation	表达	选择输入	$	`  INVERSE`
					`    IsDefinedBy     :`
					`  ENTITY IfcProduct;`

8	LongName	工程名称	必须输入	$	`    ObjectPlacement :`
					`    Representation   :`
					`  INVERSE`

9	CompositionType	合成类型	选择输入	.ELEMENT.	`    ReferencedBy    :` `  ENTITY IfcSpatialStructureE`

10	RefLatitude	参考纬度	选择输入	(39，54，57，601318)	`    LongName        :`
					`    CompositionType :`
					`  INVERSE`

11	RefLongitude	参考经度	选择输入	(116，25，58，795166)	`    ReferencesElements :`
					`    ServicedBySystems  :`
					`    ContainsElements   :`

12	RefElevation	参考海拔高度	选择输入	0	`  ENTITY IfcSite;` `    RefLatitude     :`

13	LandTitleNumber	土地名称编号	选择输入	$	`    RefLongitude    :`
					`    RefElevation    :`
					`    LandTitleNumber :`

14	SiteAddress	场地地址	选择输入	$	`    SiteAddress     :` `END_ENTITY;`

续表

编号	属性	属性说明	属性性质	输入案例值	场地（IfcSite）对象 EXPRESS 语言描述
物理文件	#461= IFCSITE('28arALXcjEku1vq9Wtp4ei',#41,'SMEDI_SITE',$,'',#460,$,$,.ELEMENT.,(39,54,57,601318),(116,25,58,795166),0.,$,$); #41=IFCOWNERHISTORY(#38,#5,$,.NOCHANGE.,$,$,$,1430055551); #460= IFCLOCALPLACEMENT($,#459);				

3. 建筑（IfcBuilding）

建筑（IfcBuilding）对象表达一种结构，固定于某一地方，输入属性见表 3-6。

建筑（IfcBuilding）输入属性　　　　表 3-6

编号	属性	属性说明	属性性质	输入案例值	建筑（IfcBuilding）对象 EXPRESS 语言描述
1	GlobalId	全球标识	必须输入	28arALXcjEku1vq9Wtp4ei	`ENTITY IfcBuilding;`

2	OwnerHistory	归属历史	必须输入	#41	`  ENTITY IfcRoot;`
					`    GlobalId`
					`    OwnerHistory`

3	Name	名称	选择输入	SMEDI _ BUILDING	`    Name` `    Description`
4	Description	描述	选择输入	$	`  ENTITY IfcObjectDefinition` `  INVERSE`

5	ObjectType	对象类型	选择输入	$	`    HasAssignments`
					`    IsDecomposedBy`
					`    Decomposes`
					`    HasAssociations`

6	ObjectPlacement	对象坐标	选择输入	#32	`  ENTITY IfcObject;`
					`    ObjectType`
					`  INVERSE`

7	Representation	表达	选择输入	$	`    IsDefinedBy`
					`  ENTITY IfcProduct;`
					`    ObjectPlacement`
					`    Representation`

8	LongName	工程名称	必须输入	' '	`  INVERSE`
					`    ReferencedBy`
					`  ENTITY IfcSpatialStructure`

9	CompositionType	合成类型	选择输入	. ELEMENT.	`    LongName` `    CompositionType`

10	elevationOfRefHeight	参考海拔高度	必须输入	$	`  INVERSE`
					`    ReferencesElements`
					`    ServicedBySystems`
					`    ContainsElements`

11	levationOfTerrain	地形高度	必须输入	$	`  ENTITY IfcBuilding;`
					`    ElevationOfRefHeight`
					`    ElevationOfTerrain`

12	buildingAddress	建筑地址	必须输入	#100	`    BuildingAddress` `END_ENTITY;`
物理文件	#104= IFCBUILDING('28arALXcjEku1vq9Wtp4ei',#41,'SMEDI_BUILDING',$,$,#32,$,'',.ELEMENT.,$,$,#100); #41=IFCOWNERHISTORY(#38,#5,$,.NOCHANGE.,$,$,$,1430055551); #32=IFCLOCALPLACEMENT(#460,#31); #100=IFCPOSTALADDRESS($,$,$,$,('Enter address here'),$,'London','London','','United Kingdom');				

4. 建筑楼层（IfcBuildingStorey）

建筑楼层（IfcBuildingStorey）对象表达一个标高水平空间集合，输入属性见表 3-7。

5. 建筑单元（IfcBuildingElement）

建筑单元（IfcBuildingElement）是构成建筑物的所有主要单元，包括结构系统和空间分割系统。例如墙、梁、门等都是建筑单元，它们都是物理上切实存在的。IFC 标准中主要建筑单元有空间分隔系统中的建筑构件、封闭系统内的建筑构件、开窗系统内的建筑构件、承重系统中的建筑构件、基础系统中的建筑构件等。

建筑单元（IfcBuildingElement）是无法实例化的抽象实体。建筑单元（IfcBuildingElement）有梁（IfcBeam）、柱（IfcColumn）、门（IfcDoor）、构件（IfcMember）等，如图 3-6 所示。

建筑楼层（IfcBuildingStorey）输入属性　　　　　　表 3-7

编号	属性	属性说明	属性性质	输入案例值	建筑楼层（IfcBuildingStorey）对象 EXPRESS 语言描述
1	GlobalId	全球标识	必须输入	28arALXcjEku1vq9Wtp4el	`ENTITY IfcBuildingStorey;`

2	OwnerHistory	归属历史	必须输入	#41	`  ENTITY IfcRoot;`
					`    GlobalId`
					`    OwnerHistory`
					`    Name`

3	Name	名称	选择输入	SMEDI _ BUILDING _ LAYER1	`    Description`
					`  ENTITY IfcObjectDefinition;`
					`  INVERSE`

4	Description	描述	选择输入	$	`    HasAssignments`
					`    IsDecomposedBy`
					`    Decomposes`

5	ObjectType	对象类型	选择输入	$	`    HasAssociations`
					`  ENTITY IfcObject;`
					`    ObjectType`

6	ObjectPlacement	对象坐标	选择输入	#118	`  INVERSE`
					`    IsDefinedBy`
					`  ENTITY IfcProduct;`
					`    ObjectPlacement`

7	Representation	表达	选择输入	$	`    Representation`
					`  INVERSE`
					`    ReferencedBy`

8	LongName	工程名称	必须输入	LAYER1	`  ENTITY IfcSpatialStructureE;` `    LongName`

9	CompositionType	合成类型	选择输入	. ELEMENT.	`    CompositionType`
					`  INVERSE`
					`    ReferencesElements`

10	Elevation	层高	必须输入	4000	`    ServicedBySystems` `    ContainsElements`

					`  ENTITY IfcBuildingStorey;`
					`    Elevation`
					`END_ENTITY;`

物理文件	`#119= IFCBUILDINGSTOREY('28arALXcjEku1vq9Z8CxTh',#41,'SMEDI_BUILDING_LAYER1',$,$,#118,$,' LAYER1',.ELEMENT.,4000.);`
	`#41=IFCOWNERHISTORY(#38,#5,$,.NOCHANGE.,$,$,$,1430055551);`
	`#118=IFCLOCALPLACEMENT(#32,#117);`				

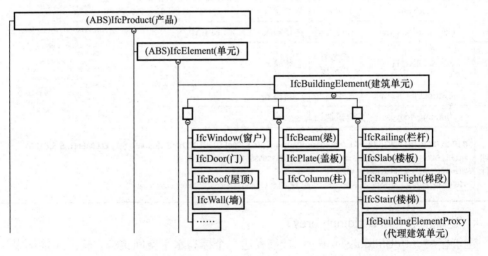

图 3-6　建筑单元（IfcBuildingElement）对象继承关系图

建筑单元是共享层的核心部分，既包含了非结构的建筑构件，又包含了结构受力体系的结构构件。建筑单元的几何表达是 IFC 标准描述 BIM 模型的重点，通过 IFC 标准中的几何实体可以完整描述 BIM 模型中构件的大小、形状以及空间位置。构件空间位置定义通过对象坐标（ObjectPlacement）属性描述，采用空间定位实体（IfcLocalPlacement）实现。构件几何形状定义通过表达（Representation）属性描述，采用形状定义实体（IfcProductDefinitionShape）实现。建筑单元输入参数，以梁（IfcBeam）为例，输入属性见表 3-8。

梁（IfcBeam）输入属性   表 3-8

编号	属性	属性说明	属性性质	输入案例值	梁（IfcBeam）对象 EXPRESS 语言描述
1	GlobalId	全球标识	必须输入	3tr$lg7IX4DwvbxRsMVotJ	ENTITY IfcBeam;
2	OwnerHistory	归属历史	必须输入	#41	ENTITY IfcRoot;
3	Name	名称	选择输入	smed：300mm×600mm	GlobalId

4	Description	描述	选择输入	$	OwnerHistory
					    Name
					    Description
					  ENTITY IfcObjectDefinition;
					  INVERSE

5	ObjectType	对象类型	选择输入	Rectangle BEAM	HasAssignments
					    IsDecomposedBy
					    Decomposes
					    HasAssociations
					  ENTITY IfcObject;
					    ObjectType

6	ObjectPlacement	对象坐标	选择输入	#124	INVERSE
					    IsDefinedBy
					  ENTITY IfcProduct;
					    ObjectPlacement
					    Representation

7	Representation	表达	选择输入	#153	INVERSE
					    ReferencedBy
					  ENTITY IfcElement;
					    Tag

8	Tag	标签	选择输入	313773	INVERSE
					    HasStructuralMember
					    FillsVoids
					    ConnectedTo
					    HasCoverings
					    HasProjections
					    ReferencedInStructures
					    HasPorts
					    HasOpenings
					    IsConnectionRealization
					    ProvidesBoundaries
					    ConnectedFrom
					    ContainedInStructure
					  ENTITY IfcBuildingElement;
					  ENTITY IfcBeam;
					END_ENTITY;

物理文件					

物理文件:
```
#157=IFCBEAM('3tr$lg7IX4DwvbxRsMVotJ',#41,'smed:300mm x 600 mm',$,'Rectangle BEAM',#124, #153,'313773');
#41=IFCOWNERHISTORY(#38,#5,$,.NOCHANGE.,$,$,$,1430055551);
#124=IFCLOCALPLACEMENT(#118,#123);
#153=IFCPRODUCTDEFINITIONSHAPE($,$,(#150,#143));
```

3.5.2 项目空间定位

在项目空间里的位置信息，通过层层嵌套坐标系表达，最外层为场地（IfcSite）的坐标系，其次为建筑（IfcBuilding）、建筑楼层（IfcBuildingStorey）的坐标系，最后才是建筑单元（IfcBuildingElement）的局部坐标系，以梁（IfcBeam）为例，如图 3-7 所示。

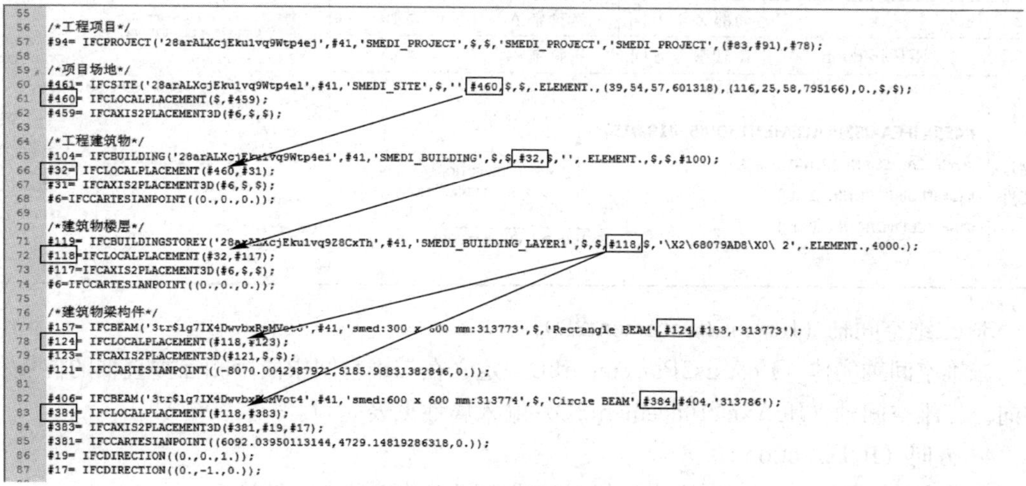

图 3-7 项目空间定位物理文件示例

1. 空间定位 (IfcLocalPlacement)

在 IFC 标准中，采用相对坐标系对构件进行定位。通过建筑单元对象坐标（Object-Placement）属性描述，使用空间定位实体（IfcLocalPlacement）实现，这个实体具有两个属性信息，第一个属性信息为相对坐标系，第二个属性信息为局部坐标系，空间定位（IfcLocalPlacement）输入属性见表 3-9。

空间定位（IfcLocalPlacement）输入属性 表 3-9

编号	属性	属性说明	属性性质	输入案例值	空间定位（IfcLocalPlacement）对象 EXPRESS 语言描述

1	PlacementRelTo	关联坐标	选择输入	$	ENTITY IfcLocalPlacement;
					 ENTITY IfcObjectPlacement;
					 INVERSE
					  PlacesObject : SET [1:
					  ReferencedByPlacements : ;
					 ENTITY IfcLocalPlacement;
					  PlacementRelTo : OPTIONA
					  RelativePlacement : IfcAx
					 END ENTITY;

2	RelativePlacement	相对坐标	必须输入	#459	
物理文件	#460= IFCLOCALPLACEMENT($,#459); #459= IFCAXIS2PLACEMENT3D(#6,$,$); #6= IFCCARTESIANPOINT((0.,0.,0.));				

2. 三维空间轴 (IfcAxis2Placement3D)

三维空间轴实体（IfcAxis2Placement3D）定义在三维空间中两两相互垂直轴的位置和方向。由 3 部分组成：

（1）位置：一个构成方位坐标系原点的点，点实体（IfcCartesianPoint）实现；

（2）Z 轴方向：一个轴是方位 z 轴的方向，方向实体（IfcDirection）实现；

（3）X 轴方向：一个轴是方位 x 轴的方向，方向实体（IfcDirection）实现。

三维空间轴（IfcAxis2Placement3D）输入属性见表 3-10。

三维空间轴（IfcAxis2Placement3D）输入属性 表 3-10

编号	属性	属性说明	属性性质	输入案例值	三维空间轴（IfcAxis2Placement3D）对象 EXPRESS 语言描述

1	Location	参考点	必须输入	#6	ENTITY IfcAxis2Placement3D;
					 ENTITY IfcRepresentationItem;
					 INVERSE
					  LayerAssignments : SET OF Ifc
					  StyledByItem : SET [0:1]
					 ENTITY IfcGeometricRepresentationItem;
					 ENTITY IfcPlacement;
					  Location : IfcCartesi
					 DERIVE
					  Dim : IfcDimensi
					 ENTITY IfcAxis2Placement3D;
					  Axis : OPTIONAL I
					  RefDirection : OPTIONAL I
					 DERIVE
					  P : LIST [3:3]
					 END ENTITY;

2	Axis	局部 Z 轴方向	选择输入	#19	
3	RefDirection	X 轴参考方向	选择输入	#15	
物理文件	**#459= IFCAXIS2PLACEMENT3D(#6, #19,#15);** #6= IFCCARTESIANPOINT((0.,0.,0.)); #15= IFCDIRECTION((0.,1.,0.)); #19= IFCDIRECTION((0.,0.,1.));			#19=IFCDIRECTION((0.,0.,1.)); #15=IFCDIRECTION((0.,1.,0.)); #6=IFCCARTESIANPOINT((0.,0.,0.));	

3. 二维空间轴 (IfcAxis2Placement2D)

二维空间轴实体（IfcAxis2Placement2D）定义在二维空间中两个相互垂直轴的位置和方向。二维空间轴（IfcAxis2Placement2D）输入属性见表 3-11。

4. 方向 (IfcDirection)

方向实体（IfcDirection）定义二维或三维空间中的普通方向矢量。

分量属性：

二维空间轴（IfcAxis2Placement2D）输入属性　　　　表 3-11

编号	属性	属性说明	属性性质	输入案例值	二维空间轴（IfcAxis2Placement2D）对象 EXPRESS 语言描述
1	Location	参考点	必须输入	♯126	
2	RefDirection	X 轴参考方向	选择输入	♯23	
物理文件	#128= IFCAXIS2PLACEMENT2D(#126,#23); #126= IFCCARTESIANPOINT((0,0)); #23= IFCDIRECTION((1.,0.));				

对象 EXPRESS 语言描述：

```
ENTITY IfcAxis2Placement2D;
  ENTITY IfcRepresentationItem;
  INVERSE
    LayerAssignments        : SET
    StyledByItem            : SET
  ENTITY IfcGeometricRepresentationIt
  ENTITY IfcPlacement;
    Location                : Ifc
  DERIVE
    Dim                     : Ifc
  ENTITY IfcAxis2Placement2D;
    RefDirection            : OPT
  DERIVE
    P                       : LIS
END_ENTITY;
```

分量 [1]（DirectionRatios [1]）：x 轴方向上的分量（0-1）;

分量 [2]（DirectionRatios [2]）：y 轴方向上的分量（0-1）;

分量 [3]（DirectionRatios [3]）：z 轴方向上的分量（0-1）。在二维坐标空间中，这一方向的分量将不存在。方向（IfcDirection）输入属性见表 3-12。

方向（IfcDirection）输入属性　　　　表 3-12

编号	属性	属性说明	属性性质	输入案例值	方向（IfcDirection）对象 EXPRESS 语言描述
1	DirectionRatio	分量	必须输入	(0., 1., 0.)	
物理文件	#15= IFCDIRECTION((0.,1.,0.));				

图示：#15=IFCDIRECTION((0.,1.,0.));（坐标轴 Z、Y、X）

对象 EXPRESS 语言描述：

```
ENTITY IfcDirection;
  ENTITY IfcRepresentationItem;
  INVERSE
    LayerAssignments        :
    StyledByItem            :
  ENTITY IfcGeometricRepresentati
  ENTITY IfcDirection;
    DirectionRatios         :
  DERIVE
    Dim
END_ENTITY;
```

3.5.3　建筑单元形体定义

建筑单元几何形体的表达是三维信息模型的基础，如何通过 IFC 标准表达几何形体是 IFC 信息表达的关键。

建筑单元的几何形体，通过梁（IfcBeam）实体表达属性（Representation），使用形状定义实体（IfcProductDefinitionShape）实现。形状定义（IfcProductDefinitionShape）是建筑单元所有描述形式的容器。形状定义（IfcProductDefinitionShape）表达属性（Representation），使用形状表达实体（IfcShapeRepresentation）实现。形状表达（IfcShapeRepresentation）的环境描述属性（ContextOfItems），使用几何表达环境实体（IfcGeometricRepresentationContext）实现；形状集合属性（Items），使用形体形成实体（IfcExtrudedAreaSolid）实现。建筑单元的几何表达逻辑图如图 3-8 所示，几何表达物理文件如图 3-9 所示。

1. 形状定义（IfcProductDefinitionShape）

形状定义实体（IfcProductDefinitionShape）定义所有关于产品（IfcProduct）的形体相关信息。它允许相同产品的多个几何形状表达。形状定义（IfcProductDefinitionShape）输入属性见表 3-13。

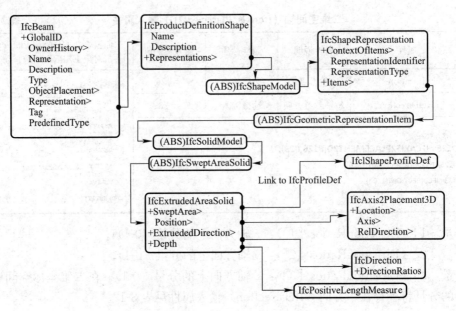

图 3-8　建筑单元的几何表达逻辑图

```
105  /*建筑物梁构件*/
106  #157= IFCBEAM('GUIE',#41,'smed:300 x 600 mm:313773',$,'Rectangle BEAM',#124,#153,'313773');
107
108  /*定义形状*/
109  #153= IFCPRODUCTDEFINITIONSHAPE($,$,(#150,#143));
110  /*几何表达相关环境*/
111  #83= IFCGEOMETRICREPRESENTATIONCONTEXT($,'Model',3,0.01,#80,#81);
112  /*形状表达*/
113  #143= IFCSHAPEREPRESENTATION(#83,'Body','SweptSolid',(#133));
114  /*拉伸面实体*/
115  #133= IFCEXTRUDEDAREASOLID(#129,#132,#19,14200.);
```

图 3-9　建筑单元的几何表达物理文件

形状定义（IfcProductDefinitionShape）输入属性　　　　　　　表 3-13

编号	属性	属性说明	属性性质	输入案例值	形状定义（IfcProductDefinitionShape）对象 EXPRESS 语言描述
1	Name	名称	选择输入	$	
2	Description	描述	选择输入	$	ENTITY IfcProductDefinitionShape;　ENTITY IfcProductRepresentation;　Name　:　Description　:　Representations　:　ENTITY IfcProductDefinitionShape　INVERSE　ShapeOfProduct　:　HasShapeAspects　:　END_ENTITY;
3	Representations	形状表达 [1:?]	必须输入	（#150，#143）	
物理文件	**#153= IFCPRODUCTDEFINITIONSHAPE($,$,(#150,#143));**　#150= IFCSHAPEREPRESENTATION(#86,'Axis','Curve2D',(#148));　#143= IFCSHAPEREPRESENTATION(#83,'Body','SweptSolid',(#133));				

2. 几何表达环境（IfcGeometricRepresentationContext）

几何表达环境实体（IfcGeometricRepresentationContext）用于项目中，物体的多个形状表达的环境。环境定义描述形状表达的详细设计水平（从父类继承），以及应用到环境当中几何模型的精度。几何表达环境（IfcGeometricRepresentationContext）输入属性见表 3-14。

几何表达环境（IfcGeometricRepresentationContext）输入属性　　表 3-14

编号	属性	属性说明	属性性质	输入案例值	几何表达环境（IfcGeometricRepresentationContext）对象 EXPRESS 语言描述
1	ContextIdentifier	环境标识符	选择输入	$	
2	ContextType	环境类型	选择输入	'Model'	
3	CoordinateSpaceDimension	坐标系维度	必须输入	3	
4	Precision	模型的精度	必须输入	0.01,	ENTITY IfcGeometricRepresentationContext; ENTITY IfcRepresentationContext; ContextIdentifier : OPTIONAL IfcLal ContextType : OPTIONAL IfcLal INVERSE RepresentationsInContext : SET OF IfcRe ENTITY IfcGeometricRepresentationContext; CoordinateSpaceDimension : IfcDimension Precision : OPTIONAL REAL WorldCoordinateSystem : IfcAxis2Placem TrueNorth : OPTIONAL IfcDi INVERSE HasSubContexts : SET OF IfcGeom END_ENTITY;
5	WorldCoordinateSystem	总体坐标系	必须输入	#80	
6	TrueNorth	北向	必须输入	#81	
7					
8					
9					
10					
11					

（图：坐标系 N、y、x，30′，TrueNorth[-0.5,0.866]）

物理文件	#83= IFCGEOMETRICREPRESENTATIONCONTEXT($,'Model',3,0.01,#80,#81); #80= IFCAXIS2PLACEMENT3D(#6,$,$); #81= IFCDIRECTION((0,1.));

3. 形状表达（IfcShapeRepresentation）

形状表达实体（IfcShapeRepresentation）定义在特定几何表达环境下，用于产品或产品部件的特定几何表达。定义不同表达子类型的有效表达环境属性（ContextOfItems），使用几何表达环境实体（IfcGeometricRepresentationContext）实现。形状表达（IfcShapeRepresentation）输入属性见表 3-15。形状表达标识（RepresentationIdentifier）属性值见表 3-16，形状表达类型（RepresentationType）属性值见表 3-17。

形状表达（IfcShapeRepresentation）输入属性　　表 3-15

编号	属性	属性说明	属性性质	输入案例值	形状表达（IfcShapeRepresentation）对象 EXPRESS 语言描述
1	ContextOfItems	表达环境	必须输入	#88	ENTITY IfcShapeRepresentation; ENTITY IfcRepresentation; ContextOfItems : IfcR RepresentationIdentifier : O RepresentationType : OPTI Items : SET INVERSE RepresentationMap : SET LayerAssignments : SET OfProductRepresentation : SE ENTITY IfcShapeModel; INVERSE OfShapeAspect : SET ENTITY IfcShapeRepresentation; END_ENTITY;
2	RepresentationIdentifier	表达标识	选择输入	'Body'	
3	RepresentationType	表达类型	选择输入	'SweptSolid'	
4	Items	形状集合	必须输入	（#290）.	

#294= IFCSHAPEREPRESENTATION(#88,'Body','SweptSolid',(#290));
#88= IFCGEOMETRICREPRESENTATIONSUBCONTEXT('Body','Model',*,*,*,*,#83,$,.MODEL_VIEW.,$);
#290= IFCEXTRUDEDAREASOLID(#288,#289,#19,8000.);

形状表达标识（RepresentationIdentifier）属性常用值   表 3-16

标识	描述
CoG	元素的重心，此值可用于验证目的
Box	包围盒作为简化的元素三维盒几何形状
Axis	二维或三维轴，或单线，表示一个元素
Surface	三维表面表示，如解析面、元素面
Body	三维体表示，如线框、表面或实体模型

形状表达类型（RepresentationType）属性常用值   表 3-17

类型	描述
Point	二维或三维点
PointCloud	由点列表呈现的三维点
Curve3D	三维曲线
Surface3D	三维表面
FillArea	2D 区域表示为填充区域
Text	定义为文本文字的文本
SolidModel	包括扫描体、布尔结果和 Brep 体
SweptSolid	通过拉伸和旋转扫掠区域体，不包括锥形扫掠
Brep	刻面 Brep 有和没有空隙
CSG	实体模型、半空间和布尔结果之间的布尔运算结果
BoundingBox	边界框简单的三维表示

3.5.4 常用几何形体

1. 几何资源（IfcGeometryResource）

构件几何形状的表达是三维信息模型的基础，如何通过 IFC 标准表达几何形状是 IFC 信息表达的关键。几何资源（IfcGeometryResource）定义用于几何表示的资源。此资源的主要应用是表示元素的形状或几何形式。常用几何形状实体见表 3-18。

IFC 标准常用几何形状实体   表 3-18

类型	几何形状实体	说明
轴	IfcAxis1Placement	轴位置
	IfcAxis2Placement2D	轴二维布置
	IfcAxis2Placement3D	轴三维布置
点	IfcCartesianPoint	笛卡尔点
	IfcPointOnCurve	曲线上的点
	IfcPointOnSurface	面线上的点
线	IfcBoundaryCurve	边界曲线
	IfcBSplineCurve	样条曲线
	IfcCircle	圆
	IfcEllipse	椭圆
	IfcCompositeCurve	复合曲线，由曲线段组成的连续曲线
	IfcIndexedPolyCurve	指数曲线

续表

类型	几何形状实体	说明
线	IfcLine	直线
	IfcPolyline	折线
边界	IfcPolyLoop	多边环
	IfcFaceOuterBound	面的外边界
	IfcBoundingBox	包围盒
面	IfcPlane	平面
	IfcCylindricalSurface	圆柱面
	IfcSurfaceOfLinearExtrusion	旋转面
	IfcSurfaceOfRevolution	扫描面
截面	IfcArbitraryClosedProfileDef	任意封闭截面
	IfcArbitraryOpenProfileDef	任意打开截面
	IfcRectangleProfileDef	矩形截面
	IfcCircleProfileDef	圆截面
	IfcIShapeProfileDef	I 型工字钢截面
	IfcLShapeProfileDef	L 型工字钢截面
	IfcSectionedSpine	基于横断面和中心曲线的放样实体

2. 几何模型资源（IfcGeometricModelResource）

几何模型资源（IfcGeometricModelResource）定义用于几何模型表示的资源。此资源的主要应用是表示产品模型的形状或几何形式。常用几何模型实体见表 3-19。

IFC 标准常用几何模型实体　　　　　　　　　　　　表 3-19

类型	几何模型实体	说明
体	IfcBlock	块实体
	IfcBoundingbox	用边界盒表达的简单 3D 实体
	IfcExtrudedAreaSolid	通过拉伸截面形成的实体
	IfcCsgSolid	通过布尔运算生成的几何构造实体
	IfcFacetedBrep	边界描述实体
	IfcClosedShell	封闭壳
	IfcOpenShell	开口壳
	IfcTriangulatedFaceSet	三角面集合体
	IfcPolygonalFaceSet	多边面集合体
	IfcSectionedSpine	基于横断面和中心曲线的放样实体
	IfcSphere	球体

3. 拉伸实体（IfcExtrudedAreaSolid）

拉伸实体（IfcExtrudedAreaSolid）实现在工作平面上绘制的二维轮廓，然后沿着一定方向拉伸该轮廓形成三维物体。

拉伸实体的优点：表示简单直观，适合做图形输入手段。

拉伸实体的缺点：做几何变换困难，且不能直接获取形体的边界信息，表示形体的覆盖域非常有限。

拉伸实体（IfcExtrudedAreaSolid）有 4 个属性信息，第一个属性（SweptArea）描述

截面信息 ExtruedDirection，第二个属性（Position）描述了拉伸局部坐标系，第三个属性（ExtruedDirection）给出了拉伸方向，第四个属性（Depth）给出了拉伸的长度。拉伸实体（IfcExtrudedAreaSolid）输入属性见表 3-20。

拉伸实体（**IfcExtrudedAreaSolid**）输入属性　　　　　　表 3-20

编号	属性	属性说明	属性性质	输入案例值	拉伸实体（IfcExtrudedAreaSolid）对象 EXPRESS 语言描述
1	SweptArea	扫掠面	必须输入	#129	ENTITY IfcExtrudedAreaSolid; ENTITY IfcRepresentationItem; INVERSE LayerAssignments : StyledByItem : ENTITY IfcGeometricRepresenta ENTITY IfcSolidModel; DERIVE Dim : ENTITY IfcSweptAreaSolid; SweptArea Position ENTITY IfcExtrudedAreaSolid; ExtrudedDirection Depth END_ENTITY;
2	Position	位置	必须输入	#132	
3	ExtrudedDirection	拉伸方向	必须输入	#19	
4	Depth	深度	必须输入	14200.	
几何形体示例					Z′−#11=IFCDIRECTION((1.,0.,0.)); X′ #21=IFCDIRECTION((0.,0.,−1.));
物理文件					**#133= IFCEXTRUDEDAREASOLID(#129,#132,#19,14200.);** #19= IFCDIRECTION((0.,0.,1.)); #23= IFCDIRECTION((1.,0.)); #126= IFCCARTESIANPOINT((0.,0.)); #128= IFCAXIS2PLACEMENT2D(#126,#23); #129= IFCRECTANGLEPROFILEDEF(.AREA.,'300mm x 600 mm',#128,600.,300.); #130= IFCCARTESIANPOINT((0.,0.,-300.)); #11= IFCDIRECTION((1.,0.,0.)); #21= IFCDIRECTION((0.,0.,-1.)); #132= IFCAXIS2PLACEMENT3D(#130,#11,#21); #11= IFCDIRECTION((1.,0.,0.)); #21= IFCDIRECTION((0.,0.,-1.));

3.5.5　建筑单元属性

建筑单元是 IFC 标准的基本单元，单元不仅可以表示 BIM 模型中的构件，还可以表示构件的属性以及实体之间的关联关系。单元实体、属性实体和关联实体相互作用共同表达一个完整的项目 BIM 模型。

在 IFC 标准中，任何一个单元都通过属性来描述自身的信息，单元的属性分为 3 种：直接属性（Explicit）、导出属性（Derived）、反属性（Inverse）。直接属性是指能够在单一的单元语句里直接表达的属性；导出属性是指通过其他单元描述的属性，导出属性的属性值直接指向另外一个单元或单元的集合，通过这些单元共同表达该属性；反属性是指通过关联实体的链接关系表达的属性。

1. 建筑单元 IFC 属性

以梁（IfcBeam）实体为例。直接属性是指标量或直接信息，如全球标识（GlobalId）、名称（Name）等；导出属性是指由其他实体来表述的属性，如归属历史（OwnerHistory）、对象坐标（ObjectPlacement）和表达（Representation）；反属性则是指通过关联实体将属性实体与构件进行链接，使得构件具备链接的属性实体的属性，如引用关系对象（HasAssociations）通过关联实体（IfcRelAssociates）可以关联构件的材料信息。

IFC4 版本的梁单元（IfcBeam）具有 33 个属性，分别继承了根实体（IfcRoot）、对象定义实体（IfcObjectDefinition）、对象（IfcObject）、产品（IfcProduct）、单元（IfcElement）、建筑单元（IfcBuildingElement）6 个实体共 32 个属性，自身只添加了一个新属性梁类型（PredefinedType），见表 3-21。

梁单元 IFC 属性

表 3-21

继承对象	属性名称	属性说明	输入类型	属性性质
根实体 （IfcRoot）	GlobalId	全球标识	必须输入	直接属性
	OwnerHistory	归属历史	必须输入	导出属性
	Name	名称	选择输入	直接属性
	Description	描述	选择输入	直接属性
对象定义实体 （IfcObjectDefinition）	HasAssignments	引用关系实体	获取	反属性
	Nests	组合关系中的整体	获取	反属性
	IsNestedBy	组合关系中的部分	获取	反属性
	HasContext	描述项目的环境	获取	反属性
	IsDecomposedBy	定义局部的关系	获取	反属性
	Decomposes	定义整体的关系	获取	反属性
	HasAssociations	资源层与实体的关系	获取	反属性
对象 （IfcObject）	ObjectType	对象类型	选择输入	直接属性
	IsDeclaredBy	描述实体关系指向对象（Object）	获取	反属性
	Declares	描述实体关系指向对象类型（ObjectType）	获取	反属性
	IsTypedBy	对象实体与其类型的关系	获取	反属性
	IsDefinedBy	属性信息与实体之间的关系	获取	反属性
产品 （IfcProduct）	ObjectPlacement	对象坐标	选择输入	导出属性
	Representation	表达	选择输入	导出属性
	ReferencedBy	产品（IfcProduct）与 对象（IfcObject）之间的关系	获取	反属性
	PositionedRelativeTo		获取	反属性
单元 （IfcElement）	Tag	标签	选择输入	直接属性
	FillsVoids	描述实体的填充关系	获取	反属性
	ConnectedTo	定义实体之间的连接关系	获取	反属性
	IsInterferedByElements	两个对象之间介入指向被介入	获取	反属性
	InterferesElements	两个对象之间介入指向介入	获取	反属性
	HasProjections	增加一个特征属性给建筑单元	获取	反属性
	ReferencedInStructures	定义构件单元的空间结构关系	获取	反属性
	HasOpenings	定义在对象上开一个或多个孔	获取	反属性
	IsConnectionRealization	对象之间的关联关系	获取	反属性
	ProvidesBoundaries	定义了对象的空间边界	获取	反属性
	ConnectedFrom	描述了对象之间的相互引用关系	获取	反属性
	ContainedInStructure	描述对象空间从属关系	获取	反属性
	HasCoverings	定义建筑对象具有的表面类型	获取	反属性
梁（IfcBeam）	PredefinedType	梁类型	选择输入	直接属性

2. 建筑单元自定义属性集

自定义属性集，是指用户对属性集的名称、适用范围以及属性的定义及含义进行约定，从而满足信息交换与共享的需求。自定义属性集可以参考预定义属性集的格式描述。

建筑单元属性集实体（IfcPropertySet）是自定义属性的集合，是一个装载属性的容器，具体的属性则由属性值实体（IfcPropertySingleValue）实现。

属性集（IfcPropertySet）属性输入见表 3-22。

属性值（IfcPropertySingleValue）属性输入见表 3-23。

属性集 （IfcPropertySet） 属性输入   表 3-22

编号	属性	属性说明	属性性质	输入案例值	属性集（IfcPropertySet）对象 EXPRESS 语言描述
1	GlobalId	全球标识	必须输入	1t5gP8RIzAMuxp6fwU $ Yi3	ENTITY IfcPropertySet;
2	OwnerHistory	归属历史	必须输入	#41	ENTITY IfcRoot; GlobalId : IfcGlob
3	Name	名称	选择输入	Constraints	OwnerHistory : IfcOwne Name : OPTIONA
4	Description	描述	选择输入	$	Description : OPTIONA ENTITY IfcPropertyDefinition; INVERSE
5	HasProperties	属性集	必须输入	（#3293，#3294）	HasAssociations : SET OF ENTITY IfcPropertySetDefinition; INVERSE

属性集示例				
				项目 Constraints TimeLiner IFC
					PropertyDefinitionOf : SET [0:
					  DefinesType : SET [0:
					 ENTITY IfcPropertySet;
					  HasProperties : SET [1:
					END_ENTITY;

#3297= IFCPROPERTYSET('1t5gP8RIzAMuxp6fwU$Yi3',#41,'Constraints',$,(#3293,#3294))

#3293= IFCPROPERTYSINGLEVALUE('Host',$,IFCTEXT('Level : Raft Foundations'),$);

#3294= IFCPROPERTYSINGLEVALUE('Offset',$,IFCLENGTHMEASURE(-902.),$);

属性值 （IfcPropertySingleValue） 属性输入   表 3-23

编号	属性	属性说明	属性性质	输入案例值	属性值（IfcPropertySingleValue）对象 EXPRESS 语言描述
1	Name	名称	必须输入	Host	
2	Description	描述	选择输入	$	ENTITY IfcPropertySingleValue;

3	NominalValue	标准值	选择输入	IFCTEXT('Level：Raft Foundations')	ENTITY IfcProperty;
					  Name : Ifc
					  Description : OPT

4	Unit	单位	选择输入	$	INVERSE
					  PropertyForDependance : SET
					  PropertyDependsOn : SET

属性示例				
				特性
				项目 Constraints TimeLiner IFC
				特性 值
				GLOBALID 1t5gP8RIzAMuxp6fwU$Yi3
				Host Level : Raft Foundations
				Offset -902.000
					PartOfComplex : SET
					 ENTITY IfcSimpleProperty;
					 ENTITY IfcPropertySingleValue
					  NominalValue : OPT
					  Unit : OPT
					END_ENTITY;

#3293= IFCPROPERTYSINGLEVALUE('Host',$,IFCTEXT('Level : Raft Foundations'),$);

#3294= IFCPROPERTYSINGLEVALUE('Offset',$,IFCLENGTHMEASURE(-902.),$);

3.5.6 关系实体

关系实体（IfcRelationship）是对 IFC 标准中所有表示关系的实体的抽象。IFC 标准中有"一对一"和"一对多"两种类型的关系。建立关系的"双方"分别称为被关联实体

（Relatingobject）和待关联实体（Relatedobject）。

在一对多的关系中，待关联实体（Relatedobject）将会超过一个，因此待关联实体（Relatedobject）是一个容量不小于 1 的 SET 容器。关联实体（IfcRelationship）作为关系实体的基类，本身是根实体（IfcRoot）的子类，并不再有其他属性。关联实体（IfcRelationship）有 5 种基本关系类型：composition（组合）、assignment（分配）、connectivity（连接）、association（关联）、definition（定义），对应 5 个直接的子类，如图 3-10 所示。

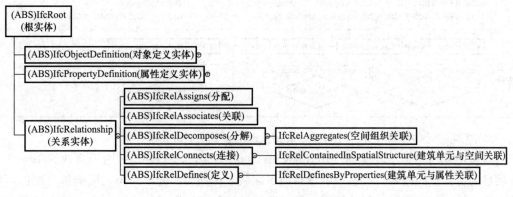

图 3-10　关联实体对象继承关系图

1. 空间组织关联（IfcRelAggregates）

在 IFC 标准中将空间结构分为 4 个层次，分别是项目、场地、建筑、建筑楼层。一个项目包含若干场地、场地包含若干建筑、建筑包含若干楼层，建筑楼层包含各种建筑单元。IFC 标准的这种空间结构表达方法，适合于绝大多数专业设计模型和工程项目。

一个完整的 IFC 项目文件，首先需要表达一个项目信息（IfcProject），然后表达与之相关的场地信息（IfcSite）和与场地相关的建筑信息（IfcBuilding），其中，建筑由多个楼层组成，通过继承与关联关系，将各空间实体对象组合成一个完整的项目模型，以空间组织关联实体（IfcRelAggregates）进行关联，空间组织关联（IfcRelAggregates）输入属性见表 3-24。

空间组织关联（IfcRelAggregates）输入属性　　　　　　　　　表 3-24

编号	输入参数	属性说明	属性性质	输入案例值	空间组织关联（IfcRelAggregates）对象 EXPRESS 语言描述
1	GlobalId	全球标识	必须输入	SMEDI_ID1	
2	OwnerHistory	归属历史	必须输入	#41	`ENTITY IfcRelAggregates;`
3	Name	名称	选择输入	$	`  ENTITY IfcRoot;` `    GlobalId      : IfcGlob`

4	Description	描述	选择输入	$	`    OwnerHistory  : IfcOwne`
					`    Name          : OPTIONA`
					`    Description   : OPTIONA`

5	RelatingObject	被关联对象	必须输入	#94	`  ENTITY IfcRelationship;` `  ENTITY IfcRelDecomposes;`

6	RelatedObjects	待关联对象	必须输入	（#461）	`    RelatingObject : IfcObje`
					`    RelatedObjects : SET [1:`
					`  ENTITY IfcRelAggregates;`
					`END_ENTITY;`

关联结果				上海市政总院.ifc 　SMEDI_PROJECT#94 　　SMEDI_SITE#461 　　　SMEDI_BUILDING#104 　　　　SMEDI_BUILDING_LAYER1#119	

编号	输入参数	属性说明	属性性质	输入案例值	空间组织关联（IfcRelAggregates）对象 EXPRESS 语言描述
物理文件	#547= IFCRELAGGREGATES('SMEDI_ID1',#41,$,$,#94,(#461)); #551= IFCRELAGGREGATES('SMEDI_ID2',#41,$,$,#461,(#104)); #555= IFCRELAGGREGATES('SMEDI_ID3',#41,$,$,#104,(#119)); #94=IFCPROJECT('28arALXcjEku1vq9Wtp4ej',#41,'SMEDI_PROJECT',$,$,'SMEDI_PROJECT','SMEDI_PROJECT',(#83,#91),#78); #461=IFCSITE('28arALXcjEku1vq9Wtp4el',#41,'SMEDI_SITE',$,'',#460,$,$,.ELEMENT.,(39,54,57,601318),(116,25,58,795166),0.,$,$); #104=IFCBUILDING('28arALXcjEku1vq9Wtp4ei',#41,'SMEDI_BUILDING',$,$,#32,$,'',.ELEMENT.,$,$,#100); #119=IFCBUILDINGSTOREY('28arALXcjEku1vq9Z8CxTh',#41,'SMEDI_BUILDING_LAYER1',$,$,#118,$,'',.ELEMENT.,4000.);				
关联逻辑					

2. 建筑单元与空间关联（IfcRelContainedInSpatialStructure）

建筑单元与空间关联实体（IfcRelContainedInSpatialStructure）用于将建筑单元分配给项目的特定空间结构。在不同的项目或者区域，相同类型的建筑单元可能被分配给不同的空间结构。如墙通常分配给楼层，但是幕墙可以分配给建筑物，地形中的挡土墙可以分配给场地。两个连接关系属性：

（1）RelatedElements：关联一系列建筑单元；

（2）RelatingStructure：关联空间结构。

建筑单元可以被分配到的空间结构，预定义的空间结构有：

（1）场地（IfcSite）；

（2）建筑（IfcBuilding）；

（3）建筑楼层（IfcBuildingStorey）；

（4）空间区域（IfcSpace）。

建筑单元与空间关联（IfcRelContainedInSpatialStructure）输入属性见表 3-25。

建筑单元与空间关联（**IfcRelContainedInSpatialStructure**）输入属性　　表 3-25

编号	属性	属性说明	属性性质	输入案例值	建筑单元与空间关联（IfcRelContainedInSpatialStructure）对象 EXPRESS 语言描述

1	GlobalId	全球标识	必须输入	SMEDIID	ENTITY IfcRelContainedInSpatialStructure;
					 ENTITY IfcRoot;
					  GlobalId : IfcGloballyUniqueId;
					  OwnerHistory : IfcOwnerHistory;
					  Name : OPTIONAL IfcLabel;
					  Description : OPTIONAL IfcText;
					 ENTITY IfcRelationship;
					 ENTITY IfcRelConnects;
					 ENTITY IfcRelContainedInSpatialStructure;
					  RelatedElements : SET [1:?] OF IfcProc
					  RelatingStructure : IfcSpatialStructu
					END_ENTITY;

2	OwnerHistory	归属历史	必须输入	#41	
3	Name	名称	选择输入	$	
4	Description	描述	选择输入	$	
5	RelatedElements	关联一系列建筑单元	必须输入	（#157，#406）	
6	RelatingStructure	关联空间结构	必须输入	#119	
关联结果					

续表

编号	属性	属性说明	属性性质	输入案例值	建筑单元与空间关联（IfcRelContainedInSpatialStructure）对象 EXPRESS 语言描述

<table>
<tr><td>数据结构</td><td colspan="5">
#542= IFCRELCONTAINEDINSPATIALSTRUCTURE('SMEDIID',#41,$,$,(#157,#406),#119);
#157=IFCBEAM('3tr$lg7lX4DwvbxRsMVotJ',#41,'smed:300mm x 600 mm:313773',$,'Rectangle BEAM',#124,#153,'313773');
#406=IFCBEAM('3tr$lg7lX4DwvbxRsMVot4',#41,'smed:600mm x 600 mm:313774',$,'Circle BEAM',#384,#404,'313786');
#119=IFCBUILDINGSTOREY('28arALXcjEku1vq9Z8CxTh',#41,'SMEDI_BUILDING_LAYER1',$,$,#118,$,'',.ELEMENT.,4000.);
</td></tr>
</table>

关联逻辑	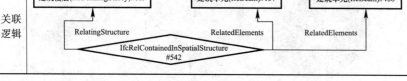

3. 建筑单元与属性关联（IfcRelDefinesByProperties）

建筑单元与属性关联实体（IfcRelDefinesByProperties）定义建筑单元属性集与建筑单元之间的关系。

建筑单元与属性关联（IfcRelDefinesByProperties）输入属性见表 3-26。

建筑单元与属性关联（IfcRelDefinesByProperties）输入属性　　　　表 3-26

编号	属性	属性说明	属性性质	输入案例值	建筑单元与属性关联（IfcRelDefinesByProperties）对象 EXPRESS 语言描述
1	GlobalId	全球标识	必须输入	SMEDIID	
2	OwnerHistory	归属历史	必须输入	#41	
3	Name	名称	选择输入	$	
4	Description	描述	选择输入	$	ENTITY IfcRelDefinesByProperties; 　ENTITY IfcRoot; 　　GlobalId　　　: IfcGloballyUni 　　OwnerHistory　: IfcOwnerHistor 　　Name　　　　　: OPTIONAL IfcLa 　　Description　 : OPTIONAL IfcTe 　ENTITY IfcRelationship; 　ENTITY IfcRelDefines;
5	RelatingObject	被关联对象	必须输入	(#157)	RelatedObjects : SET [1:?] OF I 　ENTITY IfcRelDefinesByProperties;
6	RelatingPropertyDefinition	属性关联定义	必须输入	#3297	RelatingPropertyDefinition : Ifc END_ENTITY;

关联结果	特性 项目　Constraints　TimeLiner　IFC 特性　　　　　值 GLOBALID　　　1t5gP8RIzAMuxp6fwU$Yi3 Host　　　　　Level : Raft Foundations Offset　　　　-902.000

<table>
<tr><td>数据结构</td><td>
#3299= IFCRELDEFINESBYPROPERTIES('SMEDIID',#41,$,$,(#157),#3297);
#3297=IFCPROPERTYSET('1t5gP8RIzAMuxp6fwU$Yi3',#41,'Constraints',$,(#3293,#3294));
#3293=IFCPROPERTYSINGLEVALUE('Host',$,IFCTEXT('Level : Raft Foundations'),$);
#3294=IFCPROPERTYSINGLEVALUE('Offset',$,IFCLENGTHMEASURE(-902.),$);
</td></tr>
</table>

关联逻辑	建筑单元(IfcBeam)#157　　　属性集(IfcPropertySet)#3299 RelatingObject　　　RelatingPropertyDefinition IfcRelDefinesByProperties #3299

3.6 IFC 完整案例

3.6.1 模型描述

对一个简单水池用 IFC 文件实现建模，并在不同软件上测试建模效果。模型构件有圈梁 4 根，池壁 4 个，立柱 4 根，底板 1 个，如图 3-11 所示。

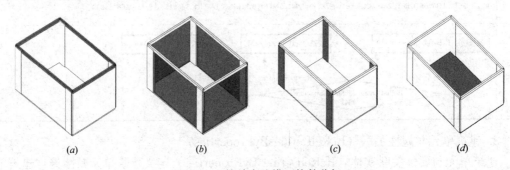

图 3-11 简单水池模型构件分解

(*a*) 圈梁；(*b*) 池壁；(*c*) 立柱；(*d*) 底板

3.6.2 物理文件源代码

```
ISO-10303-21;
HEADER;
FILE_DESCRIPTION(('ViewDefinition [CoordinationView]'),'2;1');
FILE_NAME('\X2\987976EE7F1653F7\X0\','2020-05-30T16:06:43',(''),(''),'The EXPRESS Data Manager Version
5.02.0100.07 : 28 Aug 2013','20150220_1215(x64) - Exporter 16.0.428.0 - Default UI','');
FILE_SCHEMA(('IFC2X3'));
ENDSEC;

DATA;
#1= IFCORGANIZATION($,'Autodesk Revit 2016 (CHS)',$,$,$);
#5= IFCAPPLICATION(#1,'2016','Autodesk Revit 2016 (CHS)','Revit');

/*模型坐标系*/
#6= IFCCARTESIANPOINT((0.,0.,0.));
#9= IFCCARTESIANPOINT((0.,0.));
#11= IFCDIRECTION((1.,0.,0.));
#13= IFCDIRECTION((-1.,0.,0.));
#15= IFCDIRECTION((0.,1.,0.));
#17= IFCDIRECTION((0.,-1.,0.));
#19= IFCDIRECTION((0.,0.,1.));
#21= IFCDIRECTION((0.,0.,-1.));
#23= IFCDIRECTION((1.,0.));
#24= IFCDIRECTION((0.,1.));
#25= IFCDIRECTION((-1.,0.));
#27= IFCDIRECTION((0.,1.));
#29= IFCDIRECTION((0.,-1.));

/*模型定位*/
#31= IFCAXIS2PLACEMENT3D(#6,$,$);
#32= IFCLOCALPLACEMENT(#280,#31);

/*模型历史信息*/
#35= IFCPERSON($,'','zhangluwei60@163.com',$,$,$,$);
#37= IFCORGANIZATION($,'','',$,$);
#38= IFCPERSONANDORGANIZATION(#35,#37,$);
#41= IFCOWNERHISTORY(#38,#5,$,.NOCHANGE.,$,$,$,0);

/*模型单位*/
#42= IFCSIUNIT(*,.LENGTHUNIT.,.MILLI.,.METRE.);
#78= IFCUNITASSIGNMENT((#42));
```

```
/*几何环境*/
#80= IFCAXIS2PLACEMENT3D(#6,$,$);
#81= IFCDIRECTION((0.,1.));
#83= IFCGEOMETRICREPRESENTATIONCONTEXT($,'Model',3,0.01,#80,#81);
#86= IFCGEOMETRICREPRESENTATIONSUBCONTEXT('Axis','Model',*,*,*,*,#83,$,.GRAPH_VIEW.,$);
#88= IFCGEOMETRICREPRESENTATIONSUBCONTEXT('Body','Model',*,*,*,*,#83,$,.MODEL_VIEW.,$);
#91= IFCGEOMETRICREPRESENTATIONCONTEXT($,'Annotation',3,0.01,#80,#81);

/*水厂项目*/
#94= IFCPROJECT('SmediID01',#41,'Water plant',$,$,'Water plant','Water plant',(#83,#91),#78);

/*厂区场地 */
#279=IFCAXIS2PLACEMENT3D(#6,$,$);
#280=IFCLOCALPLACEMENT($,#279);
#281=IFCSITE('SmediID02',#41,'Factory',$,'',#280,$,$,.ELEMENT.,(39,54,57,601318),(116,25,58,795166),0.,$,$
);

/*厂区构筑物 水池*/
#100=IFCPOSTALADDRESS($,$,$,$,('SHANGHAI'),$,'','','','\X2\4E2D56FD53174EAC\X0\');
#104= IFCBUILDING('SmediID03',#41,'Pool',$,$,#32,$,'Pool',.ELEMENT.,$,$,#100);

/*水池区格A */
#110= IFCAXIS2PLACEMENT3D(#6,$,$);
#111= IFCLOCALPLACEMENT(#32,#110);
#113= IFCBUILDINGSTOREY('SmediID04',#41,'DistrictA',$,$,#111,$,'DistrictA',.ELEMENT.,0.);

/*水厂空间关联*/
#366= IFCRELAGGREGATES('SmediID05',#41,$,$,#94,(#281));
#370= IFCRELAGGREGATES('SmediID06',#41,$,$,#281,(#104));
#374= IFCRELAGGREGATES('SmediID07',#41,$,$,#104,(#113));

/*构筑物与空间关联（区域A）*/
#2362= IFCRELCONTAINEDINSPATIALSTRUCTURE('SmediID50',#41,$,$,(#1550),#113);
#2363= IFCRELCONTAINEDINSPATIALSTRUCTURE('SmediID51',#41,$,$,(#1551),#113);
#2364= IFCRELCONTAINEDINSPATIALSTRUCTURE('SmediID52',#41,$,$,(#1552),#113);
#2365= IFCRELCONTAINEDINSPATIALSTRUCTURE('SmediID53',#41,$,$,(#1553),#113);
#2366= IFCRELCONTAINEDINSPATIALSTRUCTURE('SmediID54',#41,$,$,(#1504),#113);
#2367= IFCRELCONTAINEDINSPATIALSTRUCTURE('SmediID55',#41,$,$,(#2805),#113);
#2368= IFCRELCONTAINEDINSPATIALSTRUCTURE('SmediID56',#41,$,$,(#2806),#113);
#2369= IFCRELCONTAINEDINSPATIALSTRUCTURE('SmediID57',#41,$,$,(#2807),#113);
#2370= IFCRELCONTAINEDINSPATIALSTRUCTURE('SmediID58',#41,$,$,(#2808),#113);
#2371= IFCRELCONTAINEDINSPATIALSTRUCTURE('SmediID59',#41,$,$,(#1579),#113);
#2372= IFCRELCONTAINEDINSPATIALSTRUCTURE('SmediID60',#41,$,$,(#15791),#113);
#2373= IFCRELCONTAINEDINSPATIALSTRUCTURE('SmediID61',#41,$,$,(#15792),#113);
#2374= IFCRELCONTAINEDINSPATIALSTRUCTURE('SmediID62',#41,$,$,(#15793),#113);

/*池壁构件01定位（X方向）*/
#1210= IFCCARTESIANPOINT((0.,0.,0.));
#1230= IFCAXIS2PLACEMENT3D(#1210,$,$);
#1240= IFCLOCALPLACEMENT(#111,#1230);
#1550= IFCWALLSTANDARDCASE('SmediID08',#41,'WALL components-200mm:01',$,'wall-200',#1240,#3151,'01');

/*池壁构件02定位（X方向）*/
#1211= IFCCARTESIANPOINT((0.,10000.,0.));
#1231= IFCAXIS2PLACEMENT3D(#1211,$,$);
#1241= IFCLOCALPLACEMENT(#111,#1231);
#1551= IFCWALLSTANDARDCASE('SmediID09',#41,'WALL components-200mm:02',$,'wall-200',#1241,#3151,'02');

/*池壁构件03定位（Y方向）*/
#1212= IFCCARTESIANPOINT((0.,0.,0.));
#1232= IFCAXIS2PLACEMENT3D(#1212,#19,#15);
#1242= IFCLOCALPLACEMENT(#111,#1232);
#1552= IFCWALLSTANDARDCASE('SmediID10',#41,'WALL components-200mm:03',$,'wall-200',#1242,#31511,'03');

/*池壁构件04定位（Y方向）*/
#1213= IFCCARTESIANPOINT((15000.,0.,0.));
#1233= IFCAXIS2PLACEMENT3D(#1213,#19,#15);
#1243= IFCLOCALPLACEMENT(#111,#1233);
#1553= IFCWALLSTANDARDCASE('SmediID11',#41,'WALL components-200mm:04',$,'wall-200',#1243,#31511,'04');

/*底板构件定位*/
#1755= IFCCARTESIANPOINT((7500.,5000.,0.));
#1214= IFCAXIS2PLACEMENT3D(#1755,$,$);
#1224= IFCLOCALPLACEMENT(#111,#1214);
#1504= IFCSLAB('SmediID12',#41,'SLAB components-150mm:01',$,'slab-150mm',#1224,#3246,'313047',.FLOOR.);
```

```
/*柱子构件定位01*/
#2755= IFCCARTESIANPOINT((800.,0.,0.));
#2775= IFCAXIS2PLACEMENT3D(#2755,$,$);
#2785= IFCLOCALPLACEMENT(#111,#2775);
#2805= IFCCOLUMN('SmediID13',#41,'COLUMN components-450mmx600mm:01',$,'column-450x600',#2785,#3371,'01');

/*柱子构件定位02*/
#2756= IFCCARTESIANPOINT((14200.,0.,0.));
#2776= IFCAXIS2PLACEMENT3D(#2756,$,$);
#2786= IFCLOCALPLACEMENT(#111,#2776);
#2806= IFCCOLUMN('SmediID14',#41,'COLUMN components-450mmx600mm:02',$,'column-450x600',#2786,#3371,'02');
/*柱子构件定位03*/
#2757= IFCCARTESIANPOINT((14200.,10000.,0.));
#2777= IFCAXIS2PLACEMENT3D(#2757,$,$);
#2787= IFCLOCALPLACEMENT(#111,#2777);
#2807= IFCCOLUMN('SmediID15',#41,'COLUMN components-450mmx600mm:03',$,'column-450x600',#2787,#3371,'03');

/*柱子构件定位04*/
#2758= IFCCARTESIANPOINT((800.,10000.,0.));
#2778= IFCAXIS2PLACEMENT3D(#2758,$,$);
#2788= IFCLOCALPLACEMENT(#111,#2778);
#2808= IFCCOLUMN('SmediID16',#41,'COLUMN components-450mmx600mm:04',$,'column-450x600',#2788,#3371,'04');

/*梁构件定位01（X方向）*/
#1219= IFCCARTESIANPOINT((0.,0.,10000.));
#1239= IFCAXIS2PLACEMENT3D(#1219,$,$);
#1249= IFCLOCALPLACEMENT(#111,#1239);
#1579= IFCBEAM('SmediID17',#41,'BEAM components-:300mmx600mm:01',$,'BEAM-300mmx600mm',#1249,#3453,'01');

/*梁构件定位02（X方向）*/
#12191= IFCCARTESIANPOINT((0.,10000.,10000.));
#12391= IFCAXIS2PLACEMENT3D(#12191,$,$);
#12491= IFCLOCALPLACEMENT(#111,#12391);
#15791= IFCBEAM('SmediID18',#41,'BEAM components-:300mmx600mm:02',$,'BEAM-300mmx600mm',#12491,#3453,'02');

/*梁构件定位03（Y方向）*/
#12192= IFCCARTESIANPOINT((0.,0.,10000.));
#12392= IFCAXIS2PLACEMENT3D(#12192,#19,#15);
#12492= IFCLOCALPLACEMENT(#111,#12392);
#15792= IFCBEAM('SmediID19',#41,'BEAM components-:300mmx600mm:03',$,'BEAM-300mmx600mm',#12492,#34531,'03');

/*梁构件定位04（Y方向）*/
#12193= IFCCARTESIANPOINT((15000.,0.,10000.));
#12393= IFCAXIS2PLACEMENT3D(#12193,#19,#15);
#12493= IFCLOCALPLACEMENT(#111,#12393);
#15793= IFCBEAM('SmediID20',#41,'BEAM components-:300mmx600mm:04',$,'BEAM-300mmx600mm',#12493,#34531,'04');

/*水池池壁构件-15000x10000x200*/
#3133= IFCCARTESIANPOINT((0.,0.));
#3135= IFCAXIS2PLACEMENT2D(#3133,#25);
#3136= IFCRECTANGLEPROFILEDEF(.AREA.,'wall-200mm',#3135,10000.,200.);
#3130= IFCCARTESIANPOINT((0.,0.,5000.));
#3137= IFCAXIS2PLACEMENT3D(#3130,#11,#21);
#3138= IFCEXTRUDEDAREASOLID(#3136,#3137,#19,15000.);
#3148= IFCSHAPEREPRESENTATION(#88,'Body','SweptSolid',(#3138));
#3151= IFCPRODUCTDEFINITIONSHAPE($,$,(#3148));

/*水池池壁构件-10000x10000x200*/
#31381= IFCEXTRUDEDAREASOLID(#3136,#3137,#19,10000.);
#31481= IFCSHAPEREPRESENTATION(#88,'Body','SweptSolid',(#31381));
#31511= IFCPRODUCTDEFINITIONSHAPE($,$,(#31481));

/*水池底板构件-150*/
#3226= IFCCARTESIANPOINT((0.,0.));
#3228= IFCAXIS2PLACEMENT2D(#3226,#24);
#3229= IFCRECTANGLEPROFILEDEF(.AREA.,'plate-150mm',#3228,15000.,10000.);
#3230= IFCCARTESIANPOINT((0.,0.,0.));
#3232= IFCAXIS2PLACEMENT3D(#3230,#21,#15);
#3233= IFCEXTRUDEDAREASOLID(#3229,#3232,#19,350.);
#3243= IFCSHAPEREPRESENTATION(#88,'Body','SweptSolid',(#3233));
#3246= IFCPRODUCTDEFINITIONSHAPE($,$,(#3243));

/*水池柱子构件-450x600*/
#3326= IFCCARTESIANPOINT((0.,0.));
#3328= IFCAXIS2PLACEMENT2D(#3326,#23);
#3329= IFCRECTANGLEPROFILEDEF(.AREA.,'450mm x 600mm',#3328,1600.,450.);
#3330= IFCCARTESIANPOINT((0.,0.,0.));
#3332= IFCAXIS2PLACEMENT3D(#3330,#19,#13);
```

```
#3333= IFCEXTRUDEDAREASOLID(#3329,#3332,#19,10000.);
#3343= IFCSHAPEREPRESENTATION(#88,'Body','SweptSolid',(#3333));
#3371= IFCPRODUCTDEFINITIONSHAPE($,$,(#3343));

/*水池梁构件-300x600x15000*/
#3426= IFCCARTESIANPOINT((0.,0.));
#3428= IFCAXIS2PLACEMENT2D(#3426,#23);
#3429= IFCRECTANGLEPROFILEDEF(.AREA.,'300mm x 600 mm',#3428,600.,300.);
#3430= IFCCARTESIANPOINT((0.,0.,0.));
#3432= IFCAXIS2PLACEMENT3D(#3430,#11,#21);
#3433= IFCEXTRUDEDAREASOLID(#3429,#3432,#19,15000.);
#3443= IFCSHAPEREPRESENTATION(#88,'Body','SweptSolid',(#3433));
#3453= IFCPRODUCTDEFINITIONSHAPE($,$,(#3443));

/*水池梁构件-300x600x10000*/
#34331= IFCEXTRUDEDAREASOLID(#3429,#3432,#19,10000.);
#34431= IFCSHAPEREPRESENTATION(#88,'Body','SweptSolid',(#34331));
#34531= IFCPRODUCTDEFINITIONSHAPE($,$,(#34431));
ENDSEC;

END-ISO-10303-21;
```

3.6.3　执行结果

(1) 简单水池 IFC 模型在 Revit 软件中执行结果，如图 3-12 所示。

(2) 简单水池 IFC 模型在 Navisworks 软件中执行结果，如图 3-13 所示。

(3) 简单水池 IFC 模型在 Microstation 软件中执行结果，如图 3-14 所示。

(4) 简单水池 IFC 模型在 CATIA 软件中执行结果，如图 3-15 所示。

(5) 简单水池 IFC 模型在 usBIM. viewer 软件中执行结果，如图 3-16 所示。

(6) 简单水池 IFC 模型在天磁 BIM 软件中执行结果，如图 3-17 所示。

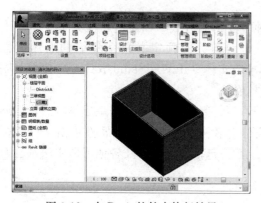

图 3-12　在 Revit 软件中执行结果

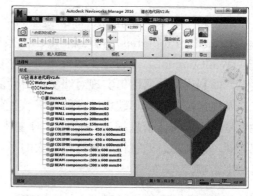

图 3-13　在 Navisworks 软件中执行结果

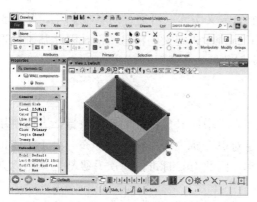

图 3-14　在 Microstation 软件中执行结果

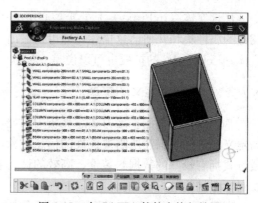

图 3-15　在 CATIA 软件中执行结果

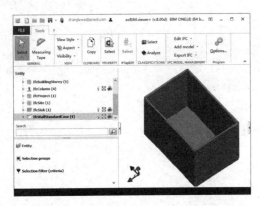

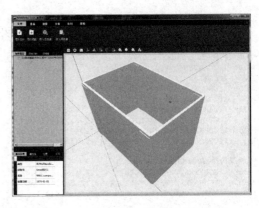

图 3-16　在 usBIM. viewer 软件中执行结果　　　图 3-17　在天磁 BIM 软件中执行结果

3.7　IFC 标准扩展必要性

虽然 IFC 标准经过多年的发展已逐渐成熟，但是 IFC 标准体系内的实体类型及属性尚未完全满足所有工程建设领域的信息交互需求。因此，需对 IFC 标准中的实体进行扩展，以适应 IFC 标准在工程建设领域的应用。

3.7.1　基于属性集的扩展

基于属性集的扩展是 IFC 标准提供的一种主要扩展方式。如通过属性关系实体（IfcRelDefinedByProperties）可以将 IFC 体系中与墙相关的预定义属性集墙的通用属性（PsetWallCommon）及自定义属性集与多个标准墙实体（IfcWallStandardCase）建立关联关系，即利用增加属性集实现对墙实体属性的扩展。

属性集扩展具有不破坏原有的 IFC 模型结构、灵活性较好、可按需集成等优点，但属性集是对主体实体信息描述的辅助，对主体实体有较强的依赖性，且属性集由字符串标识，同一语义信息的字符串具有相当大的不确定性，包括各国语言及各地习惯用法都会对其产生影响。

3.7.2　基于代理实体（IfcProxy）的扩展

代理实体（IfcProxy）是处于核心层的一个预定义实体，可通过对其实例化，并赋予相应的属性集和几何信息描述，即可构造出 IFC 标准中未定义的信息实例，因此基于代理实体（IfcProxy）的扩展也可以说是一种基于实例的扩充方式。

3.7.3　基于实体定义的扩展

基于实体定义的扩展方式意义较为明显，即人为增加 IFC 标准的定义数量，进而使用新定义的实体来描述所需要扩展的信息对象，是对 IFC 标准模型体系的扩充。由于实体扩展方式拥有较好的数据封装性、高效的运行效率，因此 IFC 标准的每次升级都是采用此方式对体系结构进行扩展。

IFC 实体扩展又分为 IFC 实体属性的扩展和 IFC 实体的增加两类。IFC 实体属性的扩展包括增加属性、修改属性、删除属性。IFC 实体的增加主要依赖于 IFC 标准的继承结构，新扩展的实体需要建立与已有实体的派生和关联关系，避免由于新实体的出现对模型体系造成语义不明确的缺点。此外，新定义的实体通过继承 IFC 中现有的基类实体，可以直接获得基类的属性，从而避免重复定义属性，将精力集中在定义新实体所特有的属性上。

3.7.4 三种扩展方式的对比

三种扩展方式均有各自的优缺点，从难易程度、版本兼容性、运行效率、可开发性等方面对比其特点，见表 3-27。

三种扩展方式的对比   表 3-27

对比项目	基于属性集的扩展	基于代理实体（IfcProxy）的扩展	基于实体定义的扩展
难易程度	低	中	高
版本兼容性	高	高	低
可开发性	高	高	低
运行效率	中	低	高

（1）基于属性集的扩展方式难度最低，大部分 BIM 设计软件都提供了用户自定义属性的方式对相应实体进行属性集扩展；此外，由于属性集依附于属性集实体（IfcPropertySet），因此拥有较高的兼容性及可开发性，但属性集实体（IfcPropertySet）一般与其他实体通过关系实体连接，在运行时需要通过一定的搜寻，其效率相较于直接属性而言有一定程度的不足。

（2）基于代理实体（IfcProxy）的扩展方式的难易程度处于三者中间，对其进行扩展即是对其实例化对象、关联属性集及类型对象，且其版本兼容性与代理实体（IfcProxy）相同。考虑到在 IFC4 版本中，buildingSMART 国际组织不推荐使用代理实体（IfcProxy），明确指出了该实体在后续版本中可能将被弃用，因此该方式在 IFC 标准后续版本中的兼容性难以保证。

（3）基于实体定义的扩展方式是三者中最难的一种，用户需对 IFC 标准体系及其描述机制有充分的了解，方能进行准确无误的操作；在版本兼容性上，若用户自定义的实体未能被 buildingSMART 国际组织接受并采纳，当扩展与应用采用版本不一致的 IFC 标准时，就需考虑扩展的向下/向上兼容；此外，从可开发性上看，目前大部分开发工具包只支持 IFC 标准内容，对于外部扩展，开发者需对工具包进行一定的修改才能支持自定义实体；不过由于新增实体将常用属性定义到了实体本身，BIM 应用软件可以直接访问，因此拥有比其他两者更高的运行效率。

3.8 铁路工程对 IFC 扩展

我国铁路相关部门对 IFC 标准的研究较早，《铁路工程信息模型数据存储标准（1.0版）》CRBIM1002—2015 是完全基于 IFC 标准（ISO 16739：2013）编制的，其通过空间结构关系（IfcSpatialStructureElement）对铁路路线、铁路路基、桥梁、隧道等进行了相应的分解，并对各部分包含的构件（IfcElement）和组合件（IfcElementAssembly）进行了定义。

3.8.1 铁路工程信息模型基础数据体系结构

根据铁路工程扩展，在资源层（Resource Layer）的几何资源中增加了线路中心线的部分定义。在核心层（Core Layer）的产品扩展（Product Extension）中扩展了IfcAlignment类，用于表示铁路线路中心线。在共享层（Interop Layer）中增加了铁路公用模式的定义，包括公用类型、公用空间结构、公用零件和公用属性集。在领域层（Domain Layer），暂时扩展了线路、轨道、路基、桥梁、隧道、站场6个专业领域，如图 3-18所示。

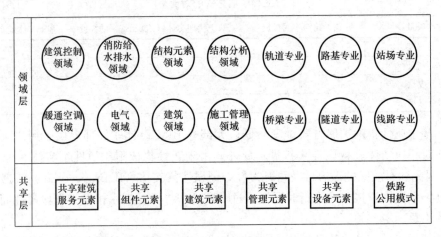

图 3-18　铁路工程 IFC 框架

3.8.2 铁路工程空间结构组成

铁路项目（IfcProject）可包含一条或多条铁路线（IfcRailway）和一个或多个铁路枢纽（IfcRailwayTerminal）。铁路线（IfcRailway）可包含一条或多条线路中心线（IfcAlignment），一条或多条轨道（IfcTrack），一个或多个路基（IfcSubgrade）、桥梁（IfcBridge）、隧道（IfcTunnel）、铁路车站（IfcRailwayStation）、建筑（IfcBuilding）。铁路枢纽（IfcRailwayTerminal）亦可包含一系列铁路线（IfcRailway）和铁路车站（IfcRailwayStation），如图 3-19 所示。

3.8.3 公用空间结构单元

空间结构单元（IfcSpatialStructureElement）表示空间概念上的分解，通常是一个物体的空间主体以及它的主要组成结构。空间结构单元是一个抽象概念，一般以整体包含多个局部的方式出现。在铁路工程中，桥和桥墩、隧道和隧道洞门等都被定义为空间结构单元。

公用空间结构单元包括土木工程结构单元（IfcCivilStructureElement）、铁路工程空间结构单元（IfcRailwayStructureElement）、铁路线（IfcRailway），如图 3-20 所示。

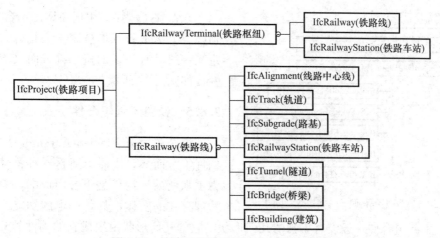

图 3-19 铁路工程空间结构对象继承关系图

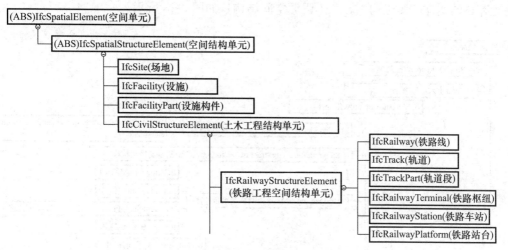

图 3-20 线路单元对象继承关系图

3.8.4 铁路工程零件

零件（IfcElementComponent）是附加在构件上或包含在构件中，起加固或连接构件等辅助作用的小物件。零件一般不作为空间划分的边界。在工程中，各种不同的紧固件和配件都是典型的零件。

公用零件定义包括土木工程零件（IfcCivilElementComponent）、铁路零件（IfcRailwayElementComponent）和岩土零件（IfcGeoElementComponent），如图 3-21 所示。

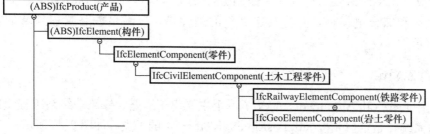

图 3-21 铁路工程公用零件对象继承关系图

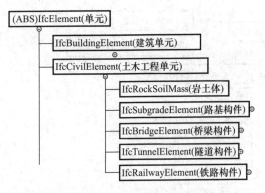

图 3-22　铁路工程构件对象继承关系图

在铁路工程中，组成桥墩的承台、墩身、顶帽、支承垫石等均被定义为构件。构件的定义一般具有一定的概括性，而又不失通用性，如图 3-22 所示。

3.8.5　铁路工程组合件

组合件（IfcElementAssembly）由多个构件组合而成，本质上还是一种构件，只是为了强调某种构件是组合而成的。组合件是物理存在的实体，具备一定的功能，可以发挥具体作用。组合件一般没有单独的几何形状，它的几何形状由组成它的构件的几何形状共同表示。相对于空间结构单元的概念，虽然两者都可以包含构件，但组合件本质上还是物理存在的实体，属于构件，并不强调空间结构，如图 3-23 所示。

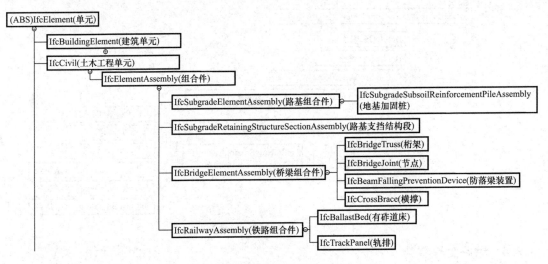

图 3-23　铁路工程组合件对象继承关系图

3.8.6　铁路工程系统

系统（IfcSystem）是为达到某一目的或实现某一功能，有序组织起来的产品集合，如铁路工程领域中的排水系统、信号系统、接触网系统等。《铁路工程信息模型数据存储标准（1.0 版）》CR BIM1002—2015 中使用分配系统（IfcDistributionSystem）表达各种类型的排水沟和综合电缆槽，并为其定义新的属性集，以满足铁路工程领域的需求，如图 3-24所示。

3.8.7　线路领域

线路中心线（IfcAlignment）定义了一个主要用于道路、铁路等线路工程组成元素定位的参考系统，是定位元素（IfcPositioningElement）的子类，如图 3-25 所示。

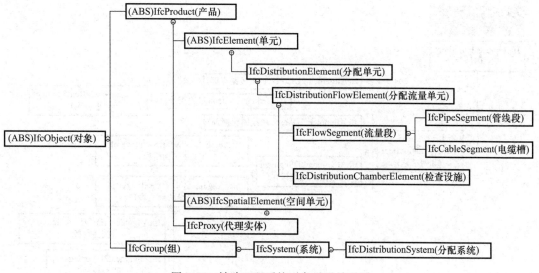

图 3-24 铁路工程系统对象继承关系图

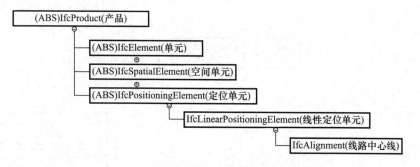

图 3-25 线路单元对象继承关系图

线路中心线由线路平面（IfcAlignment2DHorizontal）、线路纵断面（IfcAlignment2D-Vertical）和里程系统（IfcChainageSystem）组成，线路空间曲线由线路平面和线路纵断面耦合而成。线路平面在 X/Y 平面内定义，相应的线路纵断面为沿线路平面的 Z 方向高程曲线。线路平面可以与多个线路纵断面耦合成不同的线路中心线，如图 3-26 所示。

3.8.8 路基领域

铁路路基 BIM 数据模型架构由空间结构单元（IfcSpatialStructureElement）、组合件（IfcElementAssembly）、构件（IfcElement）组成。路基结构（IfcSubgradeStructureEle-ment）是所有路基工程空间结构单元的父类。路基（IfcSubgrade）用于定义一段路基，亦可称为一个路基工点。路基继承关系如图 3-27 所示。

路基本体（IfcSubgradeStructurePartElement）：用于定义路基主体部分，路基本体由一个或多个路基填筑体构件（IfcSubgradeFillingWorks）组成。

边坡防护（IfcSubgradeSlopeProtectionElement）：用于分块组织路基坡面防护工程措施。

地基处理（IfcSubgradeSubsoilTreatmentElement）：用于分块组织路基地基处理工程措施。

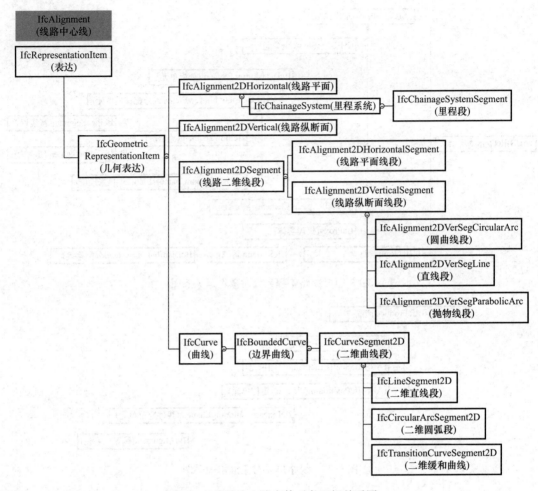

图 3-26　线路中心线实体对象逻辑关系图

支挡结构（IfcSubgradeRetainingStructureElement）：用于定义路基工程中挡土墙等支挡结构物，如重力式挡土墙、衡重式挡土墙、悬壁式挡土墙等。

过渡段（IfcSubgradeTransitionSectionStructureElement）：用于定义路基与结构物等衔接时需要特殊处理的地段，由过渡段构件单元组成。

3.8.9　桥梁领域

桥梁领域包括梁桥、拱桥、刚构桥、斜拉桥、悬索桥、框架桥、涵洞及其主要组成部分。

桥梁信息模型基础数据架构由空间结构单元（IfcSpatialStructureElement）、组合件（IfcElementAssembly）、构件（IfcElement）组成，如图 3-28 所示。

桥梁结构单元（IfcBridgeStructureElement）包括桥梁（IfcBridge）、桥梁结构组成（IfcBridgePart）。

桥梁组合件（IfcBridgeElementAssembly）包括桁架（IfcBridgeTruss）、节点（IfcBridgeJoint）、防落梁装置（IfcBeamFallingPreventionDevice）、横撑（IfcCrossBrace）。

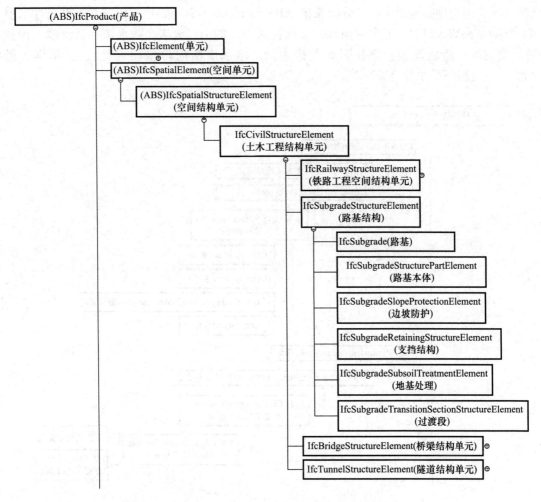

图 3-27　路基空间结构对象继承关系图

3.8.10　隧道领域

隧道信息模型基础数据架构由空间结构单元（IfcSpatialStructureElement）、构件（IfcElement）、零件（IfcElementComponent）3 种类型组成。隧道结构单元主要包括隧道（IfcTunnel）和隧道组成（IfcTunnelPart）。如图 3-29 所示。

3.8.11　排水领域

排水领域包含：排水沟、侧沟、天沟、截水沟、急流槽、检查井、集水坑、消能设施、路基面纵向排水槽、路基面横向排水槽（管）、公路排水槽（管）、立交桥下排水沟（管）等用于排除地表水的设施及其附属检修设备；隧道内中心沟、隧道洞口排水沟、隧道仰坡截水沟、隧道环向盲管、隧道纵向盲管、隧道横向排水管、隧道竖向排水管等隧道排水设施；路基内排除地下水的排水盲沟和边坡渗沟等。

使用分配系统（IfcDistributionSystem）表达一条排水沟或排水管（槽）。当排水沟

（槽、管）用于排除地表水时，分配系统（IfcDistributionSystem）的预定义类型属性取值为"STORMWATER（汇集的雨水）"，如排水沟、侧沟、天沟、截水沟、急流槽、检查井、集水坑、消能设施、路基面纵向排水槽、路基面横向排水槽（管）、公路排水槽（管）、立交桥下排水沟（管）等。

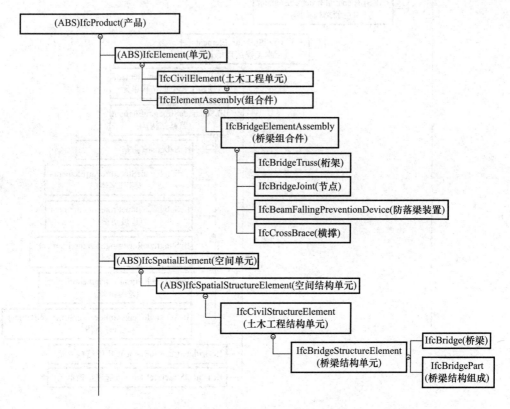

图 3-28　桥梁空间结构对象继承关系图

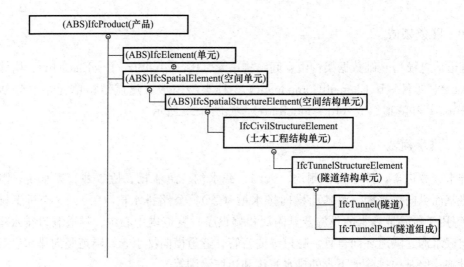

图 3-29　隧道空间结构对象继承关系图

当排水管用于排除地下水时,分配系统(IfcDistributionSystem)的预定义类型属性取值为"DRAINAGE(排水系统)",如隧道内中心沟、隧道环向盲管、隧道纵向盲管、隧道横向排水管、隧道竖向排水管、地下水路堑排水盲沟和边坡渗沟等。

使用检查设施(IfcDistributionChamberElement)表达排水沟检查井,并同时要求预定义类型属性取值为"MANHOLE(人孔、手孔)"。

排水对象继承关系如图 3-30 所示。

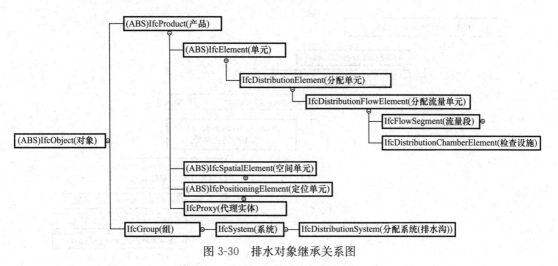

图 3-30　排水对象继承关系图

3.8.12　轨道领域

轨道领域包括有砟轨道和无砟轨道结构的正线和站线轨道及其组成。

轨道信息模型基础数据架构由空间结构单元(IfcSpatialStructureElement)、组合件(IfcElementAssembly)、构件(IfcElement)、零件(IfcElementComponent)4 种类型组成。轨道空间结构单元主要包括轨道(IfcTrack)、轨道段(IfcTrackPart)。如图 3-31 所示。

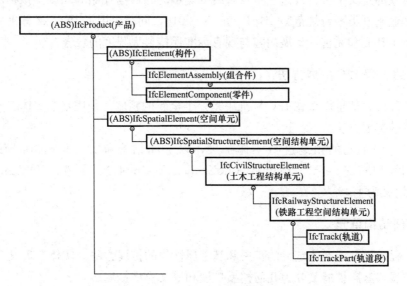

图 3-31　轨道空间结构对象继承关系图

3.8.13 站场领域

站场领域包括铁路枢纽、铁路车站及其各种组成部分。

站场信息模型数据基础架构由空间结构单元（IfcSpatialStructureElement）、构件（IfcElement）组成。站场空间结构单元包括铁路枢纽（IfcRailwayTerminal）、铁路车站（IfcRailwayStation）、铁路站台（IfcRailwayPlatform）。如图 3-32 所示。

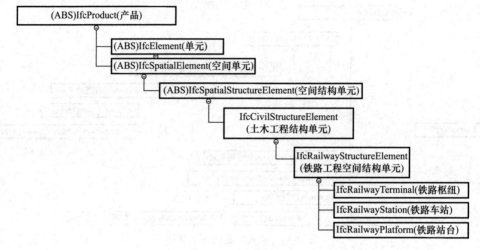

图 3-32　站场空间结构对象继承关系图

3.9　公路工程对 IFC 扩展

交通部《公路工程信息模型应用统一标准》JTG/T 2420—2021 对全生命周期内主要公路工程对象的定义了进行规定，重点解决分类编码和数据存储的问题。该标准的数据存储基于《工业基础类平台规范》GB/T 25507—2010，同时引用了 IFC4x2 标准的最新成果并对其进行了补充和完善，扩展内容与现有标准保持最大限度的兼容。

3.9.1　公路工程 IFC 扩展方法

公路工程设计信息模型在 IFC 标准中是一个全新的领域，采用基于实体定义的扩展和基于属性集的扩展方法。

从空间结构单元的角度进行实体扩展，以空间结构单元（IfcSpatialStructureElement）、构件（IfcElement）、组合件（IfcElementAssembly）、零件（IfcElementComponent）4 个语义为主。

3.9.2　空间结构单元

公路工程采用基于实体定义的扩展和基于属性集的扩展方法。实体扩展又分为静态扩展和动态扩展，静态扩展又分为几何模型扩展和语义模型扩展。

公路空间结构分为道路（IfcRoad）、桥梁（IfcBridge）、隧道（IfcTunnel）、建筑（IfcBuilding) 4 个部分，如图 3-33 所示。

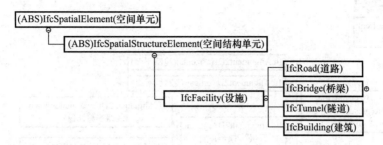

图 3-33　公路空间结构对象继承关系图

3.9.3　道路工程

1. 路线

2015 年 IAI 发布了 IFC 标准新的扩展实体 IfcAlignment。实体 IfcAlignment 定义为公路、铁路行业的线路中心线，线路中心线实体（IfcAlignment）继承自产品实体（IfcProduct），如图 3-34 所示。

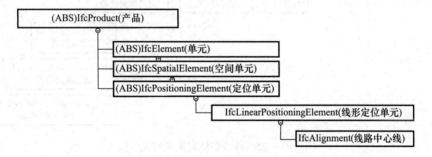

图 3-34　线路中心线对象继承关系图

一个单一的线路中心线实体可能包括：平面线形（IfcAlignment2DHorizontal）和纵断面线形（IfcAlignment2DVertical）、2D 线形（IfcAlignment2DSegment）。其中，2D 线形（IfcAlignment2DSegment）由线路平面线段（IfcAlignment2DHorizontalSegment）、线路纵断面线段（IfcAlignment2DVerticalSegment）组成。路线实体逻辑关系如图 3-35 所示。

2. 道路空间

道路（IfcRoad）继承于设施（IfcFacility），属于扩展空间结构单元。道路段（IfcRoadPart）继承于设施构件（IfcFacilityPart），属于扩展空间结构单元。道路段（IfcRoadPart）是对道路的分解，按形式不同可以划分为路基、路基土石方、支挡防护，以属性形式表达。如图 3-36 所示。

3. 路面单元

公路路面主要包括 3 个部分：面层、基层、垫层。路面单元（IfcPavementElement）继承于土木工程单元（IfcCivilElement），属于扩展构件单元，面层、基层、垫层用属性表达。如图 3-37 所示。

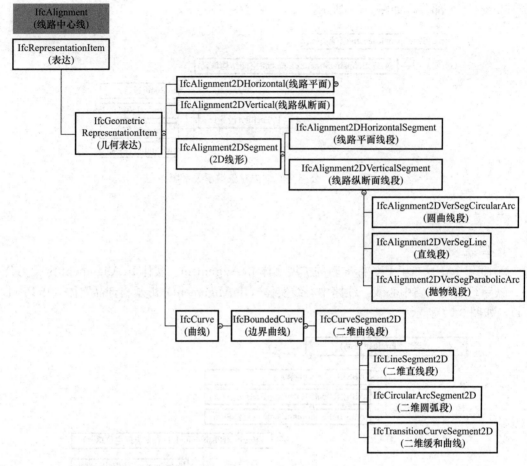

图 3-35　公路路线实体对象逻辑关系图

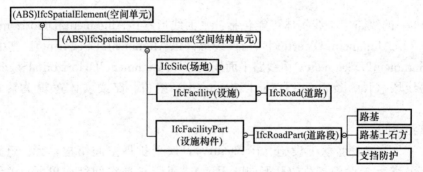

图 3-36　公路道路空间对象继承关系图

4. 路基单元

路基单元（IfcSubgradeElement）继承于土木工程单元（IfcCivilElement），属于扩展构件单元，如图 3-38 所示。

5. 支挡防护单元

挡土墙继承于墙（IfcWall），边坡（IfcSlope）继承于土木工程单元（IfcCivilElement），属于扩展构件单元，其他构件单元继承于 IFC4 构件，如图 3-39 所示。

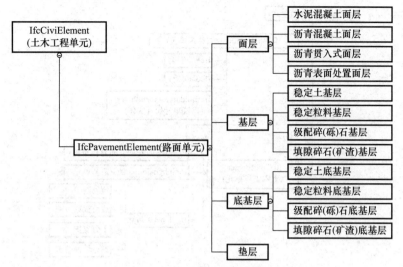

图 3-37　公路路面单元对象继承关系图

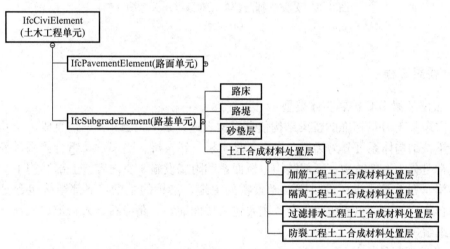

图 3-38　公路路基单元对象继承关系图

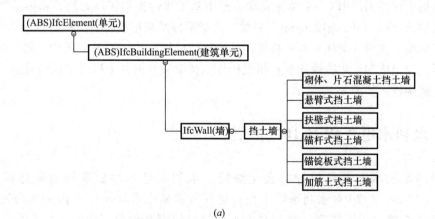

(a)

图 3-39　公路支挡防护单元对象继承关系图（一）

（a）挡土墙

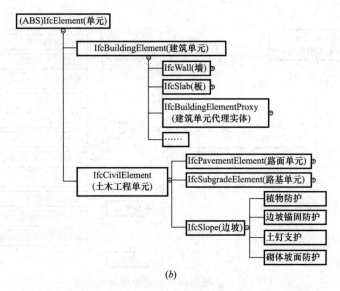

(b)

图 3-39 公路支挡防护单元对象继承关系图（二）

(b) 边坡

3.9.4 桥梁工程

1. 公路桥梁 IFC 扩展实体类型

要实现基于 IFC 标准的桥梁结构信息模型表达，必须先定义桥梁信息成员及其数据类型。桥梁按结构体系可分为梁桥、拱桥、悬索桥、斜拉桥、刚架桥及组合体系桥等。桥梁结构通常可分为上部结构、下部结构、桥面系和附属设施 4 块内容。上部结构主要是桥梁承重结构，如上承式拱桥的拱圈、悬索桥的主缆、梁桥的主梁。下部结构包含桩基、桥墩、桥台等。桥面的组成比较复杂，主要包括桥面铺装、路缘石、人行道、栏杆、防撞护栏、伸缩缝等。

2. 公路桥梁结构单元

公路桥梁构件引用 IFC4x2 单元元素，使用基于属性集的扩展方法，桥梁结构构件继承于建筑单元（IfcBuildingElement）对象。桥梁部件是指组成桥梁结构的各个部分，可以是桥墩、桥塔、主梁（整体）等；桥梁构件是指组成桥梁部件的各个部分，如主梁是由每一个主梁块段组成的，主梁块段就是桥梁构件。桥墩又是由各个桥墩节段组成的，桥墩节段也是桥梁构件。如图 3-40 所示。

3.10 水利水电工程对 IFC 扩展

由中国水利水电勘测设计协会主编的《水利水电工程信息模型存储标准》T/CWHIDA 0009—2020 对水利水电工程信息模型数据在水利水电工程全生命周期各阶段的存储和交换进行了规定。水利水电工程信息模型基础数据架构符合 IFC 信息模型架构。

3.10.1　水利水电工程对 IFC 扩展方法

针对水利水电工程的 IFC 扩展主要包含以下两个方面：

（1）通过定义相应的空间结构单元、构件单元的方式进行扩展。

针对水利水电工程的信息特点和实际需求，在 IFC 模型结构基础上新增水利水电工程相应的构件实体、构件类别实体、枚举类型、属性集、数量集和资源类型等定义。

（2）建立层级关系与关联关系。

新增实体依据面向对象原则建立层级关系，并与原 IFC 结构的层级关系相融合。在此

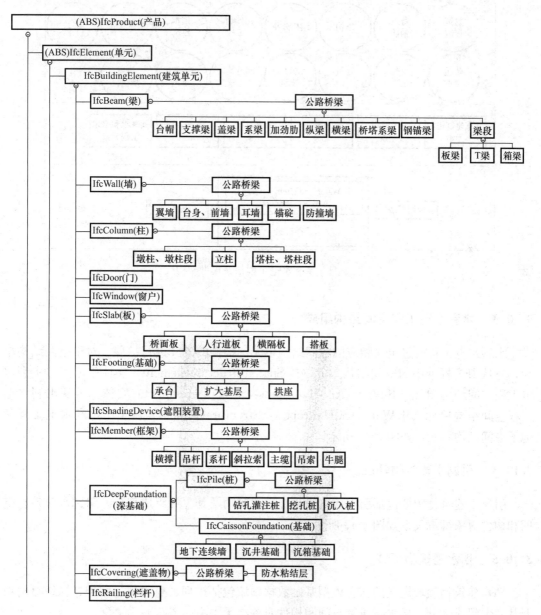

图 3-40　公路桥梁结构构件对象继承关系图

基础上，建立水利水电领域新增实体之间的关联关系，以及新增实体与原 IFC 实体之间的关联关系。

3.10.2　水利水电工程信息模型基础数据体系结构

水利水电工程在专业领域层（Domain Layer）新增 7 个专业领域、引调水工程领域、河道整治工程领域、挡水建筑领域、引水发电建筑领域、泄水建筑领域、地质专业领域、导截流工程领域，并对电气工程领域进行扩展。如图 3-41 所示。

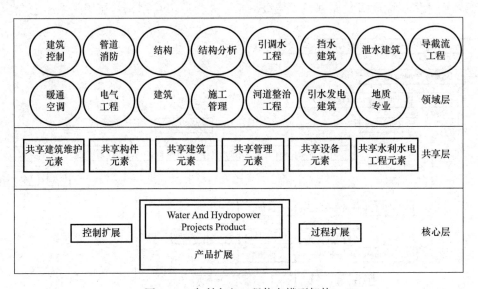

图 3-41　水利水电工程信息模型架构

3.10.3　水利水电工程空间结构组成

水利水电工程通过定义相应的空间结构单元、构件的方式进行扩展。对于空间结构单元，先从 IFC 标准中的空间结构单元（IfcSpatialStructureElement）实体中派生出水利水电工程空间结构单元（IfcWaterAndHydropowerStructureElement）实体，再从水利水电工程空间结构单元（IfcWaterAndHydropowerStructureElement）派生出水利水电工程其他子空间结构单元，如图 3-42 所示。

3.10.4　引调水建筑物领域

引调水建筑物领域包括引水建筑物、输水建筑物及其主要组成部分。引调水建筑物空间和构件对象继承关系如图 3-43 所示。

3.10.5　挡水建筑物领域

挡水建筑物领域定义的信息模型基础数据领域包括拱坝、重力坝、闸坝、当地材料坝及其主要组成部分。挡水建筑物空间和构件对象继承关系如图 3-44 所示。

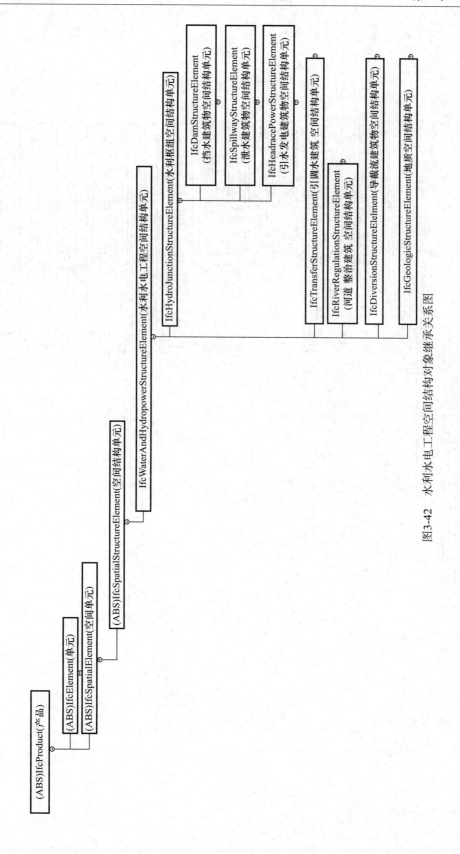

图3-42 水利水电工程空间结构对象继承关系图

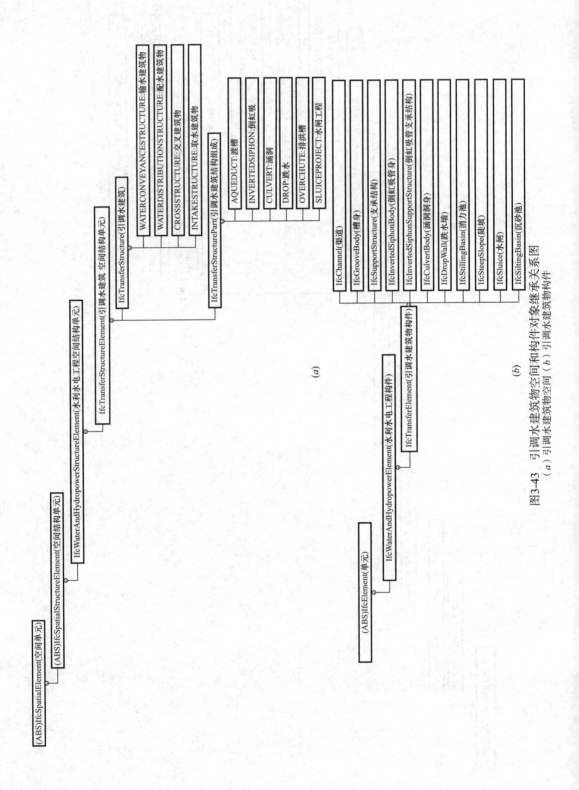

图3-43 引调水建筑物空间和构件对象继承关系图
(a) 引调水建筑物空间 (b) 引调水建筑物构件

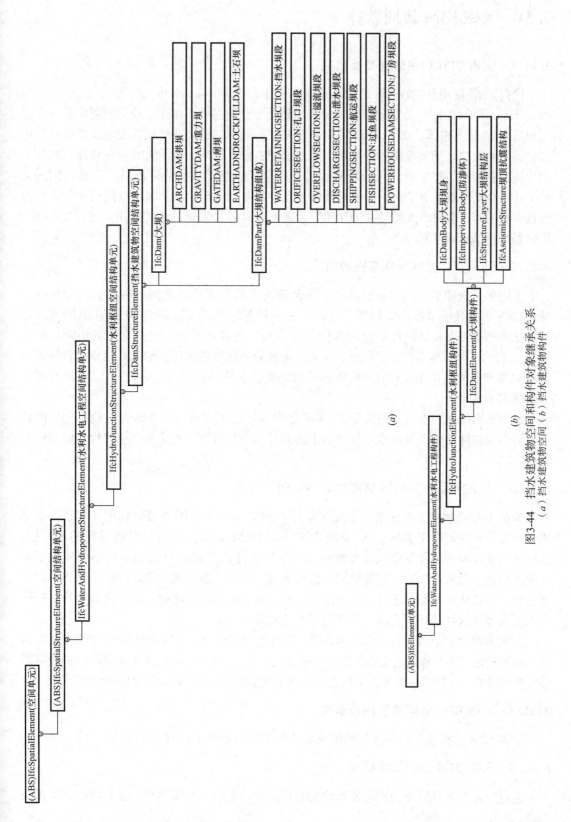

图3-44 挡水建筑物空间和构件对象继承关系
（a）挡水建筑物空间（b）挡水建筑物构件

3.11　天磁 BIM 协同软件

3.11.1　国内 BIM 应用数据交换状况

国内 BIM 应用从 2012 年开始，逐渐形成了以采用 Autodesk（美国）、Bentley（美国）、Dassault（法国）公司分别提供的单一软件平台为主导，用于工业与民用建筑、市政工程的 BIM 技术路线。而 OpenBIM 是基于 IFC 标准和工作流程协同完成建筑的设计、施工和运营的方法，其最重要的特点在于采用统一的数据标准，使不同的专业软件均可参与到建筑信息模型的建立中。OpenBIM 作为一种全新的理念，为我国 BIM 应用推广困局提供了一种全新的解决方案；采用多元软件平台，各专业的设计人员都可以用最优秀的软件做最专业的事，多种专业软件共同作用，才能使设计各方发挥其最大作用，这也是 Open-BIM 技术路线所追求的结果。

3.11.2　基于 IFC 数据交换存在的问题

采用多元软件平台最大的困难在于如何解决不同专业软件之间的数据共享与交换问题，这是 BIM 技术最核心的问题。从理论上可以采用基于 IFC 标准的 BIM 协同解决方案。这种解决方案能够使各专业的软件各施所长、信息共享，实现多专业的协同，这是 BIM 技术的目标。然而，在实践过程中，普遍发现不同专业软件在输入其他专业软件输出的 IFC 模型文件时存在或多或少的数据丢失现象，这使得基于 IFC 标准的 BIM 协同解决方案受到了质疑。

针对这个问题，上海交通大学 BIM 研究中心进行了深入系统的研究，最终发现问题是不同专业软件在输入其他专业软件输出的 IFC 模型文件时，对非本专业的构件类型解析存在问题。

3.11.3　上海交通大学 BIM 研究中心 IFC 研究成果

为解决 IFC 数据丢失现象，上海交通大学 BIM 研究中心围绕 IFC 标准开展了大量基础性研究，自主研发了天磁 BIM 协同软件（NMBIM），从 1.0 版到最新发布的 4.0 版，能够做到无损解析各种专业软件输出的 IFC 模型文件；天磁 BIM 协同软件不仅实现了各种专业软件之间数据互通，使得数据信息从规划、设计、施工到运营、维护、管理可以一用到底，提高协作效率，还可以充分发挥各种不同专业软件的特点，实现优势互补，还能引入同类专业软件的相互竞争，更有利于专业软件发展。

天磁 BIM 协同软件攻克三大技术难题：软件之间的沟通（多软件兼容）、模型之间的沟通（碰撞检查）和人与人之间的沟通（审阅批注），由于这三个问题在全球范围内并没有得到完整的解决，所以工程技术人员在这之前都不能享受 OpenBIM 技术路线带来的优势。

3.11.4　天磁 BIM 协同软件系统框架

天磁 BIM 协同软件的系统架构组成和软件主界面如图 3-45 所示。

3.11.5　天磁 BIM 协同软件特点

上海交通大学 BIM 研究中心发布的天磁 BIM 协同软件（NMBIM），基于 OpenBIM 的技术路线，接受不同 BIM 专业软件生成的 IFC 数据导入，解决数据共享与交换的核心问题。

天磁 BIM 协同软件（NMBIM），可导入道路、桥梁、隧道与轨道交通等市政工程专业，不同软件产生的三维建筑信息模型，统一协调各专业模型。提供符合 IFC 标准的输入与输出数据接口，可支持多项目多专业多版本的建筑信息模型的数据存储、查询、显示、分析与管理。

实现多种 BIM 软件互联互通，全面兼容 ArchiCAD、YJK、Revit、Bentley、Magi-CAD、Rebro、3D3S、Tekla 等主流 BIM 专业设计软件导出的 IFC 格式文件，解决了 BIM 软件平台国外单一的垄断；实现了标准化的 BIM 数字化交付，为 OpenBIM 的发展提供了理论依据、技术支持和解决方案。

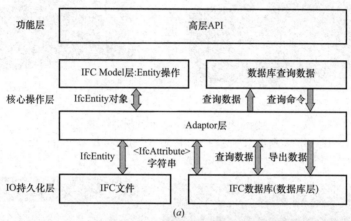

(a)

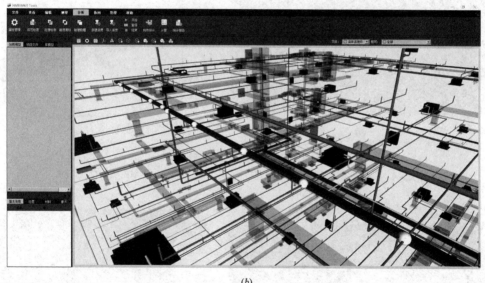

(b)

图 3-45　天磁 BIM 协同软件的系统架构组成和软件主界面
(a) 系统架构组成；(b) 软件主界面

3.11.6　天磁 BIM 协同软件兼容性测试

（1）ArchiCAD 软件测试结果如图 3-46 所示；

（2）SketchUP 软件测试结果如图 3-47 所示；

（3）YJK 软件测试结果如图 3-48 所示；

（4）Rebro 软件测试结果如图 3-49 所示；

（5）Tekla 软件测试结果如图 3-50 所示；

（6）Revit 软件测试结果如图 3-51 所示；

（7）Bentley 软件测试结果如图 3-52 所示。

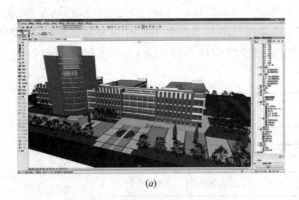
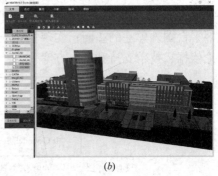

（a）
（b）

图 3-46　ArchiCAD 软件测试结果
（a）ArchiCAD 软件模型；（b）ArchiCAD 使用 IFC 导入 NMBIM 软件

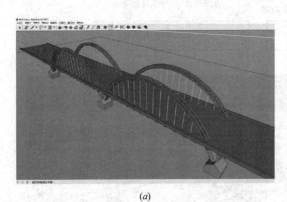
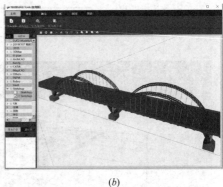

（a）
（b）

图 3-47　SketchUP 软件测试结果
（a）SketchUP 软件模型；（b）SketchUP 使用 IFC 导入 NMBIM 软件

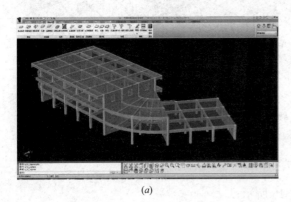
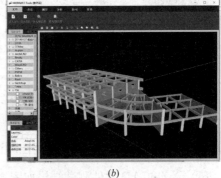

（a）
（b）

图 3-48　YJK 软件测试结果
（a）YJK 软件模型；（b）YJK 使用 IFC 导入 NMBIM 软件

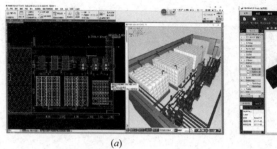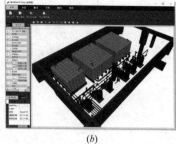

（a）　　　　　　　　　　　　　　　　（b）

图 3-49　Rebro 软件测试结果
（a）Rebro 软件模型；（b）Rebro 使用 IFC 导入 NMBIM 软件

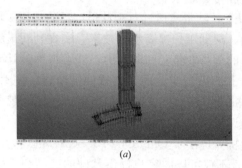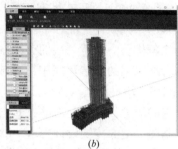

（a）　　　　　　　　　　　　　　　　（b）

图 3-50　Tekla 软件测试结果
（a）Tekla 软件模型；（b）Tekla 使用 IFC 导入 NMBIM 软件

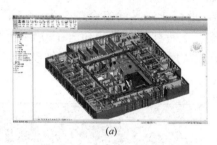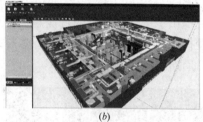

（a）　　　　　　　　　　　　　　　　（b）

图 3-51　Revit 软件测试结果
（a）Revit 软件模型；（b）Revit 使用 IFC 导入 NMBIM 软件

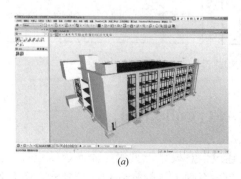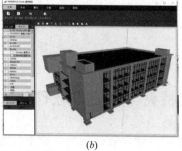

（a）　　　　　　　　　　　　　　　　（b）

图 3-52　Bentley 软件测试结果
（a）Bentley 软件模型；（b）Bentley 使用 IFC 导入 NMBIM 软件

第 4 章　欧特克（Autodesk）软件平台

4.1　概述

欧特克（Autodesk）公司是三维设计、工程及娱乐软件平台的开发者，其产品和解决方案被广泛应用于制造业、工程建设行业和传媒娱乐业。

自 1982 年 AutoCAD 正式推向市场以来，欧特克已针对全球最广泛的应用领域，研发出先进和完善的系列软件产品和解决方案，帮助用户提高生产效率、实现利润最大化，把创意转变为竞争优势。欧特克还拥有深厚的跨行业经验和洞察力，能够帮助设计人员、建筑商和创作者在未来的制造环境中茁壮成长。欧特克公司系列软件借助新兴技术的力量，例如 BIM+GIS、增材制造（3D 打印）、机器学习、人工智能和衍生式设计，赋予公司和个人前所未有的能力，并以全新的方式去设计、协作、建造和制造。

针对以制图为主的传统设计需求，欧特克提出了 Only One AutoCAD 的理念。这是一个包含有 AutoCAD 的专业化工具组合包，不仅可以向客户提供基础的二维和三维制图功能，还有面向于建筑设计、建筑机电设计、电气设计、机械设计、工厂工艺流程和配管设计、GIS 设计与分析、光栅影像处理的专业化产品。

对于以 BIM 为主的工作需求，欧特克将一批行业产品的组合整合为一套工程建设软件集，以此提供了一整套完整的行业解决方案。工程建设软件集包含了欧特克 20 余款面向工程建设行业的主流软件，能够支持客户完成从规划、初步设计、详细设计到施工和运维的全生命周期工作，如图 4-1 所示。

图 4-1　工程建设行业软件集

4.2　欧特克工程建设软件集（AEC Collection）

欧特克工程建设软件集是一款重要的建筑信息模型工具集，面向建筑设计、土木工程基础设施和施工行业。工程建设软件集包含一系列丰富的软件和创新技术，可帮助用户对更高品质、更具可预测性的建筑和土木工程基础设施项目进行设计和施工。

面向建筑领域，工程建设软件集中包含以 Revit 为核心的设计、分析和制图软件；面向基础设施领域，工程建设软件集中包含以 InfraWorks 和 Civil 3D 为核心的设计、制图与分析软件；面向施工领域，工程建设软件集中包含以 Navisworks 为核心的施工仿真、协调和管理软件。同时，工程建设软件集中还提供了与可视化、现实捕捉、预制化等相关的工具。

4. 2. 1　Revit

Revit 软件是由欧特克公司针对工程建设行业开发的三维参数化设计软件平台。

目前 Revit 主要包含的专业版设计功能包括建筑、结构和 MEP（即设备 M、电气 E、给水排水 P 等），以满足设计中各专业的应用需求。在 Revit 模型中，所有的图纸、二维视图和三维视图以及明细表都是同一个基本建筑模型数据库的信息表现形式。在图纸视图和明细表视图中操作时，Revit 将收集有关建筑项目的信息，并在项目的其他所有表现形式中协调该信息。Revit 参数化修改引擎可自动协调在任何位置（模型视图、图纸、明细表、剖面和平面中）进行的修改，如图 4-2 所示。

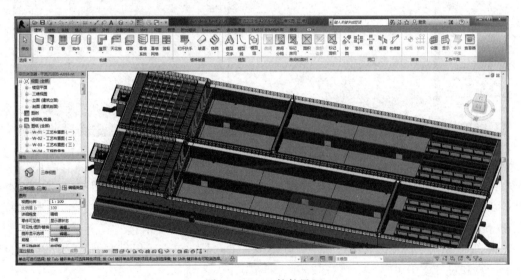

图 4-2　Revit 软件界面

Revit 还提供大量的插件，包括自动化桥梁建模程序、Dynamo 参数化建模工具等。在基础设施领域，Revit 被广泛用于桥梁、隧道、地铁车站、水厂、污水处理厂、大坝等各类构筑物设计。

4. 2. 2　Civil 3D

Civil 3D 软件是欧特克公司推出的一款面向基础设施行业的建筑信息模型解决方案。它为基础设施行业的各类技术人员提供了强大的设计、分析以及文档编制功能。Civil 3D 软件广泛适用于勘察测绘、岩土工程、交通运输、水利水电、市政给水排水、城市规划和总图设计等众多领域。

Civil 3D 架构在 AutoCAD 之上，包含 AutoCAD 的所有功能。同时，Civil 3D 与 AutoCAD 有着高度一致的工作环境。通过工作空间的切换，用户甚至可以将 Civil 3D 瞬间改为最为熟悉的 AutoCAD 界面。

除了 AutoCAD 的基本功能之外，Civil 3D 还给用户提供了测量、三维地形处理、土方计算、场地规划、道路和铁路设计、地下管网设计等先进的专业设计工具。用户可以使用这些工具创建和编辑测量要素、分析测量网络、精确创建三维地形、平整场地并计算土方、进行土地规划、设计平面路线及纵断面、生成道路模型、创建道路横断面图和道路土方报告、设计地下管网等，如图 4-3 所示。

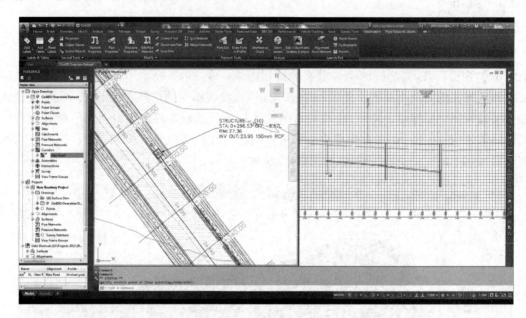

图 4-3　Civil 3D 软件界面

另外，Civil 3D 还集成了欧特克公司的一款强大的地理信息系统软件 AutoCAD Map 3D。AutoCAD Map 3D 提供基于智能行业模型的基础设施规划和管理功能，可帮助集成 CAD 和多种 GIS 数据，为地理信息、规划和工程决策提供必要信息。

在 Civil 3D 2020 及以后的版本中，还集成了 Dynamo 工具，提供更加灵活、更加自动化的运算和设计能力。

4.2.3　InfraWorks

InfraWorks 软件为电脑端、Web 端和移动设备提供了突破性的三维建模和可视化技术。通过更加高效地管理大型基础设施模型和帮助加速设计流程，可帮助土木工程师和规划师交付各种规模的项目。此外，用户还可以通过 InfraWorks 随时随地了解项目方案，从而可以与设计人员进行更广泛的交流。InfraWorks 除了基础设计功能之外，还包含了道路设计、桥梁设计和排水设计三个专业设计模块，可供土木工程设计人员在真实的项目环境中开展方案和详细设计。

InfraWorks 中除了进行 BIM 设计的功能以外，还集成了一系列模拟分析的功能，如日照模拟、交通模拟、移动模拟、流域分析、洪水模拟、管网水力计算、涵洞水力计算、挖填方分析等。这些模拟分析功能在可视化的模型环境中，随时帮助验证设计的可行性与合理性，如图 4-4 所示。

图 4-4　InfraWorks 软件界面

4.2.4　Navisworks

Navisworks 是欧特克公司开发的一款建筑工程 BIM 管理软件。Navisworks 软件能够帮助建筑师、工程设计和施工团队加强对项目成果的控制。Navisworks 使所有项目利益相关方都能够整合和校审详细设计模型，帮助用户获得 BIM 工作流带来的竞争优势。BIM 流程支持团队成员在实际建造前以数字方式探索项目的主要物理和功能特性，缩短项目交付周期，提高经济效益，减少环境影响，如图 4-5 所示。

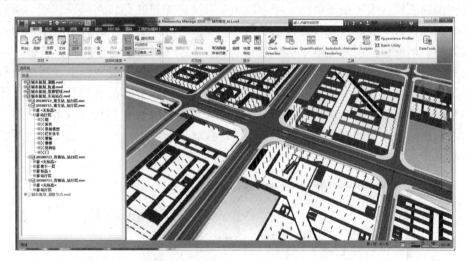

图 4-5　Navisworks 软件界面

4.2.5　BIM 360

BIM 360 系列云产品是一种单独销售的租赁式云服务。通过 BIM 360 相关的云平台，可随时随地获取 BIM 模型和信息、发起或解决项目存在的问题、进行项目状态查看与可视化汇报等。通过 BIM 360 系列服务，用户可以将办公室与施工现场无缝对接起来，打通 BIM 应用的"最后一公里"。目前 BIM 360 系列云产品主要包括 BIM 360 Docs、BIM 360

Design、BIM 360 Coordinate（以前的名称为 Glue）、BIM 360 build、BIM 360 Layout、BIM 360 Plan 以及 BIM 360 Ops 等。服务范围涵盖项目管理、设计协作、施工深化、施工准备、施工现场和施工交付的全生命周期协同管理，如图 4-6 所示。

图 4-6　BIM 360 软件界面

4.2.6　Vault

Vault 数据管理软件可帮助设计、工程和施工团队来组织、管理及跟踪数据创建、仿真和文档编制流程。为了便于访问，可以组织所有文件并将其存放在同一位置。所有文件版本都会被保留，不会误放或替换以前的版本。Vault 将存储文件的每个版本，以及所有文件从属项，当项目使用时能够了解项目的历史信息。Vault 中还存储文件特性，以便快速搜索和检索。在设计团队中，所有的文件和关联数据都存储在服务器上，因此所有用户都可以访问该信息及其历史信息。团队每名成员的登录名和密码都必须是唯一的。团队成员需要检出文件以防止多个成员同时编辑同一个文件。将文件重新检入 Vault 之后，团队成员可以刷新模型文件的本地副本，以从 Vault 获取最新版本，这样设计团队的所有成员可以协同工作，如图 4-7 所示。

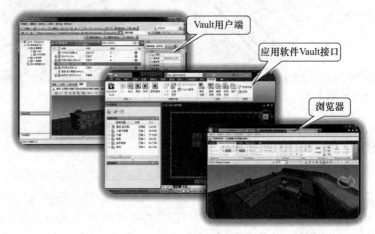

图 4-7　Vault 软件界面

4.3 欧特克软件相关服务与资源

4.3.1 学习资源和支持服务

在欧特克知识网络中，在线提供了所有与欧特克软件相关的学习资源和支持服务，如图 4-8 所示。网页中包含以下内容：

(1) 支持与学习，包括有关软件教程、使用帮助、疑难解答、相关文档资料下载；

(2) 客户服务，可获得有关账户、安装、配置部署、许可管理等相关服务；

(3) 社区，将欧特克客户与专家连接在一起共享信息、咨询解决方案和交流经验。

图 4-8　欧特克知识网络主页（网址：https://knowledge.autodesk.com/zh-hans）

4.3.2 族库资源

族库也就是构件库，是建模的基本单元。获取族库的简单方法主要有两种：

(1) 官方提供的族库，随着软件的更新而同步发布，在软件的安装选项里选择国家和地区就可以安装基础的 Revit 软件的族库；

(2) 可以从 Autodesk App Store 里的第三方插件工具中获取，比如 BIMobject，其大量的族库主要由相关的设备企业贡献，通过该插件或者其网站（www.bimobject.com）可下载支持 AutoCAD、Revit、Inventor 以及 3ds Max 等软件格式的族库。

4.3.3 插件资源及产品增强扩展包

欧特克官方提供的插件和增强扩展包可以通过多种方式获得：

(1) 用户通过登录欧特克软件账户管理网站（account.autodesk.com），即可在相应的产品中查找下载针对该产品的更新、服务以及增强扩展包（插件）等。

(2) 用户也可以安装欧特克桌面应用程序（Autodesk Desktop App），不仅可以针对已安装的软件查找插件，该软件还会自动提醒有关的软件更新。

除了官方提供的插件，用户还可以从 Autodesk App Store 中获取第三方插件，其网址是 https：//apps.autodesk.com/RVT/zh-CN/Home/Index，如图 4-9 所示。

用户不仅可以下载插件资源，也可以将自己二次开发的插件工具通过 Autodesk App Store 进行发布。该平台是欧特克打造的一个软件二次开发产品发布与分享的平台，任何用户均可上传自己开发的插件进行免费分享或在线销售。

图 4-9　Autodesk App Store 主页

4.3.4　二次开发资源

欧特克的大多数产品都会提供 API 支持客户进行二次开发，并且提供公开的软件开发工具包（SDK），SDK 中包含了广泛的代码示例和文档，可帮助用户学习使用 API 进行开发。SDK 可以在相应软件的在线帮助网站中检索并下载。在线帮助的网址是 https：//knowledge. autodesk. com/zh-hans，如图 4-10 所示。

图 4-10　欧特克开发商网络主页

有二次开发需求的用户也可以加入欧特克开发商网络（Autodesk Developer Network，简称 ADN），以获得更多的技术资料与支持。

4.3.5　Forge 云服务技术平台

Forge 是欧特克提供的一个面向开发人员的 PaaS（平台即服务），由 Web 服务、技术资源和社区组成。Forge 在通用数据环境中运行，并利用了欧特克行业专业知识、技术和全球网络，使公司能够快速上手并专注于开发定制和可扩展的解决方案，以解决设计、工程和制造方面的挑战。其网址是 http：//forge. autodesk. com/，如图 4-11 所示。

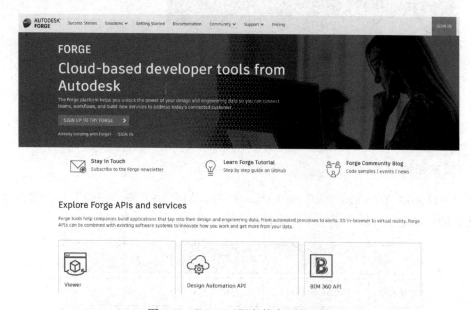

图 4-11　Forge 云服务技术平台网站

Forge 工具可帮助公司构建设计和工程数据的应用程序，从自动化流程到警报，虚拟现实的 3D 浏览器。Forge API 可以与现有软件系统结合使用，以创新用户的工作方式并从数据中获取更多收益。

Forge 平台包含了一系列 API 与服务，如浏览器（Viewer）、模型转换（Model Derivative）API、设计自动化（Design Automation）API、数据管理（Data Management）API、现实捕捉（Reality Capture）API、认证方式（Authentication）等，供用户开发自己的软件工具。

4.4　市政工程 BIM 正向设计案例

4.4.1　项目背景

杭州南站综合交通枢纽配套彩虹快速路工程是杭州"四纵五横"快速路网系统中重要的一横，全长约 25.7km，该项目实施设计的是其中 7.49km 的彩虹大道主线及相连接的高架、隧道、互通立交和平行匝道，总投资约 52.06 亿元，如图 4-12 所示。项目甲方希望能采用 BIM 技术，在前期方案拟定、设计深化以及后期施工组织实施中，能及时发现问题并提前预防。另外，复杂的沿线用地，与同期修建铁路之间的衔接需求，互通段主线与匝道的净空控制，复杂变化的断面带来的繁复出图工作，以及甲方对设计质量的精细化要求，都是该项目的挑战，需要 BIM 技术的助力。

图 4-12　彩虹快速路工程效果图

4.4.2　技术路线

项目团队采用 Autodesk AEC Collection 作为 BIM 解决方案，完成了从方案、设计到施工交底的模型数据无缝传递的工作流程，如图 4-13 所示。

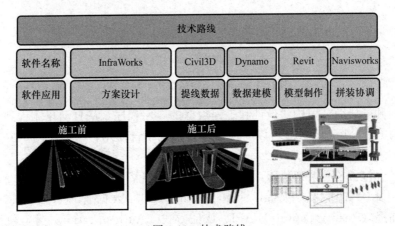

图 4-13　技术路线

4.4.3　BIM＋GIS 可视化辅助决策

利用 GIS 及扫描数据生成现状场地，再结合 BIM 模型，生成三维数字场景，以便方案更直观地呈现。在三维场景中分析建设环境、场地条件、区域路网和周边构筑物等相关条件，通过多角度漫游查看、模型测量来快速获取到相关信息。通过 BIM 模型进行快速出图和施工模拟，比较不同方案的优缺点，综合考虑不同方案的线位和关键节点，帮助施工组织，特别是与周边其他项目的协调。在多轮决策会议上，甲方召集了十几个相关部门就三维数字场景展开讨论，提高了决策的效率和准确性。

在方案设计阶段，项目团队利用 InfraWorks 软件，基于方案模型进行交通模拟分析，得出各车道的拥堵情况及堵车延迟时间，辅助设计优化，如图 4-14 所示。

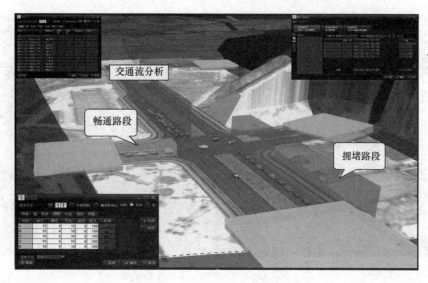

图 4-14　InfraWorks 交通模拟

4.4.4　参数化建模

项目团队紧紧围绕数据开展设计工作，用 BIM 攻克二维设计的难点。利用 Dynamo 打通 Civil 3D 和 Revit 之间的数据通道，实现了全过程基于统一数据源的建模流程，研究出了一整套高架互通的建模方法，规范了设计流程并提高了建模效率，建立了企业级高架桥梁建模标准。通过 Dynamo 的可视化编程功能，实现了三维空间曲线的绘制、构件定位、异形构件的创建，解决了在 Revit 中创建高架互通的难题；同时高效地整理了桥梁模型中各个截面参数，进行了数据的导入和存档，如图 4-15 所示。

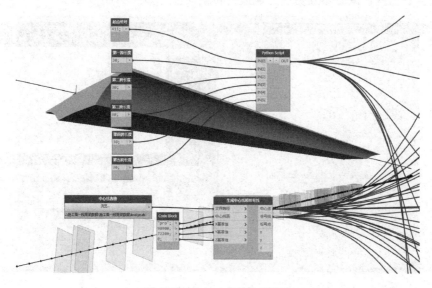

图 4-15　Dynamo 参数化建模

在 Civil 3D 中首先完成桥梁的平纵曲线建立，如图 4-16 所示。输出设计数据到 Excel 表格，预先规定好表格中行、列的数据类别。

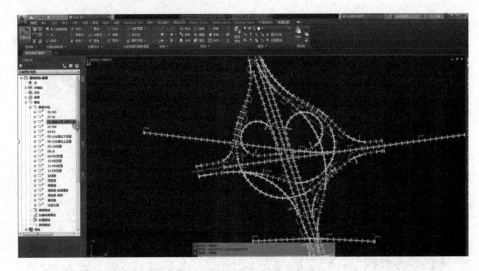

图 4-16　Civil 3D 中建立道路平纵曲线

通过在 Dynamo 中编写建模程序，读取设计数据，创建桥梁上部结构、下部结构和附属设施。

（1）桥梁上部结构建模

通过程序读取桥梁中心线数据和截面轮廓，定义起始桩号和跨径，快速生成某一标准联的标准段桥梁模型。对于加宽段，可以通过 Excel 表格数据驱动参数化的截面轮廓，修改表格数据实现桥梁模型的尺寸调整，如图 4-17 所示。对于互通段，上部结构更为复杂，需要将箱梁的实心和空心分两次建模，实心部分建模时，利用桥梁数据创建定位线，结合 Revit 自适应族，定位放置各截面，最后生成鼻端实体；空心部分建模时，通过自适应轮廓族创建空心箱室，最后相互剪切完成最终箱梁模型，如图 4-18 所示。

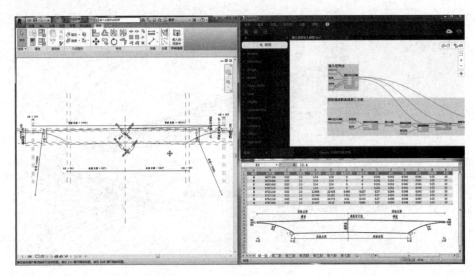

图 4-17　Dynamo 利用 Excel 表格数据驱动 Revit 建模

（2）桥梁下部结构建模

通过程序调取在结构设计时梳理并以标准格式储存在 Excel 表格中的各类桥墩设计数据，自动生成参数化桥墩。再通过桥墩所在的桩号和偏移数据，自动完成桥墩的布置，如图 4-19 所示。

图 4-18　上部结构箱梁模型

（3）桥梁附属设施建模

在桥梁附属设施建模中，标线设计是难点之一。利用 Dynamo 快速把 CAD 平面标线投影至实体上部结构表面，完成标线的制作。数据化建模还可用于快捷建立防撞栏、路灯等附属设施，如图 4-20 所示。最后，利用 Dynamo 对已建桥梁模型进行快速高程检查，及时发现设计中的问题，提升了 BIM 设计的精度，如图 4-21 所示。

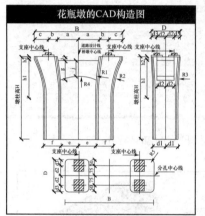

图 4-19　Revit 桥梁下部结构模型

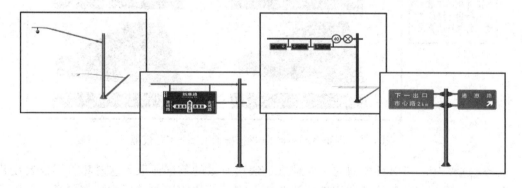

图 4-20　Revit 桥梁附属设施模型

4.4.5　基于 BIM 的施工交底

在彩虹快速路设计过程中，将施工需求前置考虑。提前分析了复杂节点的可施工性、施工过程中的交通组织、大型施工设备的布置等。应用 Navisworks 对桥梁施工工序和方法进行模拟，直观展示施工步骤、施工时间和影响范围。该项目由多家施工单位分标段实施，在设计阶段就综合考虑了不同标段的衔接问题，结合 BIM 的可视化展示和施工模拟动画，准确地表达了设计意图，为施工单位展开施工组织设计提供了依据，如图 4-22 所示。

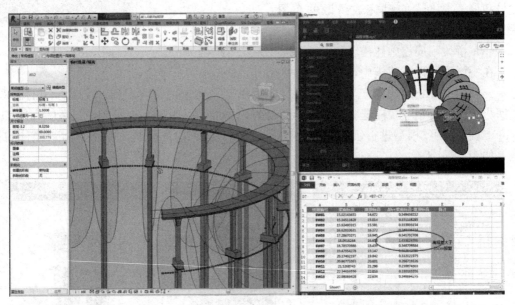

图 4-21　利用 Dynamo 进行桥梁上部结构和下部结构的高程检查

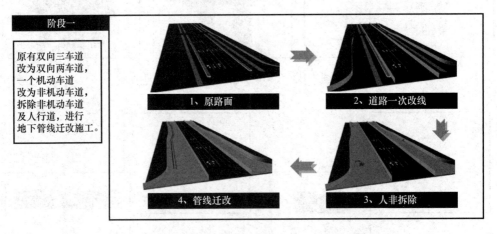

图 4-22　利用 Navisworks 进行施工工序和工艺模拟

　　施工过程中应用 BIM 模型的一大难点是快速有效的数据抓取。这意味着不仅要创建精准的 BIM 模型，还要使模型信息能够互用，施工单位能够快速抓取特定信息，并以此实现进度管控、材料管控等。该项目使用 Dynamo 实现数据抓取，并将数据导出到易于查看和编辑的通用 Excel 表格中，作为向施工单位传递核心数据的交付形式，供施工单位获取材料、工程量、空间关系等信息，更方便地编制施工组织计划，可以满足现阶段数据交底的大部分需求。

4.4.6　BIM 助力提质增效

在彩虹快速路项目的深化设计阶段，利用 Autodesk AEC Collection 产品组合，通过可视化编程开发了一整套基于准确数据的桥梁建模程序，克服了三维环境下桥梁设计的难题，简化了大量重复性建模工作，大大减轻了工作量，数据化建模的效率是常规建模的 3 倍左右，如图 4-23 所示。数据化建模还可简化模型检查、模型修正的工作流程，并实现数据的抓取。未来在类似项目中，设计人员只需要使用新的数据，并微调建模程序，就能一键完成模型创建，效率可进一步提升。

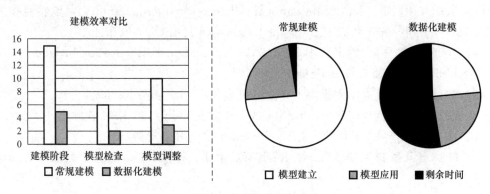

图 4-23　建模效率对比图

4.4.7　项目总结

在彩虹快速路项目的 BIM 应用过程中体会到，BIM 在项目中介入的时间点越早、运用的面越广、运用的深度越深，就能发掘出越多的价值。未来会针对 BIM 模型与其他系统平台之间数据格式标准问题，以及不同专业间的数据壁垒问题，进行更深入的探索，解决信息在平台间、专业间的无缝传递和互用。随着 BIM 技术越来越深入的应用，一定会带来基础设施项目工作流程的变革和优化，引领行业的创新和突破。

（项目案例由浙江西城工程设计有限公司、浙江慧远工程数据技术有限公司提供）

4.5　欧特克软件平台 IFC 实现

4.5.1　欧特克致力于推动数据开放与互联

欧特克公司自推出第一款软件 AutoCAD 起，就一直致力于提高数据的互操作性，重视产品与其他软件之间的共享与交互，以便于提高全行业的数字化水平。一方面欧特克推出 DXF、FBX 等具有广泛通用性的文件格式用于数据交换。另一方面欧特克积极支持 OpenBIM 及其标准，例如 IFC 格式，还支持 COBie 标准以及其他开放式标准，例如 GBxml、CityGML、LandXML 等。

同时，欧特克公司也在产品中兼容来自其他厂商的软件数据格式，比如 Navisworks 支持数十种三维模型格式，InfraWorks 不仅支持数十种二维、三维模型数据，还支持来自文件、数据库或云端的 GIS 数据。

随着行业融合与发展的需求，欧特克在支持数据开放方面的举措也在不断推进：

（1）1988 年，欧特克推出开放的 CAD 交换格式 DXF（Drawing Exchange Format），用于实现 AutoCAD 与其他程序之间的数据互操作性。利用这种通用格式，各种 3D 建模程序可以轻松导入/导出相同的文档。

（2）1994 年，欧特克邀请 12 家美国公司成立"互操作性产业联盟"IAI（Industry Alliance for Interoperability），并提出开发一组 C++ 类以支持集成应用程序开发的建议。

（3）1996 年，"互操作性产业联盟"IAI（Industry Alliance for Interoperability）更名为"国际数据互用联盟"IAI（International Alliance for Interoperability），欧特克作为创始成员与其他公司一起开始制定 IFC 标准，1996 年 6 月 IFC1.0 发布。

（4）2005 年，"国际数据互用联盟"IAI（International Alliance for Interoperability）更名为 buildingSMART International。

（5）2011 年，欧特克率先提供了开源 IFC 导入/导出工具（Revit）。

（6）2013 年，欧特克产品 Revit 2014 成为首批支持 IFC4 的 BIM 软件之一。

（7）2016 年，借助 Revit IFC 引擎，Inventor 提供 IFC 支持。

（8）2018 年，欧特克发布第一本 Revit IFC 手册，提供英语、德语、西班牙语和法语等语言版本。

（9）2020 年，Civil3D 2021 率先提供 IFC4x1 支持。

4.5.2 欧特克产品对于 IFC 的支持

欧特克众多产品均支持 IFC 的交互，几款主要产品支持 IFC 的版本见表 4-1。其他更多关于欧特克软件对 IFC 的支持的具体情况，可以登录欧特克在线帮助网站进行了解。

欧特克产品支持 IFC 版本　　　　　　　　　　　　表 4-1

软件	支持导入的 IFC 格式	支持导出的 IFC 格式
Revit	支持 IFC4、IFC2x3 和 IFC2x2	支持 IFC4、IFC2x3 和 IFC2x2
Civil3D	支持 IFC4x1、IFC4 和 IFC2x3	支持 IFC4x1、IFC4 和 IFC2x3
InfraWorks	支持 IFC4、IFC2x3 和 IFC2x2	—
Navisworks	支持 IFC4、IFC2x3 和 IFC2x2	—
Inventor	支持 IFC2x3	支持 IFC2x3

4.5.3 Revit 软件 IFC 功能

Revit 可以输出 IFC 格式的模型，作为和其他 BIM 软件沟通的媒介，而 BIM 与传统的 3D 模型有所区隔，正是其对于"组件"的充分描述。传统的 3D 模型，只能辨识出"量体"及其"边界"的几何信息，但在 BIM 模型当中，则需要知道其中何者是梁，何者是柱，何者是楼板，何者是墙，所凭借的就是在建模过程中定义了几何量体的属性（Property），并给予确切的类别描述（即梁、柱、楼板、墙等）。IFC 明确定义出 BIM 模型中可能会使用的组件及属性，站在知识本体的角度来看，其实它就是一个概念的集合。

　　IFC 使用有建筑意义的容器来描述现实世界的建筑对象，这些容器包含具有意义的参数。许多标准 Revit 图元都有相应的 IFC 容器，导出这些图元不需要任何特定的用户操作（例如，Revit 墙导出为 IFC 墙）。对于其他 Revit 族（如电梯），在导出之前需要将其映射到 IFC 容器。

　　市政工程许多构件类型与 IFC 实体类之间无法对应，需要依靠接口文件配置，通过人工方法进行关联。Revit 导出 IFC 文件，接口配置文件为 C：\ProgramData\Autodesk\RVT 2016\exportlayers-ifc-IAI.txt，接口文件配置如图 4-24 所示。Revit 导入 IFC 文件，接口配置文件为 C：\ProgramData\Autodesk\RVT 2016\ importIFCClassMapping.txt，接口文件配置如图 4-25 所示。

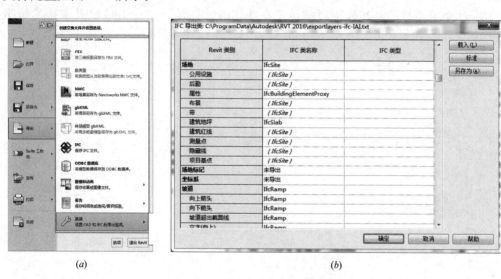

（a）　　　　　　　　　　　　　　（b）

图 4-24　Revit 导出 IFC 接口文件配置
（a）配置启动选项；（b）配置窗口

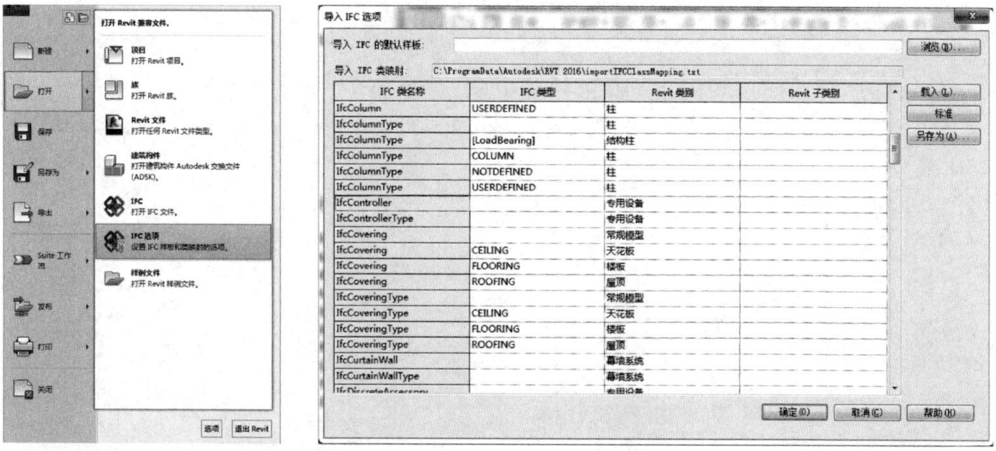

（a）　　　　　　　　　　　　　　（b）

图 4-25　Revit 导入 IFC 接口文件配置
（a）配置启动选项；（b）配置窗口

4.5.4　总结

IFC 是给软件使用的，不是给人直接使用的，因此对于 BIM 使用者来说，只要知道下面几件事情就可以了：

（1）所有应用的 BIM 技术及相关软件，除了各个软件专用的数据模型格式（文件格式）以外，还有一个基于对象的、公开的数据模型格式 IFC；

（2）当业务流程需要在不同软件之间进行信息交换或者信息需要长期保存的时候，如果两者的专用数据模型不能直接交换，那么流程之间通过 IFC 格式进行交换是其中的一个选择；

（3）了解清楚自己及其他项目成员正在使用的软件是否支持 IFC 以及支持的版本和程度。

第5章 奔特力（Bentley）软件平台

5.1 概述

市政设计，在整个工程建设中有着建设工期长、项目复杂程度高、专业协同广等一系列设计特点，这就导致了在 BIM 协同设计中很难有一个平台能够满足市政行业所有专业需求。

因此，奔特力市政行业解决方案，将其"一个平台，一个模型，一组数据架构"的技术理念应用到了市政行业的整体解决方案中，随之而来的是专业协同、设计工具高效化等一些围绕市政行业的 BIM 设计产品，如图 5-1 所示。

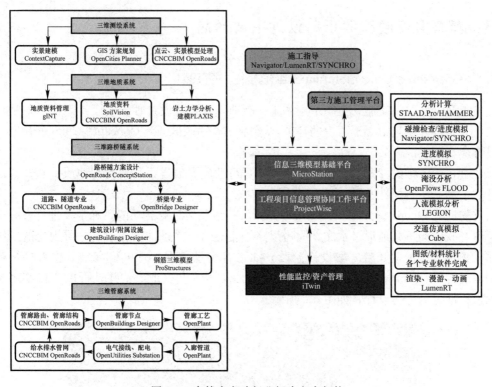

图 5-1 奔特力市政行业解决方案架构

5.2 奔特力市政行业正向设计流程

在项目设计之初，奔特力首先针对各专业搭建 ProjectWise 协同管理平台，为各专业提资、资料共享、协同管理提供强有力的支撑，其次针对各专业配备相对专业的设计软件用于项目的开展，具体实施内容如下（部分专业）：

（1）道路专业：首先进行无人机倾斜摄影，利用摄影数据获得真实环境的三维实景模型，其次利用道路设计软件 CNCCBIM OpenRoads 完善道路设计模型，针对道路主线、干线等进行路线设计，利用 CNCCBIM OpenRoads 对道路横断面进行断面设计，针对道路下市政管线进行管网模型建立，最终得到完整的道路总装模型。

（2）桥梁专业：桥梁专业基于 OpenBridge Designer 进行桥梁部分模型建立及有限元结构计算。

（3）结构专业：利用 OpenBuildings Designer 进行管廊节点等单体模型的创建，并且针对道路附属设施模型进行模型创建，利用奔特力的 ProStructures 对管廊模型进行三维配筋。

（4）设备专业：利用 OpenPlant Modeler 对管廊内部管线进行模型创建。

（5）交通工程专业：基于 CNCCBIM OpenRoads 进行交通工程标志标线模型创建，并且利用 OpenBuildings Designer 进行标志标牌的创建。

（6）后期渲染团队：可以基于 LumenRT 在完成总装模型的范围内进行场景漫游、动画渲染等后期工作。

5.3 奔特力市政行业正向设计主要产品

5.3.1 OpenRoads ConceptStation 三维道桥隧方案设计

在市政、公路、交通乃至整个土木工程行业，要想将设计理念、设计意图有效地传达下去，方案设计是其中必不可少的环节，奔特力的 OpenRoads ConceptStation 就是专为方案设计应运而生的产品。

在真正的三维设计开始之前，需要验证可行性研究报告，需要得到地质、水文等诸多设计之前的一些必要性文件。

首先通过 OpenRoads ConceptStation 强大的地理信息服务功能，确定要进行方案设计的位置，软件会下载地形、水文、周边道路等相应的边界条件，利用这些可视化的三维设计输入条件，将正式开启方案设计阶段。如果有实景数据，就可将实景数据直接加载至 OpenRoads ConceptStation，方案设计不仅可以结合水文、地形，并且可以直接利用实景数据进行准确的方案设计，如图 5-2 所示。

图 5-2 三维道桥隧方案设计

在方案设计中，要快速准确地进行方案设计变更，通过 OpenRoads ConceptStation 的路线设计功能，基于实景模型快速进行平面线设计，如图 5-3(*a*) 所示。在进行平面线设计时，OpenRoads ConceptStation 定制了非常丰富的道路、桥梁、隧道等常用的横断面模板，如图 5-3(*b*) 所示。

软件提供了丰富的设计选项，例如道路交叉口设计、环岛设计、分隔带设计、附属设计等，如图 5-3(*c*) 所示。这些便利的操作使设计人员在三维方案设计时能够轻松应对方案的变更，使设计人员可以将更多的精力放在方案细节的推敲上，而不是软件应用上。

软件提供了快速修改纵断面的功能，依据绿色的地面线，设计人员可以轻松调整纵断面的设计，使方案设计延伸至初步设计阶段更高效，如图 5-3(*d*) 所示。

软件可以为模型添加 BIM 信息，这些信息不仅可以用于设计，更可以使各参建方都能够通过模型高效地进行管理，模型中自带的属性可以帮助各参建方轻松应对方案变更等，如图 5-3(*e*) 所示。软件还为方案设计提供了许多分析类模块，能够帮助设计人员快速敲定设计方案，例如我们常用的桥梁净空检测，如图 5-3(*f*) 所示。

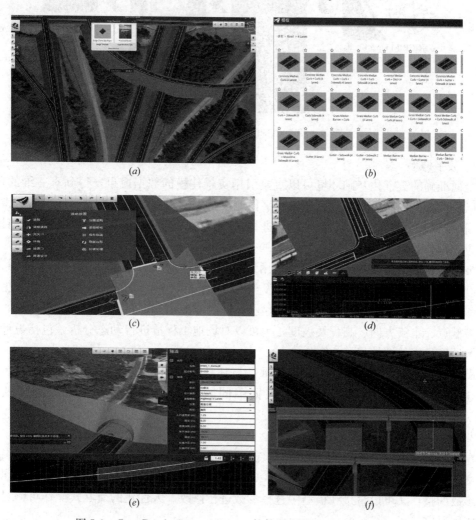

图 5-3　OpenRoads ConceptStation 软件实现道桥隧方案正向设计

(*a*) 平面线设计；(*b*) 横断面模板；(*c*) 交叉口设计；(*d*) 纵断面快速设计；(*e*) BIM 信息；(*f*) 净空分析

5.3.2　CNCCBIM OpenRoads 市政道路正向设计

CNCCBIM OpenRoads 可对方案设计阶段由 OpenRoads ConceptStation 生成的成果进行深化设计，也可与 Bentley 的实景建模、桥涵、隧道、交通工程、地质、管线、结构详图等软件无缝对接，同时完全支持 ProjectWise 协同工作和 iModel 项目交付，为我国交通建设行业的业主、设计、施工及监理等各参建方提供贯穿设计、施工、运维全生命周期的 BIM 解决方案，如图 5-4 所示。

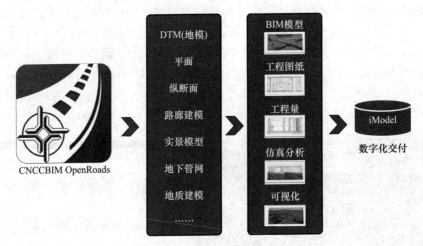

图 5-4　CNCCBIM OpenRoads 工作流程

1. 数字地形

全面准确的数字化基础环境可以直接引用实景建模的数据成果，得到真三维的环境，又可以根据各类不同的测绘数据生成数字化地模。支持多种高程点数据、地形图、雷达点云、栅格高程数据的导入，对数字地形进行各类分析、查询、编辑都可以在地形工具中找到对应的操作。

市政项目中的局部场地设计亦可利用地模工具进行，通过各类不同的场地控制条件，实现设计地形的动态调整，当原始元素发生变更时，场地模型能实时更新，保证数据的准确性和唯一性。对于设计场地可以按需显示不同的专业信息，包括三角网、等高线、最高点、最低点、水流方向、高程及坡度，也可以对场地工程量进行动态分析，包括设计场地与原始地形之间的填挖量分析。

设计场地与原始地形合并可得到项目与环境的整体，便于其他专业利用、参考，同时也可以进行数据的导出操作，根据不同的格式要求生成专业的数据信息，如图 5-5 所示。

2. 道路中心线设计

在道路设计中，线路设计的质量直接影响到整个项目的经济效益和社会效益，灵活的人机交互能够实现高效的线路设计。CNCCBIM OpenRoads 中线形的调整既可以在属性中进行参数调整，又可以直接在模型中选择参数进行修改。人性化的交互式操作可满足不同人的使用习惯。

依据项目情况选择对应的设计标准，能够在设计过程中推荐参数值，并对超规设计参数进行实时错误提醒和警告。平面和纵断面的规范提醒能够在保证设计合规性的同时，提升设计效率。设计单元或元素之间建立的几何关系能够保证设计原则的联动性，实现项目整体的动态更新，解决了实施过程中反复调整导致的设计思想的不完整性，同时便于实时查看整体联动的效果，应用于方案的快速调整，如图 5-6 所示。

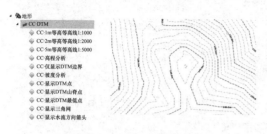

图 5-5 地形多种显示形式   图 5-6 立交线路模型

项目模型不但可以通过各类工具实现设计成果，而且可以通过其他的数据文件导入创建形成 OpenRoads 的模型，用于后续设计工作。

在道路设计过程中针对道路边线尤其是节点附近的边线控制既要符合规范要求，又要能够快捷实现，CNCCBIM OpenRoads 能够根据中线的特征识别主线或者匝道，进而提供规范标准断面信息用于创建项目的控制线形，如图 5-7 所示。

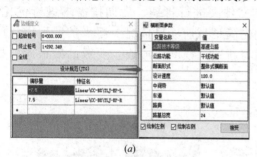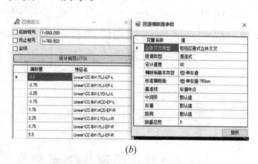

(a)   (b)

图 5-7 CNCCBIM OpenRoads 规范标准断面设计

(a) 主线规范横断面参数；(b) 匝道规范横断面参数

3. 横断面设计

道路设计的重要部分就是横断面的定义，智能横断面的应用，不但能够减轻手工的工作量，而且系统的判断执行效率更高，质量更好把控。针对整个项目有一个清晰的框架是利用软件进行设计之前要做的首要工作，确定项目所需结构的属性特征、几何特征、点特征，自定义针对项目的特征名称，BIM 项目实施过程中，对于项目的模板分析尤其重要，项目分析全面合理对于后期项目的实施会起到"事半功倍"的效果。

CNCCBIM OpenRoads 中的横断面设计主要包括点和组件两大部分，点通过不同的约束关系得到参数化组件，组件之间通过约束关系形成适用面更广的横断面模板。点和组件在创建的过程中通过特征定义实现了标准化的定义，不仅包括常规的线形、线宽、颜色、图层、名称等，还可包括三维显示的材质、工程属性、材料分类等信息及项目所需的附加工程信息，如图 5-8 所示。

CNCCBIM OpenRoads 在后期的成果输出中实现了一键出图及批注，系统在进行相应操作的过程中通过特征定义以及名称的识别快速完成对应的操作，同时模板的特征定义也包含着绘图标准、批注标准以及后期的工程量统计划分，所以按照要求进行模板的特征定义尤为重要。

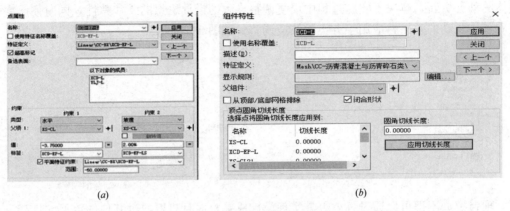

(a)   (b)

图 5-8　点属性和组件属性
(a) 点属性；(b) 组件属性

　　模板创建过程包括模板目录创建及模板内容创建。根据不同的使用阶段可以逐渐完善，从项目级的应用累计到企业级的模板库。模板目录创建可以参考模板分类的定义，将组件、末端条件、组装模板分别定义文件夹进行管理，后期按需求进行优化、组装。模板内容创建首先以项目为依托，优先满足当前项目情况，逐步扩展到设计风格和习惯，最终实现模板直接按需调用，无需新建的程度，形成企业级的模板库，如图 5-9 所示。

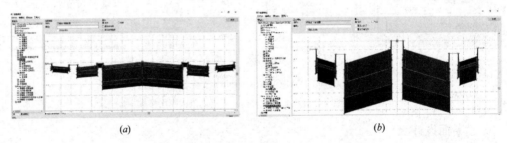

(a)   (b)

图 5-9　路基模板
(a) 整体式路基；(b) 分离式路基

4. 道路设计

　　道路的设计内容，不仅包括路面模板生成的三维模型，同时还包括道路设计中不同断面的应用列表、道路设计中的曲线加宽控制、道路设计中的超高应用、道路设计中的参数约束控制以及所有道路设计相关的控制内容。

　　道路中线结合横断面模板与地形或者控制条件求交得到道路模型，在道路设计过程中，路线的变更、模板的调整、控制条件的更新都能够实时体现到模型的变化中。基于同一个平台的特点，可以将道路设计分为线路、地形、道路 3 类文件，通过将不同专业的模型综合到一起并能读取专业信息，既能保证数据的时效性，又能降低 BIM 设计对硬件的压力，保证项目的顺利实施。

三维路面创建完成后，根据项目的设计需求要对标准断面的应用进行调整，主要包括曲线加宽、超高设计、路面变化设计、特殊路段特殊处理等情况，相关操作均可以在廊道设计中实现，如图 5-10 所示。

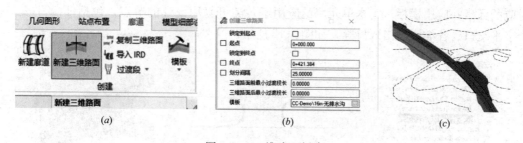

（a）　　　　　　　　　　　　（b）　　　　　　　　　　　（c）

图 5-10　三维路面创建

（a）路面设计菜单；（b）路面设计参数；（c）路面设计调整

5. 超高设计

道路设计中超高设计是尤为重要的一个环节，超高设计会直接影响项目的安全性、舒适性。CNCCBIM OpenRoads 可以根据路线的线形特征结合超高设计规范自动生成超高设计模型，对超高设计模型的编辑可以直接在模型中修改也可以在参数界面进行调整。超高设计模型不仅可以应用到道路设计中，而且还可以参考到桥梁设计中，用于桥梁结构的设计，所以在实施过程中一般会推荐新建单独的超高设计模型文件以减少多层参考模型带来的繁琐。

超高的设计过程可以归结为创建超高区间、创建超高车道、计算超高。创建超高区间主要依据路线的线形特征划分超高设计单元，创建超高车道可支持同一幅道路有多个横坡，计算超高的过程是系统根据路线的线形和超高规范自动进行超高计算并创建超高设计模型的过程，如图 5-11 所示。

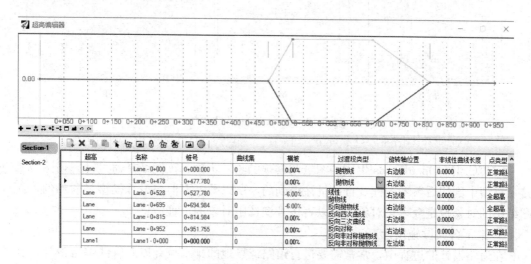

图 5-11　超高设计模型

6. 交叉口设计

在市政道路设计中，交叉部位涉及相交道路的中线高程、边线高程，包括二者的衔接，手工处理费时费力，且不能重复利用自己的设计原则。CNCCBIM OpenRoads 通过预定义的各类土木单元可快速将设计思想结合实际项目得到设计模型。土木单元可以将设计原则进行封装，包括相交对象之间的衔接过渡方式、边线求解原则、断面模板等，应用于新的项目时，系统根据选择的控制对象属性信息，匹配土木单元中的约束关系，自动创建对应的元素并应用模板。土木单元广泛应用于各类可复用设计的节点，包括 T 字平交口、十字平交口、各类道路出入口等，如图 5-12 所示。

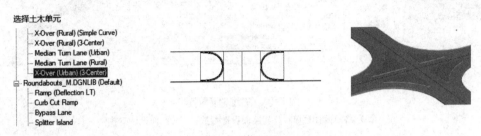

图 5-12　土木单元应用

7. 基于 BIM 模型的二维图纸动态输出

道路设计完成后，利用特征定义结合标准模板，系统针对模型进行快速的批注和图表输出。正是前期按统一的标准进行了设计，后期的一键标注和快速出图才能得以实现，如图 5-13 所示。

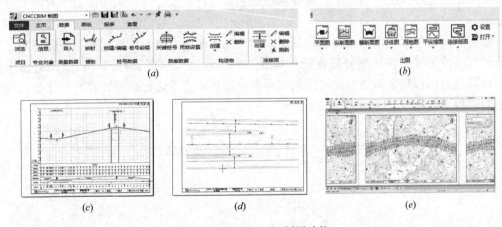

图 5-13　CNCCBIM 制图功能

(a) 道路设计菜单；(b) 道路出图菜单；(c) 纵断面图；(d) 平面图；(e) 总体平面图

CNCCBIM OpenRoads 生成的图纸与常规的绘图不同，该图纸是通过动态切图技术直接从模型中剖切后参考图框及自动批注得到的，所以图纸不但与设计模型是联动的，而且图纸中的对象也是数字化对象，可以直接查询选中对象的工程信息。

8. 地下公共设施设计

在道路设计的过程中，常常需要进行道路或场地的排水设计以及管线综合设计，为了完善解决方案以及满足管井的设计需求，在 CNCCBIM OpenRoads 中也继承了相应的功能模块。CNCCBIM OpenRoads 有一个叫做"地下公共设施"的工作流，在地下公共设施中，用户可以通过交互式的界面创建多种专业的节点井，如图 5-14 所示，也可以创建各种截面、材质类型的管线，并且创建的形式丰富多样，还可以包含特有的管井属性信息。

创建的管井成果还可以应用专门的功能进行工程量统计，并输出报表，也可以对模型成果进行碰撞检查并输出碰撞报告。

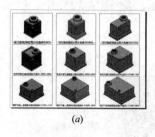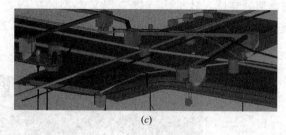

(*a*)　　　　　　　　　　(*b*)　　　　　　　　　　　　　　　(*c*)

图 5-14　地下公共设施模型

（*a*）多类型检查井；（*b*）模型分类；（*c*）综合管网模型

地下公共设施可以根据不同的专业属性，实现节点与管线的连接校核，应用于后期的图纸输出和报表统计，如图 5-15 所示。

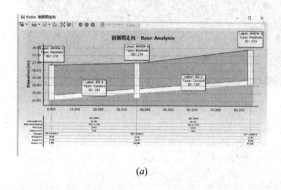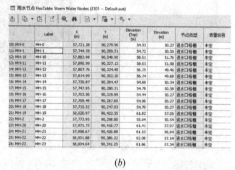

(*a*)　　　　　　　　　　　　　　　　　　　(*b*)

图 5-15　地下公共设施分析和统计

（*a*）分析纵断面图；（*b*）节点井报表

5.3.3　OpenBridge Designer 桥梁正向设计

OpenBridge Designer 是 Bentley 市政行业解决方案中专门解决桥梁工程的正向设计产品，包含三维几何建模及三维有限元分析两个模块，分别是几何建模产品 OpenBridge Modeler 与有限元分析产品 RM Bridge。

1. 桥梁设计 OpenBridge Modeler

在桥梁设计中，可行性研究报告包含气象、地理条件、建设场地等边界条件，当有了这些环境信息以后，就可以对桥梁的建筑及景观进行设计。

在前期的设计阶段，需要线路的平纵及地形，这些三维设计内容都可以直接通过 OpenBridge Modeler 的功能来解决。还需要确定桥梁上部荷载、沿线的工程地质条件、地震烈度、净空要求等一系列的前期专业资料，当一切都确定以后，通过 OpenBridge Modeler 内部的标准梁库就可以进行三维桥梁设计，如图 5-16 所示。

在 OpenBridge Modeler 中，只有这些梁库是不够的，在软件中还包含了丰富的建模手段，例如预制梁模块化建模、现浇箱梁参数化建模等。当上部结构创建好以后，接下来就是创建下部结构，在 OpenBridge Modeler 中同样配有丰富的下部结构类型，包含独柱墩、双柱墩、桥台等。

与此同时，软件也提供了类型丰富的支座库，方便用户进行支座设计，同时如果有特殊类型的支座，软件也支持自定义类型的扩展，可以说在三维桥梁 BIM 软件中，OpenBridge Modeler 有着非常出色的表现，如图 5-17 所示。

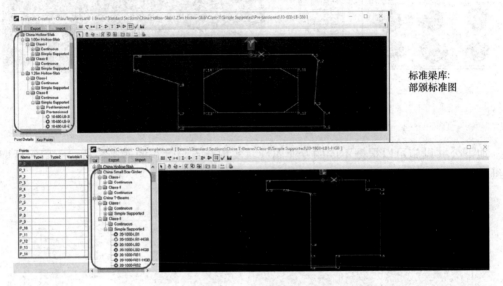

图 5-16　标准梁库

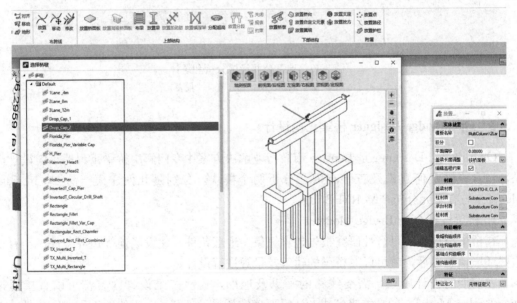

图 5-17　桥梁下部结构设计

2. 桥梁分析 RM Bridge

RM Bridge 是用于桥梁设计、分析和施工模拟的三维有限元分析软件，它不仅可以单独进行有限元计算分析，还可以结合 OpenBridge Modeler 的设计成果。

在特殊桥梁类型中，RM Bridge 可以进行斜拉桥、悬索桥、顶推施工桥梁体系等一些特殊工况下的桥梁计算，其中斜拉桥可以进行索的垂度分析、变形补偿及结构非线性影响分析等。

在地震分析中可以直接进行反应谱分析、结构阻尼的依赖性计算等地震波频的分析，同时还可以进行时程分析、定义风荷载静力及动力分析等，在软件中还加入了设计验算规范，可以进行剪应力、主应力、等效应力及极限承载能力等分析验算。

当前该软件已经整合到了 OpenBridge Designer 中，软件界面如图 5-18 所示。

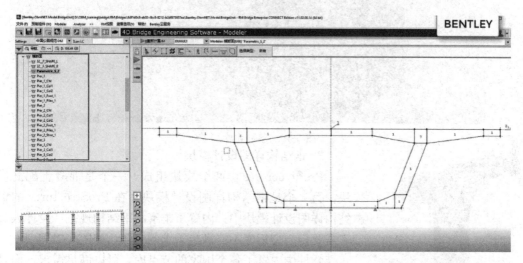

图 5-18　桥梁分析有限元模型

在桥梁三维设计中，施工图设计必须进行混凝土桥梁的配筋或者是钢结构桥的肋板设计，奔特力市政行业解决方案中提供专业的三维配筋及钢结构深化软件 ProStructures，直接将桥梁模型导入 ProStructures 中进行深化设计，通过 OpenBridge Designer 确定了三维桥梁设计的关键技术点，为以后的数字孪生、数字云服务打下了坚实的基础。

5.3.4　ProStructures 三维混凝土配筋及钢结构设计

ProStructures CONNECT Edition 有两个相对独立又高度集成的模块——ProSteel 和 Proconcrete。这两个模块将为综合管廊的施工、桥梁施工设计、道路挡土墙配筋应用提供有力保障。

基于奔特力强大的平台和管理系统，ProStructures 可以通过 ISM（结构产品同步器）的中间软件，将上游软件中的模型导入到 ProStructures，进行钢筋布置或者节点布置，避免二次建模，为设计人员节省了大量的时间和人工。

1. 高效的参数化配筋

ProStructures 是一款基于 Microstation 平台的主流详图设计软件，依托 Microstation 在工程领域、工业领域、三维领域的权威性，ProStructures 将 Microstation 强大的参数化功能发挥得淋漓尽致。依托于新一代的参数化功能，可以实现针对管廊结构的参数化配筋，如图 5-19 所示。

混凝土配筋模块可以对任何形体进行配筋，直接通过 ProStructures 就可以完成对结构的配筋，如图 5-20 所示。

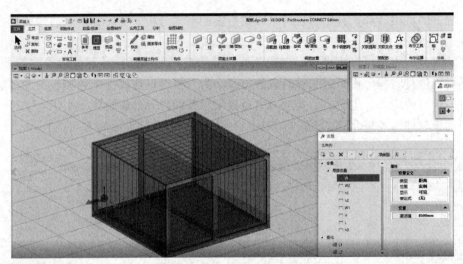

图 5-19　参数化配筋

图 5-20　花瓶墩配筋模型

2. 钢结构详图设计模块

ProStructures 由两个模块组成，一个是混凝土配筋模块，另一个是钢结构详图设计模块。在 ProStructures 的钢结构详图设计模块中，内置了丰富的钢结构规范，设计人员不需要担心型钢库不能满足需求的问题，如图 5-21 所示。

软件中内置了各个国家的节点库，可以满足需求，而且节点的布置非常方便。针对不同的节点类型，进行不同的归类。软件将相同类型的节点放在一个子菜单里面，方便大家选择，如图 5-22 所示。

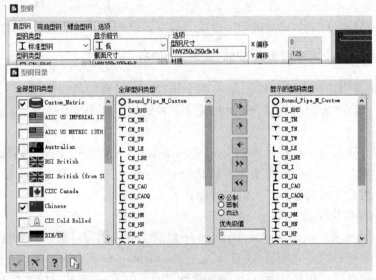

图 5-21　内置型钢库

在钢结构详图设计模块中，针对实际需要可以生成两种类型的图纸，一种是构件布置图，另一种是构件加工图。在构件布置图中，可以根据实际需要来定义构件的编号样式，然后系统就会给模型自动编号，在生成的布置图和加工图中，都会自动地写入编号，如图 5-23 所示。

软件可以自动生成材料表，并且可以分类统计材料表。比如可以单独统计柱子、梁或者 H 型钢、螺栓等各种材料的用量。

在出材料表的时候，用户可以根据实际情况，选择自己需要的材料表样式。如果没有合适的样式，可以对表格样式进行简单的编辑就可以满足要求。

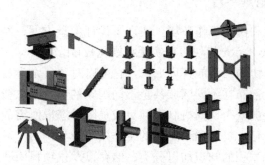

图 5-22　钢结构节点

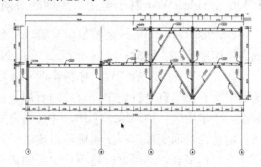

图 5-23　图纸输出

3. 协同设计工具

ISM 协同设计工具能够满足模型导入导出，是奔特力为了解决 BIM 正向设计过程中信息模型在不同阶段的流通，而开发的一款协同设计工具。ISM 的特点是使用简单，使用范围广泛，能够导入和导出钢结构，也能导入和导出混凝土结构。导入和导出过程中信息不会丢失。ISM 还有更新的功能。当上游的模型发生变更以后，不需要重新导出模型，下游也不需要导入模型，只需要更新就可以。

5.3.5　OpenBuildings Designer 管廊节点设计

OpenBuildings Designer 的参数化建模，可以完成对管廊复杂结构、管廊内部管线、风亭等的三维设计，这些设计模型包含我们常用的 BIM 信息，这些信息也会被奔特力的数字孪生云服务平台所读取，最终完善智慧管廊的最后一公里，如图 5-24 所示。

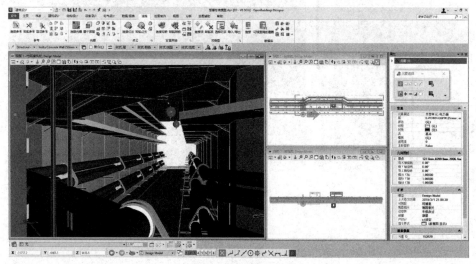

图 5-24　参数化管廊节点

OpenBuildings Designer 涵盖了建筑设计、结构设计、设备设计以及电气设计 4 个模块，可以采用下拉工作流的方式进行自由切换，同时软件完全基于同一个平台，在进行建筑设计的同时，也可以根据需求切换至其他的专业设计模块进行多专业协同设计，这样的设计使 4 个专业的设计模块被整合在同一个设计环境中，用同一套标准进行设计。同时，对一些设计工具进行了集成和优化。

5.3.6 ProjectWise 基于全生命周期的协同管理平台

Bentley ProjectWise 是项目信息管理平台和协同工作环境，实现了设计信息方便、准确、迅速地传递。同时，通过 ProjectWise Navigator 模块可以实现可视化校审。

ProjectWise（简称 PW）作为企业和项目协同工作的管理平台，它可以对项目全生命周期中所有的信息进行集中、有效的管理，让散布在不同区域甚至不同国家的项目团队能够在一个集中统一的环境下工作，并通过良好的安全访问机制使项目成员随时获取所需的项目信息，进而能够进一步明确项目成员的责任，提升项目团队的工作效率及生产力。通过这个管理平台，不仅可以将项目中所创造和累积的知识加以分类、储存以及供项目团队分享，而且可以作为以后企业进行知识管理的基础。

ProjectWise 包含多个产品模块，具有可以灵活扩展的体系架构，提供了良好的可伸缩性，可以根据用户的实际项目需求，实现快速地实施、定制，满足从工作组到全球协作的各种规模的项目和组织单位的应用需求。ProjectWise 各服务器的架构如图 5-25 所示。

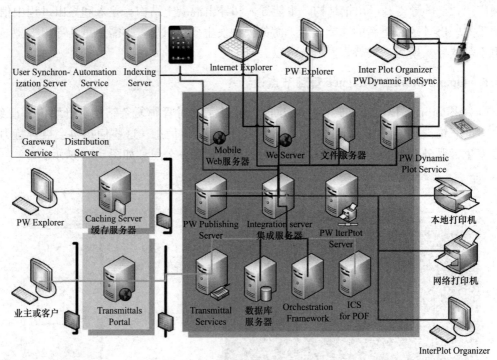

图 5-25 协同系统软件架构示意图

其中主要服务器：

（1）ProjectWise Integration Server 为协同平台的核心服务；

（2）ProjectWise Caching Server 为异地分布式协同设计缓冲服务；

（3）ProjectWise Web Server 能够使用户通过 IE 浏览器访问协同系统；

（4）ProjectWise User Synchronization Server 将 Windows 域用户集成到协同系统用

户列表，以方便单点登录；

（5）ProjectWise Distribution Server 能够将图纸通过 IE 浏览器发布；

（6）ProjectWise Indexing Server 则是对文件系统进行索引以提高文档检索的效率。

通过 ProjectWise Caching Server 能够迅速实现异地、小带宽条件下的实时协同，有利于建立企业本部与工程现场的协同环境。而且，通过 ProjectWise 还可以实现标准化环境的推送，便于企业迅速实现三维协同标准化。

协同设计软件把项目全生命周期中各个参与方集成在一个统一的工作平台上，改变了传统分散的交流模式，实现了信息的集中存储与访问，从而缩短了项目的周期时间，增强了信息的准确性和及时性，提高了各参与方协同工作的效率。

5.3.7 信息交换解决方案 iModel

为应对不同 BIM 软件创建的信息模型交换问题，奔特力提出了 iModel 数据储存标准的解决方案。iModel 是一个包含几何及工程项目信息的综合建筑信息模型，并且是一个能够自我描述、高精度的建筑信息模型。iModel 可独立于应用软件模块存在，且较原始模型更为轻量化。通过奔特力 BIM 应用模块或奔特力 Navigator 浏览器，即可浏览和查看 iModel 所包含的几何及工程项目信息，也可以将 iModel 转化成 pdf 文件格式，通过 Adobe reader（10.0 以上版本）浏览及查询信息模型。目前奔特力所有 BIM 应用模块全部支持 iModel 的发布及应用，Autodesk 的 Revit 也通过 iModel 实现了与奔特力 BIM 应用软件的数据交换及应用，如图 5-26 所示。

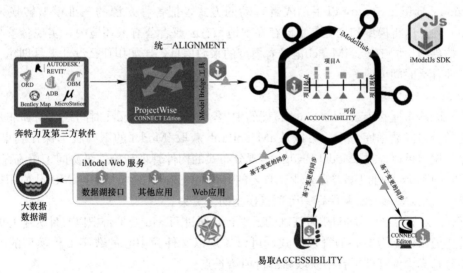

图 5-26　iModel 信息交换解决方案

1. iModel 特点

iModel 作为开放的数据标准，具有开放的数据架构，奔特力提供了一套基础设施数据架构（BIS），兼容 IFC、ISO 15926、BS 1192 等国际标准，并能提供用户扩展，构建用户自己的数据架构。iModel 具有以下特点：

（1）当查看 iModel 时不需要额外的应用程序就能看到其中包含的属性信息。如：用 Navigator 查看 OpenPlant 生成的 iModel 时，所有构件中的工厂相关属性都能查看得到。

（2）大多数情况下，打开和浏览 iModel 都会比操作源文件快，这是因为 iModel 是经过轻量化的模型，在性能上已经得到了优化。

iModel 格式的文件扩展名有 .i.dgn 和 .imodel 两种。前者用于桌面系统，后者用于移动端。当然，iModel 格式有成为下一代统一格式的趋势。

2. iModel 功能

奔特力提供各设计软件的转换插件 iModel Bridge，用于发布 iModel 数据标准模型，包括奔特力、欧特克、AVEVA、Siemens、Intergraph、PKPM 等，同时提供 iModel Bridge SDK，可以让第三方开发自己的 iModel Bridge。

iModel 提供开源的开发接口，使得第三方可以读写 iModel 信息，使用 iModel 展示平台进行模型浏览，实现更多的专业工具和系统能支持 iModel，实现 iModel 的工程数据导入和集成。

iModel 具有强大的支撑能力。iModel 不但支持 BIM 模型，还支持兼容其他不同模型和数据，比如地质模型、GIS 模型、BIM 模型、实景模型（点云和倾斜摄影），还可以包括相关的表单、图纸、规范、需求和目录数据等。

3. iModel 服务

iModel Bridge Service 有三大功能：

（1）将来自任何应用程序的模型数据转换为 iModel 语义结构；

（2）检测模型数据中的增量变更并将它们转换为 iModel 时间线中的变更集；

（3）将来自多源的数字模型整合到一个一致的 iModel 中。

iModel Bridge Service 以手动或者自动的方式，把各种来源的三维模型转换发布为 iModel，并可以将模型和变更信息储存在本地私有云或者公有云环境中，实现各参与方分布式、构件级协同工作。iModel 记录着模型的来源信息，比如用什么设计工具创建、由谁创建、在什么时间创建等。

4. iModel 云管理

iModelHub 是公有云中 iModel 管理的中枢，也是记录 iModel 时间线几何和非几何数据变更的分布式数据库，用户可以从 iModelHub 获取 iModel 的不同版本保存到桌面端、移动端。用户可以通过 iModel Bridge 实现分布式的构件管理和构件级协同工作流程。

iModelBank 是可以部署在企业私有云的 iModel 数据库，为本地的 iModel 应用提供数据支撑。一个 iModelBank 保存一个项目模型的变更集。

iTwin 云平台是以 iModel 为基础的云平台，通过 iTwin 云平台把以文件为中心的管理方式转化为以数据为中心的管理方式，可以体现以文件为中心的数字工程模型的潜在价值，在分布式构件管理平台中获取新的价值增长点。

5. iModel 开发

iModelJS SDK 是一套开源的基于 JavaScript（TypeScript）的 iModel 开发包，利用 iModelJS SDK 用户可以实现 iModel 的创建和读写操作，并能在自己的业务系统中实现 iModel 的可视化展示、版本比较等操作，利用 iModel 技术开发自己的应用。

Navigator Web 是基于 HTML5 和 WebGL、支持桌面系统和移动系统下各种浏览器的三维模型展示环境，如 Google Chrome、Safari、Firefox 等，不需要任何插件就能快速浏览时间线上各个版本的三维模型。

5.4　奔特力市政行业正向设计应用案例

5.4.1　项目背景

杉板桥路市政改造项目起于成都市杉板桥路二环路口，止于三环成南立交辅道，建设内容包括道路、桥梁、隧道工程、慢行地下人行通道、跨铁路桥梁、综合管线工程和附属工程等，主要为相交道路改造（现状既有二环匝道改造、二环至现状五岔口下穿道路快速化改造、成南高速新增辅道、枫丹路下穿隧道）、区域交通优化、区域地下管网改造，总投资 13.8 亿元，项目位置如图 5-27 所示。道路总长度约 4.3km，主道设计时速 60km/h，辅道设计时速 40km/h，由于地处老城区，面临诸多改造问题，传统二维设计手段已无法满足设计需求，成都市市政工程设计研究院为方案设计、初步设计及施工图设计单位。

项目组在多方验证后采用奔特力市政行业解决方案，利用无人机及 GIS 系统对整个杉板桥区域进行了三维实景复现，如图 5-28 所示。

图 5-27　杉板桥路市政改造项目位置　　　图 5-28　杉板桥路市政改造项目三维实景复现

5.4.2　项目实施环境搭建

利用无人机航拍照片创建实景模型，为了达到模型精度要求，选用奔特力的 Context-Capture 进行了全三维模型的创建，ContextCapture 需要以一组对静态建模主体从不同角度拍摄的数码照片或三维激光扫描点云作为输入数据源。加入各种可选的额外辅助数据如传感器属性（焦距、传感器尺寸、主点、镜头失真）、照片的位置参数（如 GPS）、照片姿态参数（如 INS）、控制点等，无需人工干预，ContextCapture 在几分钟或数小时的计算时间内，根据输入的数据大小，能输出高分辨率的带有真实纹理的三维网格模型。所输出的三维网格模型能够准确、精细地复原出模型主体的真实色泽、几何形态及细节构成，如图 5-29 所示。

基于实景模型，项目组采用 GIS 影像的叠加技术对 BIM＋GIS 进行了整合应用，通过 GIS 的应用也更好地诠释了在改造项目中，因受现状条件约束而造成时间、人力等资源的浪费，进而可以让项目组成员将精力都投入到对项目的设计中。

本项目软件选用方案：

（1）道路方案设计：ORC（OpenRoads ConceptStation）；

（2）道路深化设计：CNCCBIM OpenRoads；

（3）地体土建工点设计：OpenBuildings Designer；

（4）项目可视化：LumenRT、Synchro；

（5）交通仿真分析软件：VISSIM。

由于奔特力的软件兼容性比较好，所以项目组采用了不同专业的软件进行正向设计的探索。

图 5-29　倾斜摄影自动化建模技术机制

5.4.3　项目正向设计

1. 方案设计

基于 OpenRoads ConceptStation 对杉板桥路周边区域进行了快速方案建模，确定了红线范围内的改造区域，以"交通高效、出行便捷、环境协调"为评价指标，对二环高架与双林北路交叉口、二环高架与建设北路交叉口、建设北路与中环路交叉口、杉板桥路与二环路立交等重点节点的交通影响进行了方案论证，最终确定延长现状高架为最终方案，如图 5-30 所示。

2. 地基处理

依据二维钻孔资料在 CNCCBIM 中针对杉板桥区域红线范围内地质模型进行三维模型建立，通过该模型可以直观反映地层物理力学参数，预测软弱夹层，并且辅助确定了桩基方案，如图 5-31 所示。

图 5-30　高架方案

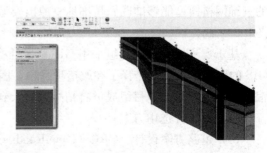

图 5-31　桩基方案

3. 协同设计平台

参考国家现行 BIM 标准，确定了杉板桥路市政改造项目导则。基于 IFC 标准进行数据交换。运用 ProjectWise 搭建了 BIM 协同设计平台，如图 5-32 所示。

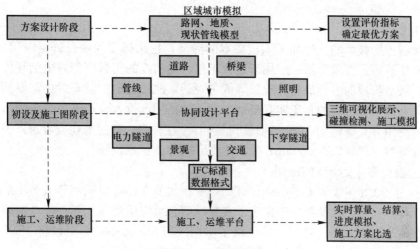

图 5-32　协同设计平台

5.4.4　正向设计成果

利用 CNCCBIM 对项目周边管线进行快速建模，形成了中水、污水、雨水、电力等管线模型，将上述模型进行整合形成最终的边界条件。通过 CNCCBIM 对道路进行深化设计，利用 CNCCBIM 的平面设计原则，对城市道路规范进行有效的验证，结合行车视距的分析功能，对道路平面圆曲线半径、超高等进行辅助验证，确定了最终的平面设计成果，通过周边地形、地物等确定了最终的纵断面设计成果，并且利用 CNCCBIM 强大的横断面模板功能完成了杉板桥路的横断面设计，将路基、挡土

图 5-33　杉板桥路三维模型

墙、路面等进行最终的设计，最终实现了可以用于交付的三维模型，如图 5-33 所示。

5.4.5　应用探索

1. 交通仿真可视化

在杉板桥路市政改造项目内进行了交通仿真可视化的探索，奔特力大部分软件具有将 VISSIM 数据导入 LumenRT 的功能，交通仿真数据可以通过 VISSIM 生成，而 ORC 则可以将路线数据导入 VISSIM 内。

常规操作流程为：ORC 构建方案——→ORC 路线导入 VISSIM——→VISSIM 进行交通仿真分析并导出数据——→仿真数据同总装模型进入 LumenRT。

交通仿真可以为设计方案比选提供数据支撑，定量评估通行能力；可视化则提供了另外一种视角：车流结合实景模型和设计模型，更好地展示交通设计与路桥方案，可用于分析设计或仿真方案是否存在考虑欠周全的地方，进一步修正仿真模型或优化设计方案。

基于杉板桥路市政改造项目的探索与尝试，在成都市北三环道路交通可视化、成都市火车北站区域交通优化项目中将持续推进"交通仿真可视化＋设计模型＋实景模型"应用。ORC 除了可应用于方案设计阶段做比选外，对于大面积的现状区域，在复原路网模型方面有较大优势。

2. 实景模型单体化

随着倾斜摄影技术的成熟和无人机成本的降低，越来越多的项目开始应用实景模型，但也伴随着质疑声：市政路桥一般属于线性工程，高精度的实景模型对电脑硬件提出了较高的要求。展示阶段的卡顿或缓冲现象降低了观感，此外展示阶段有时仅需要部分场景而不需要加载全部，最关键的在于实景模型所发挥的作用，投入与产出的不平衡。

常规的使用方式是将 3SM 模型加载到 Bentley 软件内，通过剪切或者遮罩控制显示区域，同设计模型一起导入 LumenRT 中，完成可视化。

3. 实景模型在 Synchro 的应用

Bentley 于 2018 年收购了 Synchro 4D，dgn 格式的文件可以顺利导入 Synchro 内进行施工进度管理。业主在其他项目中提出了实景模型必须应用到施工管理平台内的要求，在杉板桥路市政改造项目中，对该软件也做了应用。用 MicroStation 可以将 3SM 文件导出为 fbx 文件，从而在 Synchro 内进行加载应用，如图 5-34 所示。

4. "GIS＋BIM"构建数字城市

GIS 侧重于地理空间环境信息的宏观表达，BIM 能将细节表现得尽善尽美，二者存在互补关系，GIS 平台作为大场景加载平台，在资产管理和运维方面有优势。将 BIM 信息加载到 GIS 平台内，可以形成数字化资产，更好地参与管控。

将实景加载到 GIS 平台作为参照底图，设计模型导入后同样能实现可视化。在此基础上加载规划红线，对于政府部门管理人员可以更高效地推进规划报建等工作。

从业主角度推进 BIM 应用，效果会更好。模型随着施工进度持续更新，最终提交的模型就是竣工模型，也是项目的数字化资产，手动或批量挂接信息后加载到 GIS 平台，相较于查询 CAD 图纸或蓝图，在维修保养过程中工作效率更高，应用也更有价值，如图 5-35所示。

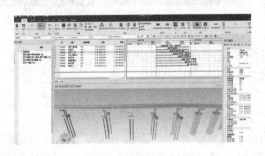

图 5-34　施工管理平台

图 5-35　地下管线显示

（项目案例由成都市市政工程设计研究院提供）

5.5　奔特力平台 IFC 解决方案

5.5.1　IFC 数据结构

在 IFC 中定义了很多类别，每个类别中有很多属性，导出 IFC 的过程应是一个匹配过程，包括类的匹配和属性的匹配。因此，在奔特力软件中创建的对象应能与 IFC 中的类匹配上，否则，无法导出到 IFC 文件中。同时，导出 IFC 的过程也是一个数据筛选过滤的过程，数据交换过程中很难做到和源文件中数据完全保持一致，也没有必要，只要满足所需数据能无损导出即可。

奔特力导入/导出 IFC 数据格式，如图 5-36 所示。

图 5-36　奔特力导入/导出 IFC 数据格式

5.5.2　IFC 环境设置

奔特力各系列软件中内置了 IFC 相关标准，以"OpenBuildings Designer"软件为例，其存放路径如图 5-37 所示。

奔特力各系列软件中也对 IFC 映射匹配文件存放位置作了规定，软件默认的映射匹配文件位置如图 5-38 所示。

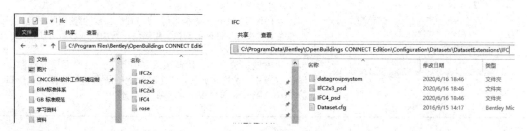

图 5-37　软件内置 IFC 标准　　　　图 5-38　软件默认的 IFC 匹配文件路径

导出 IFC 时，奔特力各应用软件的环境应支持，在项目配置文件中应有相应的设置，如图 5-39 所示。

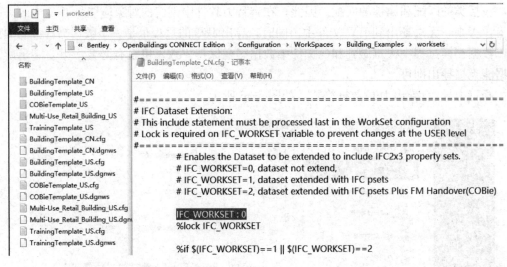

图 5-39　OpenBuildings Designer 中 IFC 配置

5.5.3　导入 IFC 文件

文件＞导入＞交换文件类型＞IFC（＊.IFC），IFC 导入选项见表 5-1。

IFC 导入选项 　　　　　　　　　　　　　　　表 5-1

导入界面	选项描述
	"IFC 文件"字段＞导入 IFC 文件。将显示输入文件名和完整目录路径。选择"浏览"按钮将打开"选择要导入的 IFC 文件"对话框，可在其中导航到 IFC 文件并进行选择。选择文件并关闭对话框。所选文件显示在"IFC 文件"字段中
	1. 使用 IFC 材质名作为样式/类别名称：导入 IFC 实体后，IFC 材质名可以在该设置开启时，用作样式和类别名称；该设置关闭时，IFC 实体样式名称为 ifcentityname，类别名称为 IFC； 2. 使用样式/类别中的线符，而不是 IFC 文件中的线符：启用此项后，可替代 IFC 属性的映射； 3. 替代设置文件中的数据组值：启用此项后，可使用数据组映射文件将 IFC 文件属性映射到数据组属性；禁用此项后，可使用内部应用程序映射策略； 4. 忽略楼层护套：启用此项后，所有 IFC 项均可导入到激活 DGN 文件中；禁用此项后，各个楼层上的所有项会导入到单独的 DGN 文件中，每个楼层导入到一个文件中

5.5.4　导出 IFC 文件

选择"交换文件类型＞IFC（＊.IFC)"，IFC 导出选项见表 5-2。

IFC 导出选项

表 5-2

导出界面	导出选项	描述
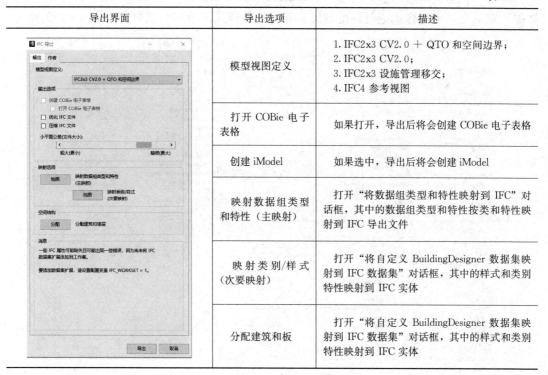	模型视图定义	1. IFC2x3 CV2.0 ＋ QTO 和空间边界； 2. IFC2x3 CV2.0； 3. IFC2x3 设施管理移交； 4. IFC4 参考视图
	打开 COBie 电子表格	如果打开，导出后将会创建 COBie 电子表格
	创建 iModel	如果选中，导出将会创建 iModel
	映射数据组类型和特性（主映射）	打开"将数据组类型和特性映射到 IFC"对话框，其中的数据组类型和特性按类和特性映射到 IFC 导出文件
	映射类别/样式（次要映射）	打开"将自定义 BuildingDesigner 数据集映射到 IFC 数据集"对话框，其中的样式和类别特性映射到 IFC 实体
	分配建筑和板	打开"将自定义 BuildingDesigner 数据集映射到 IFC 数据集"对话框，其中的样式和类别特性映射到 IFC 实体

　　单击"输出选项卡中的映射（主映射）"，弹出"将数据组类型和特性映射到 IFC2x3"对话框，分别在"类映射"和"特性映射"页面下进行构件类别和属性匹配，如图 5-40 所示。

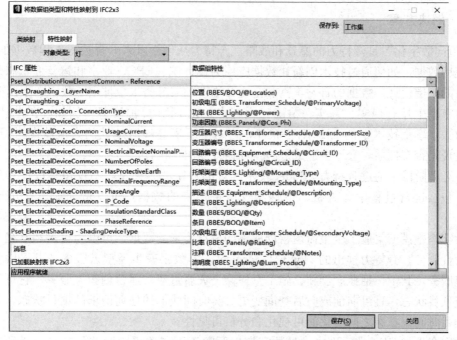

图 5-40　构件类别和属性匹配

单击"映射类别/样式"，弹出"将自定义 OpenBuildings Designer 数据集映射到 IFC 数据"对话框，可对样式进行匹配设置，即将构件样式赋予 IFC 实体，如图 5-41 所示。

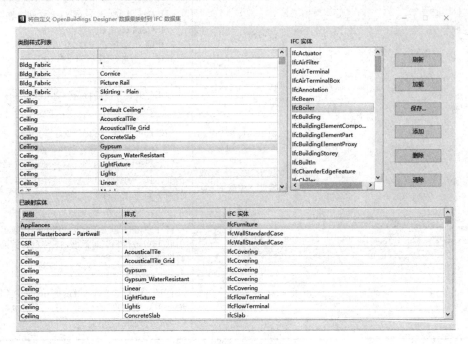

图 5-41　构件样式匹配

5.6　奔特力平台数字孪生解决方案

5.6.1　解决方案

"迈向数字化"是奔特力的愿景和战略。奔特力从创立以来一直重视工程数据的价值，如何应用数据，如何通过技术创新让数据应用为设计院、EPC、业主和运营商带来价值是奔特力的顶层设计。数据的日益丰富和全生命周期的服务需求也催生了数字孪生模型。

数字孪生具有现实、真实、精确三大特点，比 BIM 更加智慧。例如，在设计层面，奔特力数字孪生技术中的 LEGION 软件，可对上下班高峰时地铁的人流状况进行分析，从而发现是否有拥堵，会不会造成危险，如何改变出口设计。

在运营阶段，通过奔特力 iModel 技术实现的数字孪生模型，不仅包含设计和建设数据，也包括运营过程中无人机、传感器等设备传来的数据，可以帮助业主作出更好的决策。

数字孪生模型集成了全生命运营周期不同节点传来的数据，可以为更多利益相关方提供针对性服务。奔特力推出的 iTwin™ Services，即数字孪生模型云服务，可提供多范畴的对应服务，其中包括概念创新、施工、检修、灾后重建、运营创新等服务。它可帮助持续审查项目状态，且可向前或向后查询变更分类时间线上的任何请求的项目状态，并实现任何项目时间线状态之间变化的可视化和分析可见性。

数字孪生与 BIM 的区别之一是数字孪生服务于不同项目阶段的任务，会遇到来自不同厂商、不同软件所创造的数据。打开和识别一个 BIM 模型，往往需要原始的三维软件。而数字孪生技术给用户带来的效益是，能直接查询不同软件创建的 BIM 模型，直接对所有不同数据源的信息进行了解。

5.6.2　奔特力推出 iTwin™ Services

奔特力互连数据环境的 ProjectWise CONNECT 版本用户可以为任何项目配置基于云的 iTwin™ Services，而无需中断其现有 ProjectWise 工作流。然后，iModelHub 将轻松创建和维护工程的综合分布式数据库（iModel），其内在变更分类记录在每个可交付成果的记录状态下进行更新。对于每个这样的工程信息更新，应用程序特定的"信息桥"处理，实现了 iModel 数字组件的数字统一。

互连数据环境（CDE）的 ContextShare 服务会维护更新的数字环境。在 iModelHub 的授权和保护下，iModel 数字组件和 ContextShare 数字环境通过 Navigator Web 和 iModel.js 可视化进行沉浸式融合，如图 5-42 所示。

图 5-42　iTwin 展示流程：混合虚拟现实

奔特力的 iTwin™ Services 提供了简单的入门步骤，可以轻松将奔特力融入现有的业务流程中。

第一个是 iTwin Design Review，它有助于在项目团队内部或团队之间协调人员。首先，需要建立数据连接，将数据与数字孪生模型同步。然后，通过云服务和 Web 浏览器，可以查看数字孪生模型中的所有内容，显示时间线上不同版本模型的差异。

第二个是 iTwin Design Validation，它可以帮助组织"黑暗"数据，进行合规性检查，根据定义的规则提供有关异常的报告和潜在警告。

第三个是 iTwin Design Insights，它可以帮助项目管理人员进行相关信息扩展，比如进度、成本、质量等数据，并提供 Microsoft Power BI 报告，显示数据变更情况，可以在不必更改工作流的情况下获得对项目有价值的数据。

5.6.3　数字孪生模型

为了迎合奔特力全球数字孪生模型创新计划，奔特力已收购了 Keynetix、Plaxis、

SoilVision 等软件提供商。另外，奔特力还对公司的组织架构，包括开发团队及商务团队做了相关调整。奔特力希望数字孪生模型能把 Bentley 公司的软件及其他厂商的软件所生成的 BIM 模型都统一到一个数据平台，方便数据信息的分析和项目的相关设计。

在交通领域，数字孪生将助推中国交通领域向智能化迈进一步。数字孪生可以透视交通系统的运行规律，理清原来没有注意到的问题，达到对交通运行状况可见；对常发及偶发性问题可辨；对综合性疑难问题可治；对管理者及广大出行者可服，即提供有品质的服务。

目前，道路交通系统的感知能力依然处于较弱阶段，道路交通系统智能化运行依旧任重而道远。奔特力云端数据库技术正好遇到了变革的好时机，采用这些技术能支持工程领域对大数据的处理需求。奔特力数字孪生模型服务的应用还要走好最后一公里。作为一家致力于引领全球基础设施设计、施工、运营的综合软件解决方案提供商，奔特力将把数字孪生的概念和技术落实到各个项目的实践中，帮助中国企业实现数字化建设的弯道超车。

第6章 达索（3DEXPERIENCE）软件平台

6.1 概述

随着国家综合实力的提升，我国在土木工程建设上也有了更多的投入，从而对土木工程的质量也有了越来越严格的要求。而土木工程设计质量会直接影响到工程的实体质量，做好土木工程设计质量控制是保障工程实体质量的根本。

达索软件起源于达索宇航，服务于航空、汽车、工业设备、电子、消费品等11个行业，土木工程领域是达索近十年重点投入的行业之一，达索将在大型制造业应用的经验传递到复杂土木工程项目中，实现了行业之间科技技术的转移、延续、发展。目前，达索土木工程行业解决方案在国内外得到了广泛的应用，并积累了大量成功的案例。

达索软件是世界上最早应用三维设计技术，并从飞机设计应用研发过程中孵化出三维设计软件的高科技公司，软件从原来的单机版 CATIA V4、V5 软件到 V6 协同版，到2012年达索推出全新的协作环境 3DEXPERIENCE 平台（简称"3D体验平台"或"3DE平台"），是世界上第一个开放互联、数据驱动、基于模型、虚实融合的企业业务平台。平台提供3D建模、内容仿真、社交协作、信息智能等方面的300多个App应用。这些应用以数字化方式覆盖了土木工程从设计、分析、施工到运营维护等全生命周期中的主要环节。

在土木工程行业领域，达索软件基本上涵盖了从方案阶段、设计阶段到下游施工和运营阶段，提供了一个基于项目的协作平台，通过提供高度集成的项目与数据管理，并利用施工模拟来更好地计划和执行项目，确保在正确的时间将正确的信息提供给正确的人，保证工程质量，如图6-1所示。

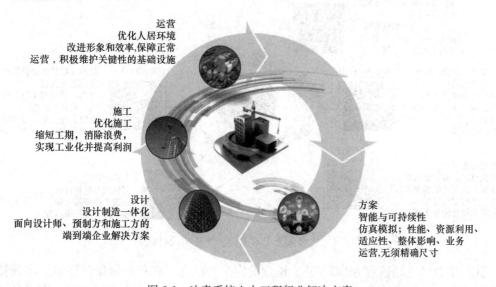

运营
优化人居环境
改进形象和效率，保障正常
运营，积极维护关键性的基础设施

施工
优化施工
缩短工期，消除浪费，
实现工业化并提高利润

设计
设计制造一体化
面向设计师、预制方和施工方的
端到端企业解决方案

方案
智能与可持续性
仿真模拟；性能、资源利用、
适应性、整体影响、业务
运营，无须精确尺寸

图6-1 达索系统土木工程行业解决方案

3DE 平台能够基于单一数据源的信息实现管理和共享，定义工作计划和进行数据质量管理，同时，借助于平台强大的知识管理功能，提升协同设计能力，提高项目管理水平，赢得竞争优势，形成企业的知识沉淀，不断提高技术与管理水平，如图 6-2 所示。

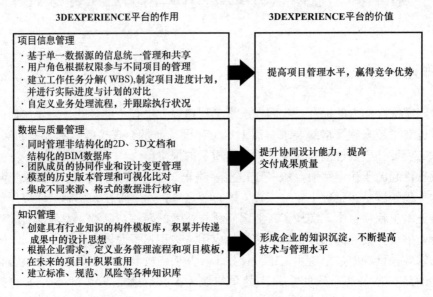

图 6-2　达索 3DE 平台的作用和价值

6.1.1　3DE 平台土木工程三维正向设计流程

3DE 平台的土木工程行业解决方案将设计数据与下游的施工安装流程结合起来，实现了设计制造一体化。达索基于 3DE 平台实现了土木工程设计、建筑设计、幕墙设计、结构设计以及水暖电系统设计，如图 6-3 所示。

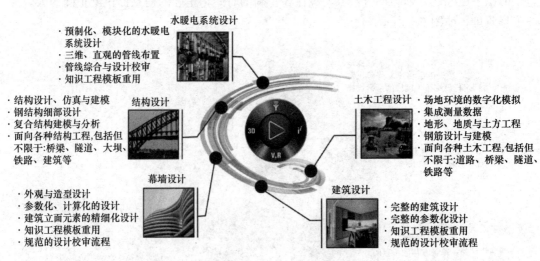

图 6-3　达索系统土木工程三维正向设计能力

3DE 平台基于制造业 MBD（基于模型的定义）理念，在单一数据源环境下实现特征级协同设计，基于单一平台同一套数据，实现真正意义上的构件级协同设计。在设计开始前，项目经理和计划工程师可以基于 3DE 平台项目管理模块制定项目计划（WBS）和里程碑，并分派给各专业负责人，各专业负责人根据各专业总体要求，制定各专业的设计计划，并分派给设计人员，计划逐级分派不断细化，从而完成整个设计计划的制定和任务下发，同时根据项目要求，从企业知识库中调取完成项目设计资源的初始化，例如设计规则库、设计构件库、出图符号库等。

同时，项目总工程师或设计负责人搭建项目设计结构树、工作包结构（Product Breakdown Structure，PBS），并将工作包分派至设计人员。至此，完成了整个项目设计的总体规划，如图 6-4 所示。

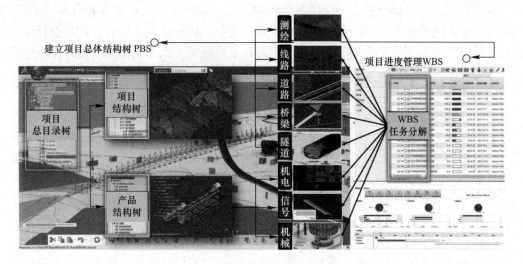

图 6-4　3DE 平台三维协同设计流程

各专业基于接收的工作任务和分派的设计工作包，在统一的 3DE 平台上，利用各专业设计模块功能，开展设计工作和反馈设计进度，提交设计成果和进行校审工作，部分专业具体工作内容简述如下：

（1）测绘专业

利用 3DE 平台 Civil Engineer 角色中的 Terrain Preparation 应用，将测绘地形数据、航拍影像或者无人机倾斜摄影数据，导入带大地坐标系的地形至 3DE 平台，目前支持的格式包括 ASCII RGB、ASCII User Format、ASCII Free、Atos、Cgo、Gom-3d、las&laz 等格式，基于导入的地形，可以进行地形修复、坡度分析处理以及绘制等高线，还可以进行地形雨水汇流分析等。

（2）线路专业

依据地形数据，利用 3DE 平台 Civil Engineer 角色中的线路设计功能，进行平面线路设计、纵曲线设计，平台支持超高和加宽，内置了道路设计标准（AASHTO 2011）。同时支持从 Excel 和 AutoCAD 中导入现有的线路。结合地形模型，可以根据平曲线生成地形纵断面，并进行填挖方计算。

（3）道路专业

道路工程师基于 3DE 平台 Civil Engineer 角色和知识工程应用，利用现有的模板库，进行道路横断面、交叉口、挡墙、边沟、边坡以及雨水排水系统设计，满足总体设计和详细设计，包括结构配筋出图等工作。

（4）桥梁专业

桥梁工程师基于 3DE 平台 Civil Engineer 角色和知识工程应用，结合地形和现有的线路，利用模板库进行桥梁总体设计，桥梁上部结构、下部结构和附属结构的详细设计，包括配筋出图等工作。

（5）渲染和展示

方案模型和整体模型可以利用 3DE 平台中集成的渲染引擎进行高质量的渲染和展示，并且支持 VR 进行沉浸式展示和查看。

各专业的设计成果反馈在一个项目结构树上，专业间模型可以实现相互参考和引用，当发生上游专业设计变更时，下游会自适应进行更新。同时各专业的设计进度会反馈至项目设计任务中，从而便于项目经理和总工程师以及专业负责人准确把控项目的设计情况。

6.1.2　达索土木工程设计软件优势

（1）三维设计的模式革新

传统土木工程设计中，设计工程师把构思的三维形体抽象为相关联的平面图，通过不同的二维图形、颜色、材料、尺寸、位置在图纸上表达出来。这种表达方式的信息不是很完整，表达和理解会出现差错，没有经过训练的人不容易理解设计人员的设计意图。CATIA 土木工程设计采用的是全三维设计模式，改变了传统的二维设计模式，所有的设计载体都通过三维的形式呈现在用户面前。

（2）自顶向下的设计理念

在 CATIA 的设计流程中，采取"骨架线＋模板"的设计模式。首先通过骨架线定义建筑或土木工程结构的基本形态，再通过构件模板附着到骨架线创建实体建筑或结构模型。通过对构件模板的不断细化，就能实现 LOD（模型精细度等级）逐渐深化的设计过程。而一旦调整骨架线，所有构件的尺寸可自动重新计算生成，极大地提高了设计效率。

在概念设计阶段，软件能让设计人员快速创建骨架线等复杂的曲线，甚至支持数字草图平板。骨架线创建好之后，构件库将是项目取得成功的关键。构件（例如墩、梁、柱等）是智能的、基于规则的参数对象，在库中有着明确的分类。设计人员可以从库中选择想要的构件，将它们放到骨架线上，构件就会自动调准尺寸，使之与骨架线相匹配并以完全协调的方式生成详细的 BIM 模型。一旦设计人员修改骨架线，所有构件都会随之一起更新，从而显著缩短修改时间。

（3）全参数化的建模技术

CATIA 三维设计具有强大的参数化设计能力。设计人员只需要决定基本造型特征，并描述构件之间的逻辑关系，软件就可以自动根据逻辑关系生成参数化的模型细节。当造型特征发生变化时，软件也将自动根据逻辑关系去更新参数化的模型。因此，CATIA 具有在整个项目周期内的强大修改能力，即使是在设计的最后阶段进行重大的修改。

（4）与下游应用紧密结合

由于 CATIA 和 DELMIA、ENOVIA 等产品都基于统一的 3DE 平台，CATIA 的设计数据能够直接进入到生命周期下游应用的各个模块 App。三维模型的修改，能完全体现在有限元分析、虚拟施工、项目管理等流程中，把模型的应用和统一平台的优势发挥到最大。

6.1.3　3DE 平台的软件整体架构

3DE 平台完全基于云的系统架构，既提供企业云也提供公有云服务，可根据企业需求，灵活快速地部署，并可以实现跨地域的多地协同。面向中国市场，目前提供 3DE 平台的企业云版本，即将数据库部署在企业自身的服务器上。

在 3DE 平台上，达索实现了前台和后台的双重整合，后台的所有数据存储在同一套数据库内，不同人员、不同软件模块都共享同一数据，不再需要交换数据或者转换格式；而前台的各个应用模块都基于同一个 3D 图形平台，因此可实现同样的操作方式和图形效果，不需要在不同的图形平台之间切换，从而满足不同专业设计、仿真计算和施工等不同应用的需求，如图 6-5 所示。

图 6-5　3DE 平台的软件整体架构

从 3DE 平台整体架构角度来说，分为企业服务器数据中心和客户端两个方面。企业服务器数据中心将达索 3DE 平台 CATIA、DELMIA、ENOVA 各品牌底层功能部署至企业服务器中，然后针对每个最终用户安装客户端模块，在终端每个用户通过平台个人账号访问平台各个应用角色 App，从而实现在单一平台进行协同的目标。对于校审和项目管理等非创作者用户，支持用户通过手机、平板和电脑浏览器访问平台，进行项目管理及模型查看和校审工作，无需安装客户端，如图 6-6 所示。

图 6-6　两种登录方式

6.2 达索正向设计主要产品

达索 3DE 平台支持的土木工程正向设计主要产品包括 CATIA 土木工程设计（Civil Engineering）、知识工程模板（Template Designer）、水暖电三维 MEP 设计（3D MEP Designer）、钢结构设计（Structure Designer）、概念建筑设计人员（BDP）、建筑结构设计（Concept Structural Designer）等。除此之外，达索 SIMULIA 品牌中的结构分析软件 Abaqus、流体仿真软件 XFlow 以及拓扑优化软件 Tosca、多学科仿真软件 iSight 等可用于优化设计。3DE 平台还包含了 ENOVIA 项目管理等功能，通过项目管理可以把握整个项目设计进度等情况，如图 6-7 所示。

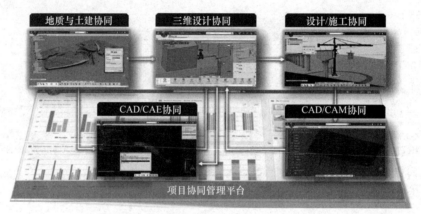

图 6-7　基于项目管理的支持正向设计解决方案

6.2.1　CATIA 土木工程设计（Civil Engineering）

传统的 BIM 软件是为建筑开发的，并不针对道路、桥梁、隧道等土木工程项目，为了填补这片空白，达索联合上海市政总院共同开发了 Civil Engineering 设计模块，它使得土木工程项目不仅能进行总体方案设计、详细设计，还能确保更高的细节水平，提高每个项目的精度，土木工程项目应用如图 6-8 所示。

图 6-8　达索 BIM 应用案例

Civil Engineering 模块是 3DE 平台 CATIA 面向基础设施设计领域的三维设计解决方案，支持±10000km 1∶1 尺寸的超大范围设计。它包含多个 App，可实现从规划、地形、方案到出图全过程应用，满足土木工程设计需求。Civil Engineering 主要包含的 App 和功能见表 6-1。

Civil Engineering 三维设计 App　　　　　　　　　　　　表 6-1

App	中文名称	描述
Terrain Preparation	地形准备	提供多种测绘地形、Lidar 数据导入、地形修复和处理功能
Natural Sketch	自由草绘	用于手写板进行三维概念草绘设计
Civil 3D Design	土木工程三维设计	提供构件概念到详细设计的功能，包含线路设计、道路设计、铁路设计以及 BIM 属性添加等土木工程设计功能
Building and Civil Assemblies	建筑与土木工程装配	提供装配结构的 BIM 属性管理和检查、设计范围的检查以及 LOD 调整功能
Concrete Structures 3D Design	钢筋三维设计	提供和参数化混凝土联动的钢筋设计，真实还原钢筋细节，预设规则钢筋模板库，并支持自定义模板扩充，支持工程量统计，钢筋模型可输出数控加工格式（BVBS）
Converter for IFC	IFC 数据转换	支持 IFC 数据导入和导出，与其他平台进行数据交换
3D Templates Capture	3D 知识工程模板捕捉	用于知识工程模板实例化，快速进行三维设计
Design Review	设计审查	用于校审人员进行设计成果校审，支持圈红、测量、剖切等功能

1. 地形准备（Terrain Preparation）

地形是在市政交通设计前期，需要获取现场地形数据作为设计参考，地形数据可通过相关勘察单位或由勘测部门获取，地形数据可以是点云、等高线、地形图等各种类型。

地形准备 App 具有导入地形文件、过滤地形点云、创建地形、优化地形、地形贴图以及生成等高线等功能。地形准备支持超大点云文件和±10000km 超大范围对象快速导入。对于大型土木工程项目，越来越多地使用点云数据来生成地形模型。通过"导入大型点云"功能，用户可选择单个文件导入，也可选择按照文件夹批量导入的方式导入点云文件，同时可以设置点云文件的地理参考坐标系，如图 6-9 所示。

目前地形准备 App 支持多种地形数据的导入，包括测量点、LIDAR 数据、倾斜摄影模型等格式。同时，地形贴图可透明化、图片质量可调整，可通过 Excel 表格的形式批量设置地形贴图定位坐标点位置；在设置地形贴图界面时，加入了设置地形贴图质量、地形贴图透明度以及贴图继承功能，如图 6-10 所示。

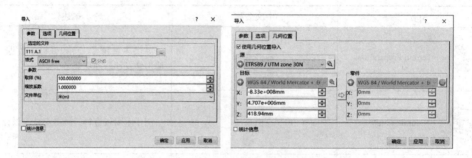

图 6-9　导入点云及地理坐标系定位设置

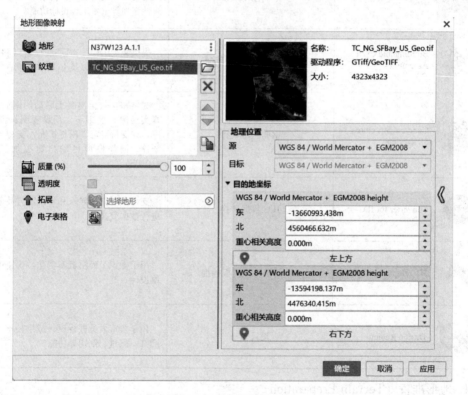

图 6-10　地形贴图设置

基于地形可以自动生成等高线、流域、分水岭及地表径流模拟。对于雨水汇流分析功能（Rain Drop，Watershed），用户可通过直观的方式分析地形上不同区域的汇流、水流路径、汇流面积等，如图 6-11 所示。

达索地形准备功能将用于精确建模的 CATIA 建模器（CATIA Modeler）与专用于多网格建模的 Polyhedral 建模器（Polyhedral Modeler）进行了无缝融合，在保证了大多数曲面命令依然对 Polyhedral Mesh 地形支持的前提下，还可以大幅降低地形的数据量，有效保证了地形数据在下游专业的传递与地形处理效率。

图 6-11　雨水汇流分析

2. 自由草绘（Natural Sketch）

自由草绘 App 允许设计人员在手写板上进行自由设计，可以更加接近设计人员真实用笔的感觉，特别适合在方案阶段进行创意设计。快速通过一些简单的线条达到 3D 的形态；图层工具则方便管理自己的数据分类；铅笔草图的线条可以隐藏显示，方便管理。

此款设计工具可以为设计人员节约宝贵的时间用于造型的创意，而无需花费时间来适应工具。通过扫描数据、在面上手绘的形式，重新把面做出来，在非常近的贴合原来造型的基础上再进行调整和修改、再造型，快速实现造型特征。与传统的操作方式相比，节约了大量时间，如图 6-12 所示。

图 6-12　设计人员自由草绘桥梁方案

3. 土木工程三维设计（Civil 3D Design）

土木工程三维设计 App 包括线路设计功能、常用的 3D 建模与曲面造型功能、2D 草图功能。

线路设计有专门的功能进行定义，主要实现平曲线、纵曲线的绘制，并将平曲线与纵曲线合成，生成 3D 的道路中心线。绘制平曲线与纵曲线时，软件内根据设计规则可进行动态的设计检查，如图 6-13 所示。

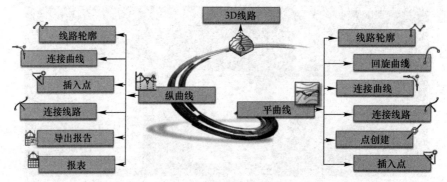

图 6-13　线路设计基本功能

线路设计功能分为道路设计、铁路设计、排水设计 3 种，每种功能对应不同的设计规则，软件内置了欧美设计规则，用户可根据本地设计规范对规则进行定义。Gradient table 表中定义了不同设计车速和道路分类下纵曲线的纵坡百分值，如果设计车速是 120km/h，则最大纵坡为 5%，如图 6-14 所示。

线路设计规则定义好后，当用户进行线路设计时，系统可根据之前设置好的线路设计规则对线路进行动态检查，随时提醒用户哪些地方不符合设计规则，如图 6-15 所示。

```
<GradientTables>
  <!--  Sample Gradient Table by speed values
 -<GradientTable Name="DefaultGradientBySpeed">
     <Gradient Speed="40km_h" Maximum="7%"/>
     <Gradient Speed="60km_h" Maximum="7%"/>
     <Gradient Speed="80km_h" Maximum="6%"/>
     <Gradient Speed="100km_h" Maximum="5%"/>
     <Gradient Speed="120km_h" Maximum="5%"/>
  </GradientTable>
  <!--  Sample Gradient Table by category values
 -<GradientTable Name="DefaultGradientByCategory">
     <Gradient Category="R60" Maximum="7%"/>
     <Gradient Category="R80" Maximum="6%"/>
     <Gradient Category="T80" Maximum="6%"/>
     <Gradient Category="T100" Maximum="5%"/>
  </GradientTable>
</GradientTables>
```

图 6-14　线路设计规则

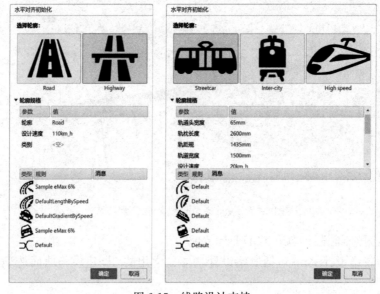

图 6-15　线路设计支持

同时在平曲线设计功能中，增加了更多种类型的缓和曲线，以及多段圆弧线相接的形式。设计人员可对道路超高、路宽等参数进行设置，同时加入了最新的路基设计功能，用户可自定义路基横断面轮廓，也可选择平台内置的路基横断面模板，如图 6-16 所示。

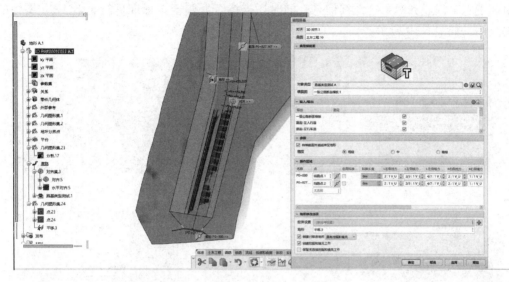

图 6-16 线路与路基设计

在选定路基横断面以后，软件将会沿着用户之前创建好的线路进行路基与边坡建模，并自动与地形之间发生运算，计算出填挖土方量。

除了线路设计功能外，实体建模功能专为土木工程提供的参数化建模工具，上百种预定义的土木工程构件模板适合于桥梁、隧道等工程设计，并可增加自定义模板等，实体建模主要功能分为基于草图的特征、修饰特征和基于曲面的特征以及几何体变换特征，如图 6-17 所示。用于土木工程构件的实体设计，如图 6-18 所示。

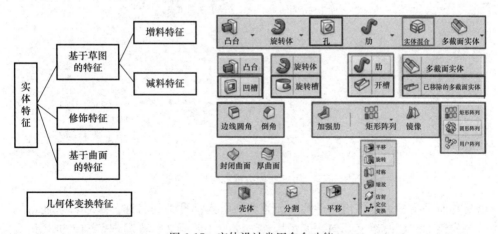

图 6-17 实体设计常用命令功能

4. 建筑与土木工程装配（Building and Civil Assemblies）

BIM 属性是 BIM 的主要组成部分，也是项目中 BIM 模型要传递的信息。建筑与土木工程装配 App 用于项目经理指定每个土木工程构件对象类型的属性和 LOD（LOD100～

LOD500)，以及支持基于不同 LOD 级别的部件设计方法。达索 BIM 支持建筑标准的典型示例包括 IFC 和 OmniClass（建筑分类系统）。BIM 经理可以在该 App 中设置用于该项目支持的构件对象属性标准和基于该标准下各个对象在不同 LOD 状态下的属性，用于描述建筑和土木工程业务对象的详细信息，同时还支持企业基于该标准进行企业 BIM 属性的拓展应用，如图 6-19 所示。

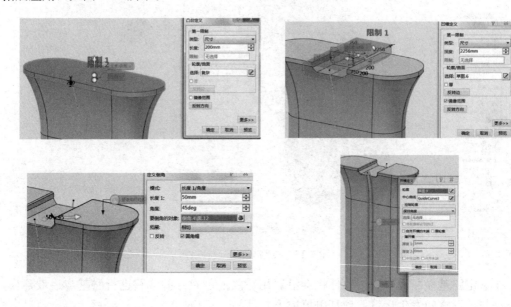

图 6-18　墩柱三维实体设计举例

图 6-19　BIM 建模标准和对象属性管理

　　语义几何是指暴露发布出构件几何元素为所有人都理解的名称。BIM 经理还可以对构件进行几何添加和更改语义几何，通过构件不同的几何语义名称和现实颜色进行语义之间的区分，便于项目团队之间进行沟通和相互参考引用，如图 6-20 所示。

　　除此之外，还可以对项目每一个构件进行 BIM 属性完整性检查。利用属性分析相同类型的对象，对于构件 BIM 属性完成、缺少属性和未处理的给予不同颜色显示，用于 BIM 经理进行项目 BIM 信息的管理和完善，如图 6-21 所示。

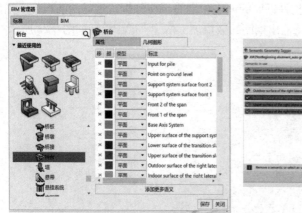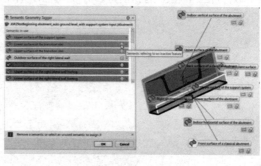

图 6-20 BIM 几何语义管理

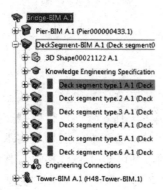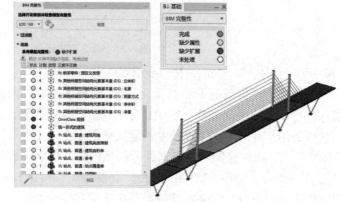

图 6-21 BIM 属性完整性检查

5. 钢筋三维设计（Concrete Structures 3D Design）

钢筋三维设计 App 支持设计人员对混凝土构件做进一步深化钢筋设计，基于内置的钢筋模板库进行钢筋设计，内置钢筋模板库包含两大类、数十种预定义的钢筋模板，并支持企业根据实际需求进行扩充，如图 6-22 所示。

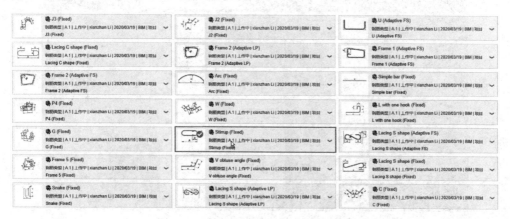

图 6-22 含有规则的预定义钢筋模板库

设计人员可以基于模板进行混凝土构件钢筋的创建和钢筋干涉分析，生成钢筋报告，生成可用于数控加工的精准钢筋模型，并支持输出钢筋的数控加工格式（BVBS），如图6-23所示。

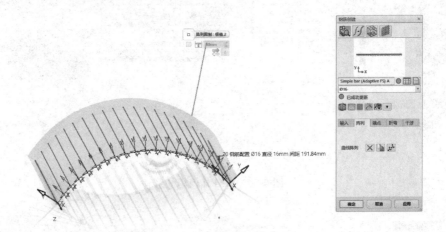

图 6-23　钢筋创建示例

6. IFC 数据转换（Converter for IFC）

3DE 平台支持最新的 IFC 数据交换标准 IFC4.0 版，内置基于 IFC 的建筑工程数据模型信息标准，支持用户通过 IFC 接口导入/导出 BIM 数据，用于与其他软件进行数据交换和信息再利用。针对土木工程行业，定义适用于土木工程行业的对象类型和属性，均基于 IFC 标准开发。以对应的对象类型进行模型建立，建立完成的模型可通过 IFC 接口与其他 BIM 软件（Revit/Tekla/ArchiCAD..）交换数据。根据其定义的数据结构树 IFC 的基本规则限制，用户可自行定义特殊的类型用于项目设计。

达索系统与中国铁路 BIM 联盟紧密合作，与中国铁路 BIM 联盟共同参加 buildingSMART 国际标准大会，中国铁路 BIM 联盟被授权为 IFC Rail 国际标准的起草单位。CR-IFC 是 China Railway IFC 标准的缩写，是全球第一个面向铁路行业的 IFC 标准。该标准现已得到中国铁路 BIM 联盟共同批准成为国内的行业标准，并基于达索 3DE 平台进行实施验证，如图6-24所示。

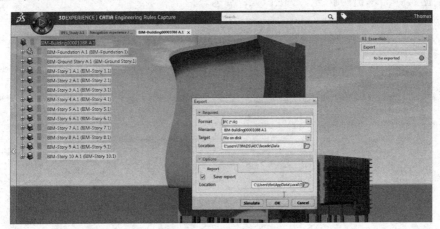

图 6-24　IFC 数据导出

7. 3D 知识工程模板捕捉 (3D Template Capture)

3D 知识工程模板捕捉 App 用于基于现有的知识模板库快速进行土木工程实例化设计。设计人员从知识模板库中选取所需构件，根据当前项目选择相应的几何输入和参数，即可以完成三维模型的创建，如图 6-25 所示。

图 6-25　桥梁模型模板实例化

8. 设计审查 (Design Review)

设计审查 App 提供基于三维模型的校审功能，如图 6-26 所示。校审方式主要是利用软件在三维空间进行查看，并借助计算机进行多专业冲突检查等，相比二维校审而言，依托三维模型交互式校审功能，可大大减少工作量，如碰撞检查一键就可以发现很多隐性的碰撞，如图 6-27 所示。

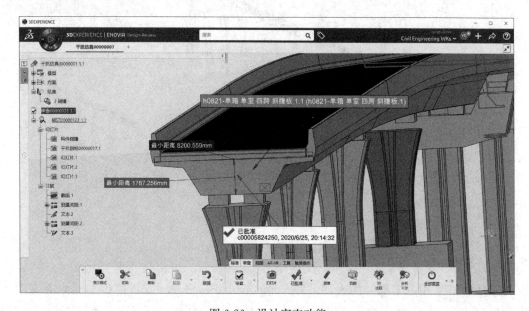

图 6-26　设计审查功能

175

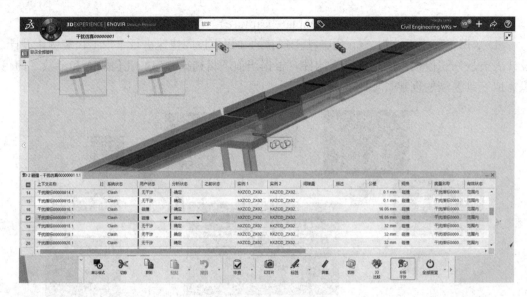

图 6-27　碰撞检查分析

设计审查 App 提供基于三维模型的测量、标准、问题圈红、剖切等功能，同时从不同视角以胶片的形式把问题记录下来，同时支持不同版本之间的模型二维图纸比对，如图 6-28 所示。

另外，设计审查提供不同版本三维模型和二维图纸比对功能，便于校审人员查阅模型和图纸的修改情况。

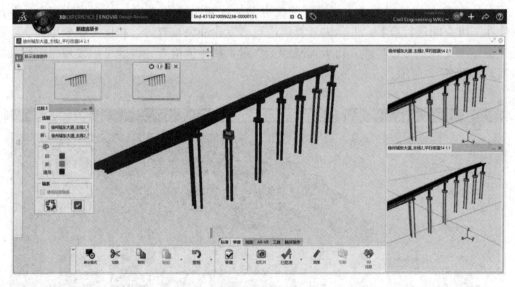

图 6-28　不同版本之间模型比对

6.2.2　CBD 正向设计解决方案

达索 BIM 采用基于部件的设计，即 Component Based Design，简称 CBD，是专门支持土木工程正向设计流程的独特设计方法。它使用用户特征（UDF）来创建方案阶段的

LOD100～LOD200 模型，而详细的工程模板用于创建 LOD300～LOD400 级别的深化设计模型。通过将特征替换为工程模板，就可以实现从方案设计到深化设计的连续演进，从而支持正向设计流程。因此，CBD 也叫连续 LOD 的设计方法，如图 6-29 所示。

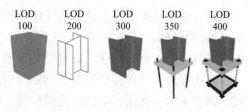

图 6-29　不同级别 LOD 模型的演化

CBD 方法大大简化了用户对知识工程的要求，可以帮助用户快速入门。例如，模板工程师会制作模板即可，不需要会写知识工程代码来实现模板的实例化；而设计人员只需要会用模板即可。模板工程师制作好模板后，用 CBD 方法将模板与对象类型关联，设计人员就可以快速简单地使用这些模板对象了。

3DE 平台预定义了桥梁相关的模板，如桥台、桥梁和桥墩等，CBD 中的"桥梁设计助手"命令可以快速地搭建简单桥梁骨架模型，用于概念和方案设计，如图 6-30 所示。

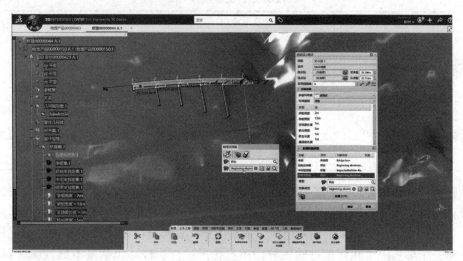

图 6-30　桥梁设计助手功能

更改 LOD 级别可以将特征级模型转换为产品级模型，根据提供的输入元素可自动实例化和同步用户特征。创建工程模板，与用户特征输入相同，在产品装配中可一键自动转换用户特征为工程模板，加快概念模型到详细模型的转换速度，如图 6-31 所示。

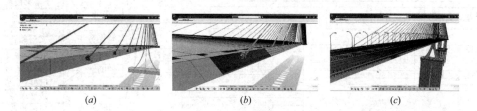

图 6-31　不同精细度模型表达
(*a*) LOD100 模型；(*b*) LOD200 模型；(*c*) LOD300～LOD350 模型

6.2.3　CATIA 知识工程模板（Template Designer）

CATIA 基于知识工程的解决方案（Template Designer）结合土木工程设计模块，可以将已有设计成果实现高度重用和快速变形设计。基于行业、企业标准（法规或设计规范）和已有经验（最佳实践），规范和标准化定制设计流程，以规范设计过程，同时可以实现部分业务流程自动化，如自动化出图和自动化报告等。

以桥梁为例，每种桥型包括的主要构件具有一定的共性，但也有所不同。主要构件可归纳为：主梁、支撑、基础、连接构件、连接节点、桥面系、附属设备等。这些不同构件以知识工程模板形式固化在 3DE 平台中，以便设计人员进行调用。

对于不同的桥梁结构设计，设计人员可以通过修改构件模板的输入参数，使其满足设计要求，从而达到利用已有设计自动实现满足新设计要求；通过调取构件模板进行变形设计更加快捷高效，模型数据动态关联，数据相互约束，一处修改其他关联部分自动调整；完全数据驱动，二次修改只需调整参数，即可完成设计变更。

CATIA 知识工程模板包含两个主要 App，一般配合使用，完成模板的定义，见表 6-2。

CATIA 知识工程模板 App   表 6-2

App	中文名称	描述
Engineering Templates	工程模板	用于制作构件库模板
Engineering Rules Capture	工程规则捕捉	用于进行设计规范规则制定和检查

从断面设计、构件设计到整体设计，构件库就像搭积木一样，帮助设计人员快速进行三维设计。以斜拉桥为例，其由主梁、主塔、斜拉索、辅助墩、边墩和附属工程组成，主梁由主梁钢箱梁节段和主梁钢锚梁组成。依次类推，这样就可以完成斜拉桥知识模板库的搭建，每一个模板除了几何信息输入外，还包含了构件属性，包括基本属性、材料属性、结构属性、统计属性和自定义属性等内容，如图 6-32 所示。

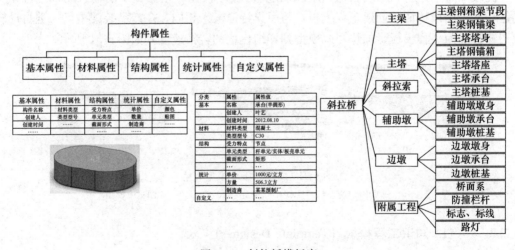

图 6-32　斜拉桥模板库

6.2.4　CATIA 水暖电三维 MEP 设计（3D MEP Designer）

CATIA 水暖电设计模块涵盖了建筑物内的 3 种传统建筑系统：机械、电气和管道。利用 CATIA 现有的管道和 HVAC 应用，使建筑系统工程师能够完成从设计、建模、预制到制造和施工的完整过程。设计人员可以设计和部署符合行业标准（IFC）的定制或标准参数 MEP 组件，并在施工开始前将整个建筑物虚拟组装。

将 MEP 系统布线应用与地形准备（Terrain Preparation）相结合，3D MEP Designer 就能够为基础设施和公用设施以及独立的封闭式建筑系统设计地下开放系统。

3DE 平台上的 3D MEP Designer 提供了一个真正的协作设计环境，建筑师、工程师、规划师、顾问和业主可以共同努力完成建筑项目，如图 6-33 所示。

图 6-33　三维 MEP 设计

6.3　3D 体验平台 BIM 设计案例

6.3.1　江西赣江大桥

1. 项目介绍

江西赣江大桥全长约 1750m，其中特大桥长 1310m，东西引道长 440m，如图 6-34 所示。主桥采用（110＋110）m 独塔双索面预应力混凝土斜拉桥，钻孔灌注桩桥型；主梁采用预应力混凝土双肋式断面；塔柱采用钢-混凝土组合结构，锚固区及以上部分塔柱为钢结构，锚固区以下塔柱为钢筋混凝土结构。

图 6-34　赣江大桥三维模型和效果图

独塔斜拉桥形式在当地比较新颖，桥塔造型景观作用明显；塔柱采用钢-混凝土组合结构，结构复杂，设计难度大。为了解决塔柱关键结构设计，采用 BIM 技术进行优化设计，如图 6-35(*a*) 所示。

塔柱钢结构部分：塔柱钢结构节段模型采用参数化建模和 3D 打印，直观形象，便于业主与施工单位理解，增强了设计与施工交接沟通的效果，为施工建造提供了方便，如图 6-35(*b*) 所示。

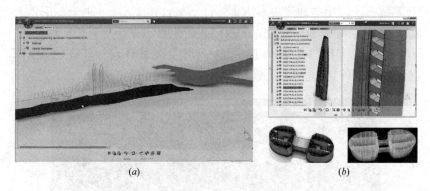

(*a*)　　　　　　　　　　　　　(*b*)

图 6-35　塔柱钢结构节段模型优化和 3D 打印效果
(*a*) 采用 BIM 技术进行优化设计；(*b*) 3D 打印

项目主要应用目标和期望达到的效果：采用 BIM 设计理念，对于构造中的复杂结构设计起到了关键辅助与优化设计的作用；并为业主与施工单位的交流联系提供了非常有效的手段和方式；减少了常规交接沟通中的误解，采用 3D 打印技术辅助交流和理解。

建立基于协同环境下的项目管理，数据审核标准流程的 BIM 三维设计体系；学习制造业并向制造业产品全生命周期管理方法靠拢，实现设计问题可追溯、设计结果可视化、设计变更可管控、设计成果可传递至下游施工乃至运维阶段应用；关键节点的深化设计，如钢结构部分的深化和工程量统计应用，为工程招标和造价提供了依据。

2. 设计阶段 BIM 应用

该工程 BIM 设计内容涵盖整个工程全部桥梁上下部结构，种类丰富。其中钢混组合桥塔结构极其复杂，涉及钢板、钢筋、混凝土多种材料，结构造型为曲面，如图 6-36 所示。

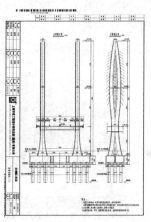

图 6-36　赣江大桥主桥钢混组合桥塔

整个设计阶段流程，如图 6-37 所示：

（1）主桥钢混组合桥塔结构复杂，通过三维设计模型，可以检查钢板、钢筋以及混凝土构件之间的相互关系，复核设计图纸，验证施工时的可操作性；

（2）工程变更与协同，满足工程设计过程中道路线形、塔形、墩位等变化；

（3）构件库的定义，构件快速实例化，提高建模效率，如图 6-38 所示。

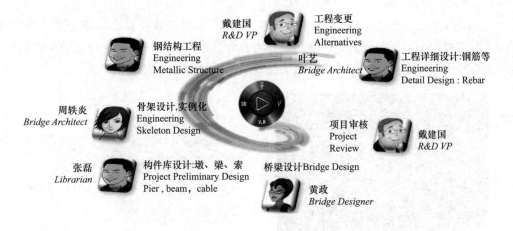

图 6-37 桥梁三维 BIM 模型结构工作任务分解

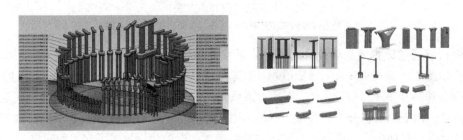

图 6-38 桥梁构件库

协同设计应用 ENOVIA 统一平台进行数据源协同，基于同一骨架模型进行设计协同。ENOVIA 提供全面的协同创新、在线创建和协同、一个用于 IP 管理的 PLM 平台、真实感体验、安装即用的 PLM 业务流程，如图 6-39 所示。

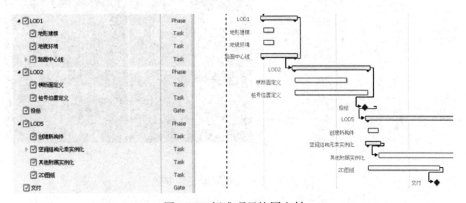

图 6-39 标准项目协同交付

通过项目管理 WBS，可以在 BIM 平台上统一定义工作计划和时间节点，由项目经理统一分派任务，在统一的 CATIA 平台上进行协同建模和模型审查，一起协同工作。在 CATIA 设计阶段，可以基于 CATIA 线路中心线进行协同，在统一的坐标系下进行协同设计。

（项目案例由上海市政工程设计研究总院（集团）有限公司提供）

6.3.2 CFD 技术助力武汉雷神山医院负压病房通风系统设计

7.99 万 m²，1500 张床位，2300 名医务工作者，12d 完成交付，这就是"中国速度"下的武汉雷神山医院。如何避免环境污染作为设计的重点考量，以最大限度地保障医护人员的工作环境安全，降低院内的交叉感染是重要的设计目标，如图 6-40 所示。

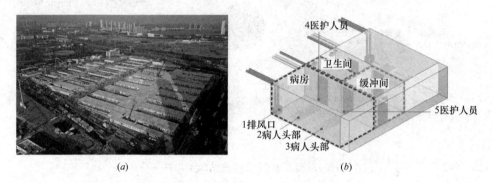

图 6-40　武汉雷神山医院
（a）武汉雷神山医院俯瞰实景图；（b）病房单元功能及传感器布置图

在进行暖通送风排风系统设计时，达索系统与设计方组成虚拟团队，在上海超级计算中心（Shanghai Supercomputer Center）及其合作伙伴 UbercomputingTech 公司的支持下，紧密合作，建立 BIM 模型，运用达索系统领先的 XFlow 软件模拟武汉雷神山医院病房内空气流动和污染物瞬态分布，并基于 XFlow 工具计算病人和医护人员位置污染物浓度与暖通布局的关系，对病房内污染物浓度控制以及后期类似医院建设提出了宝贵的建议。

设计方与达索系统双方结合现场实施特点，讨论制定 4 种常规暖通安装方案进行瞬态 XFlow 仿真计算。其中方案 A 为侧边送风同侧排风、方案 B 为侧边送风异侧排风、方案 C 为居中送风两侧排风、方案 D 为居中送风顶部排风，如图 6-41(a) 所示。

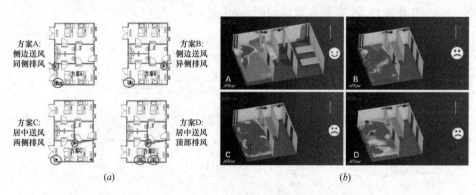

图 6-41　4 种常规暖通安装方案
（a）病房暖通送风排风方案；（b）某时刻室内污染物浓度分布图

在病人（$H=0.75\text{m}$）和医生呼吸位置（$H=1.5\text{m}$）建立监测点，统计污染物浓度瞬态变化规律。不同暖通安装方案下某时刻室内污染物浓度分布如图 6-41(b) 所示，结果显示当前暖通安装方案中方案 A 对污染物浓度控制最好，方案 B、方案 C、方案 D 对污染物浓度控制较差。

分析上述不同暖通安装方案发现方案 A 在病房内部形成了"U"形通风环境，如图6-42所示，气流流出送风管，碰到对侧墙壁后改变方向，最后流经两位病人后到达排风口。

XFlow 基于粒子的格子玻尔兹曼技术，用于高保真计算流体动力学（CFD）应用。XFlow 的先进技术使用户能够解决复杂的 CFD 工作流程，例如新型冠状病毒的传播途径主要是呼吸道传播，传播仿真动画如图 6-43 所示。

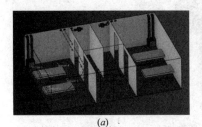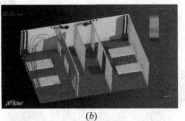

(a)   (b)

图 6-42 病房内部形成了"U"形通风环境

(a)"U"形通风环境气流方向示意图；(b)"U"形通风环境流动轨迹

图 6-43 新型冠状病毒空气传播仿真模拟

武汉雷神山医院病房整体参照战地医院形式，采用模块化设计，主要包括医疗用房区、医护保障区、医疗辅助区。病房 BIM 模型及实景图如图 6-44 所示。

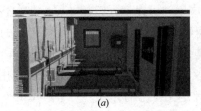

(a)   (b)

图 6-44 武汉雷神山医院病房

(a) 病房 BIM 模型；(b) 病房实景图

（项目案例由中南建筑设计院股份有限公司提供）

6.4　3DE 平台中关于 IFC 标准的解决方案

6.4.1　对象信息管理

达索系统最新的 CATIA 软件是基于 3DE 平台开发，这一平台的理念是数字孪生，即用数字模型模拟整个现实世界。因此，它提供了一套科学而简洁的信息管理机制，用以实现各种数据标准。3DE 平台信息结构和术语描述如图 6-45 所示。

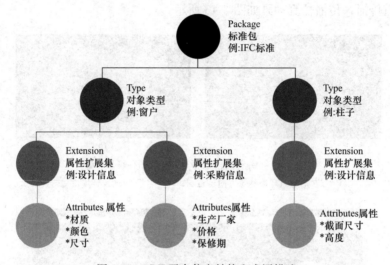

图 6-45　3DE 平台信息结构和术语描述

（1）标准包（Package）：是由一套对象类型和属性定义组成的数据标准，例如可以把 IFC 标准视作一个标准包。一个 BIM 项目可以应用一个标准包，也可以同时应用多个标准包。

（2）对象类型（Type）：表示一个具体的产品类别，例如门、窗、柱子等。一个标准包中通常包括多个对象类型。不同的对象类型之间还存在着两种不同的相互关系：

1）继承关系：由父类型派生出子类型。例如从"桥"派生出"斜拉桥"和"连续梁桥"。这种关系中，父类型的属性通常都会被子类型自动继承。

2）聚合关系：一种类型的对象是由其他类型装配而成。例如"桥"是由"梁"、"桥墩"和"桥台"装配而成。这种关系中，装配体和构件之间的属性就未必相同。

（3）属性（Attribute）：对象的一种量值，例如长度、材质、生产厂家等。

（4）属性扩展集（Extension）：为了便于应用，可以把一组相关属性打包进行管理。例如，把设计阶段用到的属性打包成"设计信息"扩展集，而把采购阶段用到的属性打包成"采购信息"扩展集，这样就可以根据不同的应用场景快速在对象类型上加载所需要的属性。

针对建筑行业，3DE 平台提供了预先定义的 IFC 标准，可供用户直接使用，同时它也支持用户在此基础上进行扩展，甚至另起炉灶定义自己的标准。一个典型的例子是达索系统和中国铁路 BIM 联盟合作，在 3DE 平台上通过自定义的方式部署了中国铁路 BIM 数据标准，即 CR-IFC 标准。借助这一标准，可以准确地描述铁路工程中的各种对象类型和属性，从而为铁路工程的 BIM 应用打下扎实的基础。

6.4.2　预置的 AEC 数据标准

3DE 平台不仅提供了对 BIM 数据标准的支持机制，而且在其土木建筑行业模块还预置了基于 IFC 标准编制的 AEC 数据标准，其中定义了各种 BIM 对象类型（例如门、窗、楼梯等）及相关属性，如图 6-46 和图 6-47 所示，3DE 平台内置的数据标准与 IFC4 兼容。

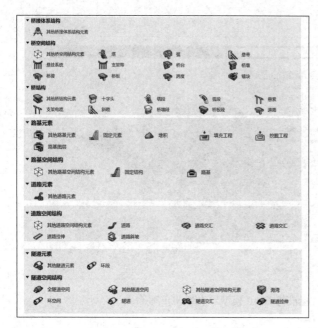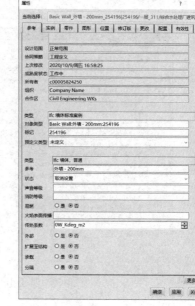

图 6-46　3DE 平台各种 BIM 对象　　　　图 6-47　3DE 平台 BIM 对象相关属性

6.4.3　AEC 数据类型及属性的扩展

3DE 平台不仅预置了 AEC 数据标准，而且还支持用户扩展 AEC 数据的类型及属性，如图 6-48 所示，扩展的类型及属性同样支持 IFC 标准。

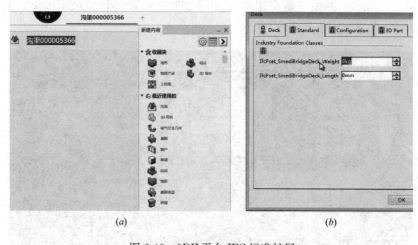

(a)　　　　　　　　　　　　　　　(b)

图 6-48　3DE 平台 IFC 标准扩展
(a) AEC 数据类型的扩展；(b) AEC 数据属性的扩展

6.4.4 异构系统的数据交流

通过 IFC 标准不仅可以在 3DE 平台中创建含有丰富信息的 BIM 模型，而且可以把多种业界软件创建的 BIM 模型导入到 3DE 平台进行管理，例如将 Revit 模型导入到 3DE 平台，如图 6-49 所示。导入导出接口支持 IFC4 和 IFC2x3 两种标准，以便更好地与行业内其他软件交流。

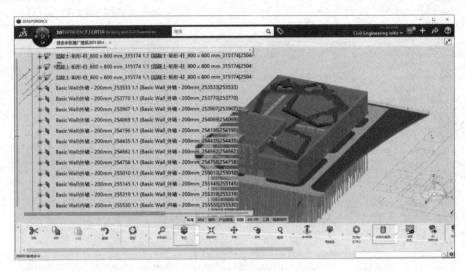

图 6-49　基于 IFC 标准将 Revit 模型导入到 3DE 平台

6.5　达索系统的 CIM 解决方案

6.5.1　智慧城市整体经济效益分析

智慧城市的整体经济效益不外乎是城市应变力、吸引力、效率、创新力与持续性，如图 6-50 所示。如今国内外重点城市正在大规模地创新向新兴智慧城市发展，并争先恐后地希望能成为世界智慧城市的典范。

图 6-50　智慧城市整体经济效益分析

6.5.2　CIM 解决方案

当前，有许多城市已经采用 3D 可视化的方式与民众沟通，并向城市管理应用上不断发展。而站在达索系统的立场上，不仅涵盖了 3D 空间数据，并能衔接 BIM 全生命周期管理的应用。达索系统对城市整体数据的结合，进一步深化了 CIM 定义，使其有了更深远的应用。

达索系统的 CIM 解决方案是从宏观到微观（Macro -> Micro -> Mezzo），是城市整体的全生命周期管理解决方案。从 GIS 宏观的角度出发，结合到 BIM 设计、建设、运维管理的整体解决方案。同样以 3DE 平台的高度整合方式来呈现虚拟与真实世界的对接。不再只是静态数据分析的结果，并能容纳动态数据分析，甚至大数据分析来协助都市内所需要的决策信息，如图 6-51 所示。

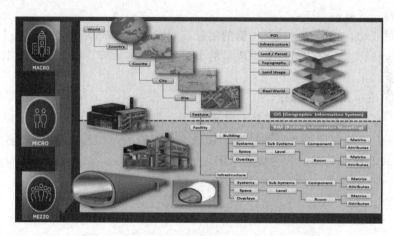

图 6-51　达索系统的 CIM 解决方案（从宏观到微观）

6.5.3　3D 体验城市解决方案

基于达索系统的 3DE 平台进一步推出了 3D 体验城市，可分为数字关联阶段、协同阶段以及模拟阶段。再往后则对应到了政府可基于虚拟城市执行沙盘推演，降低城市运行的阻碍与风险，如图 6-52 所示。

图 6-52　3D 体验城市解决方案

（1）关联所有利益相关者

通过使用 3DE 平台，提升城市设计协同效率。将数据模型集成到城市中参考，以便对其进行审查。然后，可以与所有利益相关者共享此视图，以研究和验证项目。

（2）设计与建造

将所有城市数据汇总到 3DE 平台中，作为所有数字城市解决方案的模型数据骨干。这使所有利益相关者对现有项目和未来项目的各个方面拥有最全面、最有价值的信息。

（3）模拟与优化

集成邻近所有相关资料来协助环境仿真，并与城市物联网所收集的资料进行相互验证。此外，还可以针对园区规模来进行区域的仿真分析，以预测特定事件的结果，并虚拟测试改善方案。

（4）资料关联分析

聚合实时和动态数据并提取有价值的信息，以统计学方式预测结果。通过相关信息了解整体城市运作行为，作为城市管理决策的重要依据。展示所有相关分析数据并提供跨组织部门的分析结果。

（5）Real-time 3D 虚拟体验

政府相关部门需要结合专业来进行协同管理，并促进民众、企业、学术单位等多方面的创新验证平台发展。通过增强沟通和增加透明度，有助于城市发展中快速的体验审核，并能关联 BIM 与运维管理的后续数据运用。

第 7 章　鸿业正向设计软件系统

7.1　概述

2010 年，鸿业科技确立了所有产品基于 BIM 技术理念进行开发的指导思想。为工程行业提供从规划、设计到施工、运维的全生命周期 BIM 解决方案，先后推出针对建筑、结构、机电专业的 BIMSpace 产品，针对城市道路及公路的路立得产品，针对地下管线的管立得产品等一系列基于 BIM 的应用系统。2018 年推出鸿城 GIS＋BIM 数据集成管理系统。

通过 BIM 深化应用研究，将 BIM 技术普及应用于工程建设全生命周期中，真正实现工程建设全流程信息化；并以工程大数据为基础，利用先进的智能图形技术，结合互联网、物联网、云计算等新兴信息技术，为智慧城市建设提供服务。

7.2　鸿业路易 BIM 道路设计系统

鸿业科技自 2008 年开始启动了对 BIM 技术的研究，并推出了一系列的房建类 BIM 软件。近年来 BIM 技术在路桥等市政工程中开始得到广泛的应用，鸿业科技结合多年道路施工图软件的成功经验，应用最新的 BIM 技术创新推出了一站式、平台化的道路 BIM 正向设计解决方案——鸿业路易-BIM 道路设计系统（简称"路易"），将市政道路工程各专业的方案设计、初步设计、施工图设计纳入同一个设计平台，既保留设计数据的连贯性，也极大地提升了设计效率。

7.2.1　软件系统架构

路易可完成路桥隧工程可研阶段、初步设计阶段、施工图设计阶段所需要的设计成果；初步设计阶段以及施工图设计阶段，可根据前一阶段的设计模型与本阶段的设计资料，完成本阶段对应的设计。设计模型使用统一的数据交付标准，保持各阶段 BIM 设计成果的统一性与一致性。通过 BIM 数据库直接驱动设计成果生成，一次设计得到施工图和 BIM 三维方案成果。未来还可生成 BIM 算量、BIM 仿真分析等更多成果。

路易采用软件内置数据库的方式，通过程序内部调用进行数据的存取。设计的核心是数据，模型是数据的体现形式。设计方案的调整驱动数据库发生改变，数据库驱动模型实时变更，把既有的设计流程与 BIM 设计完美结合，如图 7-1 所示。

7.2.2　软件功能

路易包含地形处理、地质建模、平面设计、纵断面设计、横断面设计、边坡设计、挡土墙设计、交叉口设计、立交设计、交通设施设计、工程量统计、场地现状仿真、交通仿真、道路规划方案比选等功能。桥隧 BIM 设计支持梁桥、拱桥、钢架桥、斜拉桥、悬索桥等多种桥梁类型的 BIM 正向设计，包含桥梁各构件参数化模型创建及桥梁 BIM 模型创建等功能；支持三心圆曲墙、直墙拱、单心圆、矩形等多种隧道断面，隧道洞门支持端墙式、削竹式等多种形式，包含隧道 BIM 方案设计、构件管理等功能。

图 7-1　路易软件系统架构

路易内置道路构件库：对道路线形、纵断面、横断面、边坡、挡土墙、交通标线、交通标志、护栏、路缘石等道路组件，建立标准的、参数化的、独立的组件库，组件库中包括组件的二维出图模型和三维显示模型。在道路设计中，根据道路所在地质情况、地形情况以及设计车速、道路等级、车流量预计，以及已有的类似优质道路设计情况，推荐用户选择合适的组件，加快设计速度，达到最优设计。

7.2.3　道路设计

1. 地形、地质模型创建

路易支持传统的人工测绘地形，也支持航空数字测量地形图，确定路线拟经过区域的物体形状、大小、空间位置及性质。通过离散的地质打孔数据、遥感 RS 数据，模拟显示该地区的地质情况，如图 7-2 所示。

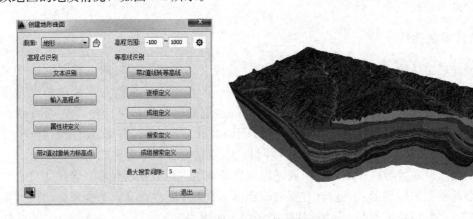

图 7-2　地形、地质模型

2. 道路平纵横设计

路易可以智能化地进行道路平纵横设计。根据地形地质数据、国家设计规范、设计原理、安全余量、历史数据，合理地选择道路线形设计的曲线模式和参数，既符合设计要求，又可减小施工难度。

道路平面设计提供导线法、曲线法、接线法。对于道路纵断面设计，综合考虑土方填挖、行车安全、地形等现状，提供多视图、多窗口纵断面设计方法。横断面设计模式化，根据用户确定设计条件、限制条件等参数，自动推出多种设计方案供用户选择。道路平纵横设计更加突出自动化、智能化，程序多做事，减少用户操作强度，工作更舒心，如图 7-3 所示。

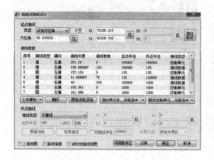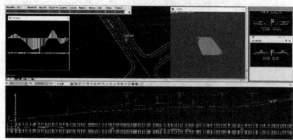

图 7-3　道路平面设计

3. 互通立交设计

路易支持各种匝道线形、纵断面、鼻端及加减速车道等设计。参数化设计与图形交互式结合，满足绝大部分立交匝道形式的设计。结合独有的纵断面拉坡多视口设计，可以实时监测匝道与主路、匝道与匝道之间的净空，各项设计参数配套相应规范自动检查，实时显示检查结果，准确、高效、智能，如图 7-4 所示。

(a)　　　　　　　　　　　　　(b)

图 7-4　互通立交设计
(a) 立交出入口设计；(b) 立交效果

4. 交通设施设计

路易可快速生成各种标准的标志牌、标线，设计过程中可实时查看三维模型效果。在道路上可实现一键智能布置整条道路的禁令标志、指示标志、指路标志等标志内容，以及车道标线、边线、交叉口标线等标线内容。当道路设计发生变化时，路易还可实现一键更新标志标线内容，标志标线自动提取道路高程，贴附于路面，增强三维模型显示效果，如图 7-5 所示。

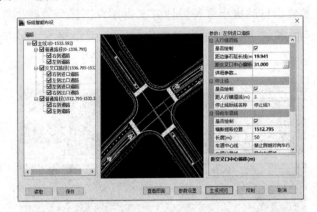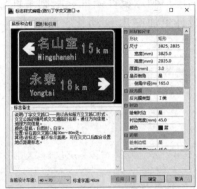

图 7-5　交通设施设计

5. 道路施工图出图

路易可根据内置的国内出图标准和可定制的出图样式快速生成道路施工图，如图 7-6 所示。施工图是设计成果的主要表现形式，是指导施工的重要依据，也是设计与施工对接的重要环节。路易支持传统的二维设计方法，最大限度地保留了用户的设计习惯。在传统施工图软件功能的基础上，结合新需求，对出图功能进行重新设计，丰富的可配置项加上灵活简便的调整方式，能够满足众多设计院的出图要求。

路易提供交通设施、安全设施的快速设计与建模，包含了标线系统、标志系统、结构计算绘图及工程量统计等功能。在道路模型上快速进行标志、标牌等各种设施的布设。标线系统提供国标中的所有标线内容，并支持编辑修改；标志系统以《道路交通标志和标线第 2 部分：道路交通标志》GB 5768.2—2009 为基础，增加 2015 城市道路规范相关标志，可任意定制所需标志牌样式。交通设施施工图如图 7-7 所示。

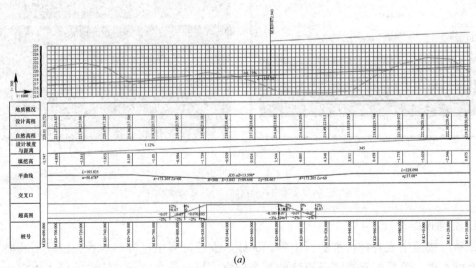

(a)

图 7-6　道路施工图（一）

(a) 纵断面图

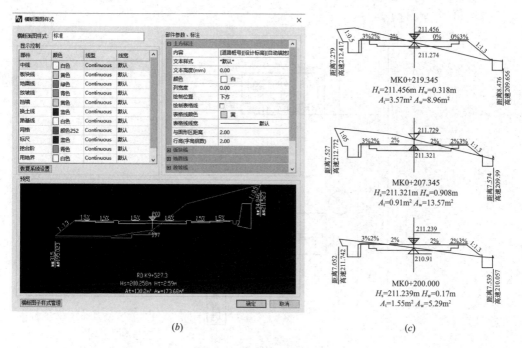

(b)　　　　　　　　　　　　　　(c)

图 7-6　道路施工图（二）

(b) 横断面输入；(c) 横断面表达

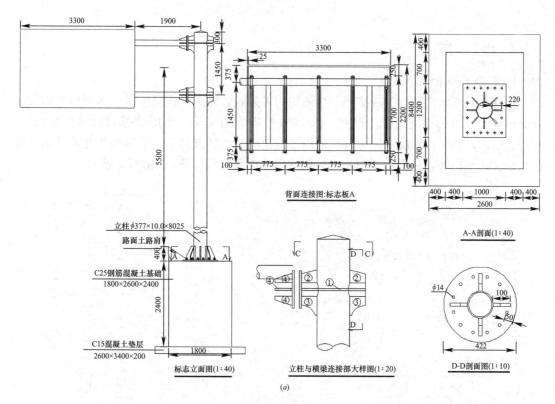

(a)

图 7-7　交通设施施工图（一）

(a) 标志杆结构绘图

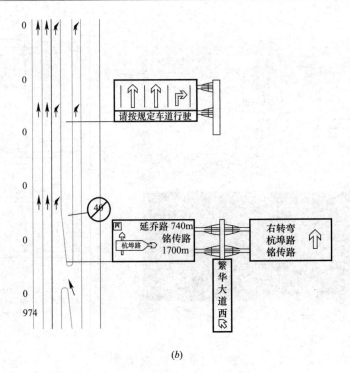

(b)

图 7-7 交通设施施工图（二）

(b) 标志大样图

7.2.4 模型应用

1. 道路工程量统计

路易利用三维模型，生成准确、精细的构件列表，完成工程量统计，从而使工程量统计比传统设计更加准确，减少浪费。以 BIM 数据库为基础，出图数据源自模型数据库，路基、边坡，甚至结构层和路缘石都可以通过模型进行精准算量。横断面渠化等特征断面信息也从模型提取，使得出图与算量的精准程度得到有效保证，如图 7-8 所示。

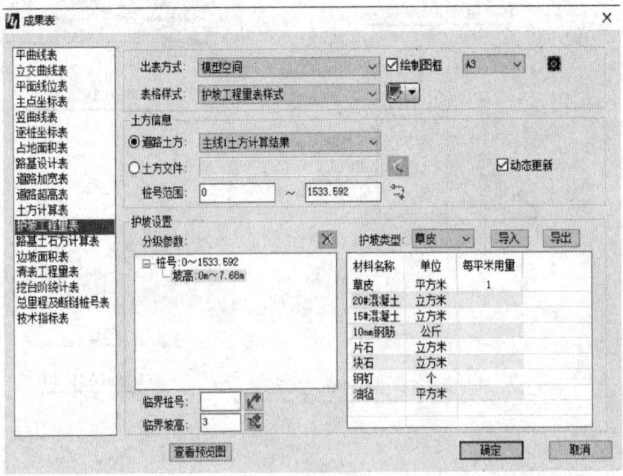

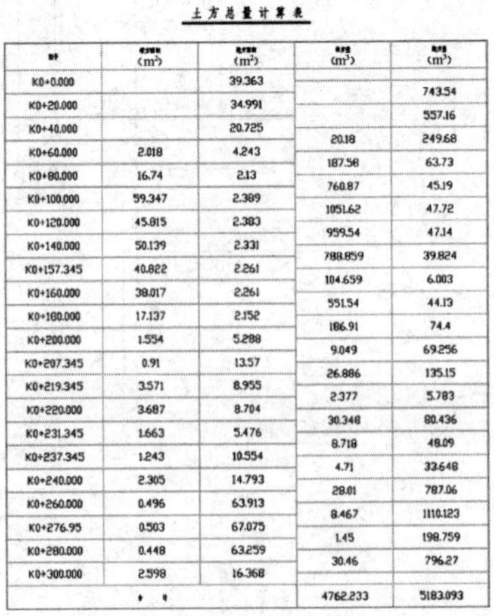

图 7-8 工程量计算

2. 三维展示

路易拥有强大的三维渲染平台，高精度卫星影像图、高精度高程数据，GIS 数据合成场地的地形、地质模型，可以反映真实的工程环境以及周边信息。路易强化对大数据算法的支持，可轻松处理海量数据，完美衔接倾斜摄影、地形 LOD 等数据，设计数据与增强现实相结合，高效直观地呈现工程设计成果，如图 7-9 所示。

(a)　　　　　　　　　　　　　　　(b)

图 7-9　三维展示

(a) 项目结合倾斜摄影数据展示；(b) 项目结合建筑、绿化展示

3. 道路规划方案比选

路易可利用 BIM 三维可视化的特性，展示不同设计方案的特点和可视化评审。依托于 BIM 数据库，强化 BIM 正向设计快速建模，高效生成高质量的三维方案，设计的核心是数据，模型是数据的体现形式。设计方案的调整，驱动 BIM 数据库发生改变，同时 BIM 数据库驱动模型实时变更，把既有的设计流程与 BIM 设计完美结合。方案调整快速、简便，多方案三维可视化对比变得不再是想象，如图 7-10 所示。

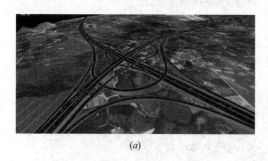
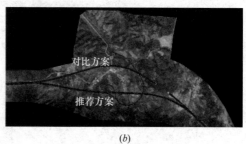

(a)　　　　　　　　　　　　　　　(b)

图 7-10　道路规划方案比选

(a) 道路方案三维查看；(b) 道路方案比选

4. 园林绿化

随着 BIM 技术在建筑等工程行业迅猛发展，园林业也在对 BIM 相关技术进行探索。园林规划设计及施工阶段对 BIM 技术的需求也很急切。园林工程独有的特色使得开发 BIM 技术的难度较大，需要充分利用相关行业 BM 技术的成果，按园林工程的要求进行改造和扩展。

路易拥有专门的三维绿化配景模块，可满足道路绿化、场地绿化相关的设计及三维展示，如图 7-11 所示。

(a)　　　　　　　　　　　(b)

图 7-11　三维绿化配景
(a) 道路绿化；(b) 场地绿化

5. 交通仿真模拟

路易利用三维模型集成交通仿真软件进行模拟，仿真更加直观。在三维场景下利用交通车流配比、信号灯配时等，规划车辆行驶路线，进行真实场景的交通仿真分析、路线驾驶漫游、视距分析等，通过不断的优化配比，进行最终交通方案的确定。设计成果不再只是纸上谈兵，设计方案更加眼见着实，如图 7-12 所示。

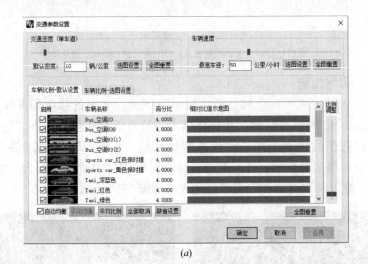

(a)

(b)　　　　　　　　　　　(c)

图 7-12　交通仿真模拟
(a) 交通参数设置；(b) 信号灯配对；(c) 模拟效果

7.2.5　桥梁 BIM 设计

1. 桥梁建模

路易支持梁桥、拱桥、钢架桥、斜拉桥、悬索桥等多种桥梁类型的设计及建模，支持国内公路、铁路、城市道路桥梁设计规范。可完成工可阶段、方案阶段、初步设计阶段需要的设计成果；方案阶段、初步设计阶段可根据前一阶段的设计模型与本阶段的设计资料，完成本阶段对应的设计。拥有丰富的桥梁系统构件分类，如梁桥、拱桥、钢架桥、斜拉桥、悬索桥构件分类，以及构件所包含的基本属性，如图 7-13 所示。

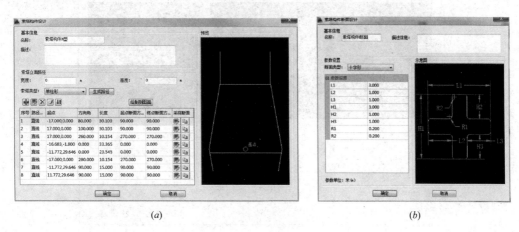

图 7-13　桥梁建模

（*a*）索塔构件设计；（*b*）索塔构件断面设计

2. 桥梁工程信息模型编码规则设定

路易可完成桥梁工程信息模型编码规则设定，对设计阶段、专业、梁类型以及各上部结构、下部结构构件设定编码规则。如图 7-14 所示，程序可按照设定的编码规则自动进行桥梁构件的编码，设计过程中无需考虑编码问题，设计完成，编码也自动完成。

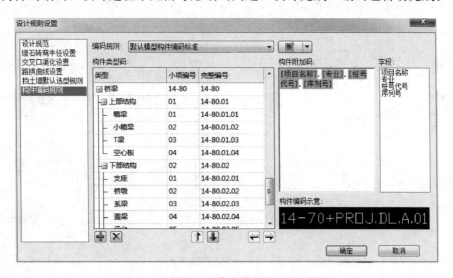

图 7-14　桥梁工程信息模型编码规则设定

3. 桥梁构件参数化模型创建

路易可完成桥梁构件参数化模型创建，包括 T 梁、小箱梁、空心板梁、箱梁等梁体参数化模型创建，如图 7-15 所示。支持盖梁、系梁、墩柱、桥台、桩基础以及梁桥、钢架、拱桥、斜拉桥、悬索桥等特有构件参数化模型创建。参数数据修改驱动数据库更新，进而驱动模型进行更新，完成参数化模型的创建与修改。高效、可视化的交互体验，精细化的模型表达，更能让设计人员快速准确地掌握桥梁设计效果，提高设计效率和质量。

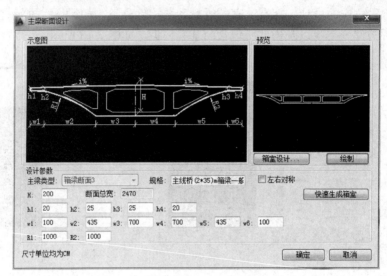

图 7-15　桥梁构件参数化模型创建

4. 桥梁参数录入

路易可完成桥梁参数录入，内置各种上部结构、下部结构等基本构件参数录入功能。提供桥拱参数录入，多种形式上部结构组合等参数化设计，桥墩形式、位置，系梁、盖帽、承台、桥台及桩基础的参数化设计等功能，并且支持自定义墩位线进行模型创建。多种参数化设计功能辅助完成精细化的桥梁三维设计，如图 7-16 所示。

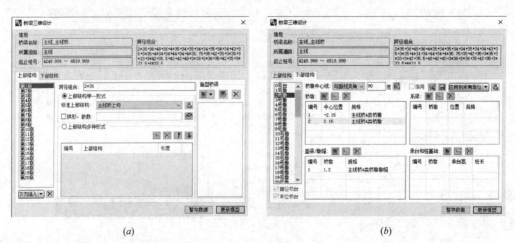

图 7-16　桥梁参数录入

(a) 上部结构；(b) 下部结构

5. 桥梁模型生成

路易可根据参数化设计成果自动生成悬索桥、斜拉桥模型；支持上承式、中承式、下承式拱桥模型创建，拱肩支持实腹式、空腹式设计，如图 7-17 所示；支持变宽、变高箱梁模型创建；无需单独进行桥梁建模，省去建模工作量、设计过程及建模过程；模型根据设计参数自动进行更新，实现高效、快捷修改。

图 7-17　桥梁模型生成

7.2.6　隧道 BIM 设计

1. 隧道建模

路易可实现公路及城市地下隧道项目的设计、建模，包含隧道断面设计、洞门设计及隧道内设施设计等。多种参数化设计界面及图面交互式设计方法，可实现隧道模型的自动创建。如图 7-18 所示。

图 7-18　隧道建模参数

2. 方案设计

路易在隧道工程设计中可实现可视化设计，通过对隧道的 BIM 建模，可对工程中的管道分布、线路设计进行直观展示；在进行线路施工图设计时，能直接对线路管道的分布是否合理进行检查，从而降低在项目施工中出现错误的概率；对隧道工程进行虚拟化模拟展示，可以充分了解工程的施工效果和整体外观，从而更好地去分析工程设计是否合适，如图 7-19 所示。直观地将隧道工程的整体形态表现出来，将工程所能展示的物理特征全部示于人前，不懂设计的客户也可以直观了解隧道建造过程，通过不同的视角对工程进行全方位的观察；方便对施工方案进行优化改进，达到最好的效果，将施工中可能出现的风险进行排除。

7.2.7　辅助建模库

1. 模型库

路易内置模型库，提供了大量三维模型，支持导入 SketchUp、3ds Max 等模型。模型库保持高度开放性，可将项目中遇到的高精度模型统一进行入库管理，配合所涉及项目进行三维展示，增强项目展示效果，如图 7-20 所示。

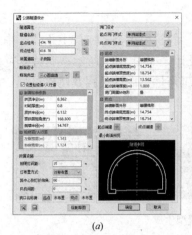 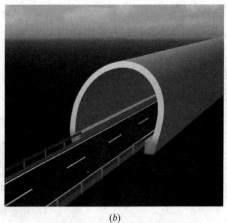

(a)　　　　　　　　　　　　　　　　(b)

图 7-19　隧道设计

(a) 隧道断面设计；(b) 隧道效果

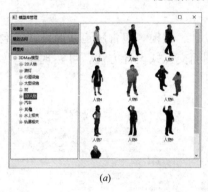 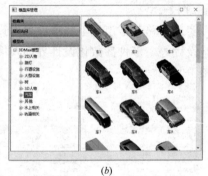

(a)　　　　　　　　　　　　　　　　(b)

图 7-20　模型管理器

(a) 3D 人物；(b) 汽车

2. 三维树种库

路易提供大量三维树种库及绿化带模块库，可快速地进行道路绿化及场地绿化设计，设计过程即建模过程，任何阶段都可以进行三维效果查看，如图 7-21 所示。

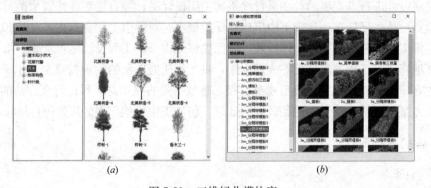

(a)　　　　　　　　　　　　　　　　(b)

图 7-21　三维绿化模块库

(a) 树种库；(b) 绿化带模板管理

3. 道路铺装

路易提供大量道路铺装材质库，且可统计路面工程量，材质库支持扩充，接口开放，可将项目中用到的道路铺装材质图片入库，在项目中进行应用，配合项目进行三维展示，根据路面工程量统计成果输出道路铺装工程量，如图 7-22 所示。

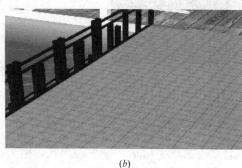

（a）　　　　　　　　　　　　　　　　　（b）

图 7-22　道路铺装
（a）场地铺装；（b）人行道铺装

4. 三维渲染

路易软件与管立得软件生成的模型可以进行无缝合模，鸿业软件自带三维平台，可以进行项目三维展示，如图 7-23 所示。也支持导入其他专业模型渲染软件中进行场景渲染，如图 7-24 所示。

图 7-23　鸿业三维查看平台　　　　　　图 7-24　导入 Lumion 渲染效果

7.3　鸿业三维智能管线设计系统

鸿业三维智能管线设计系统（简称"管立得"）是鸿业公司着力打造的一款城市管网设计软件，旨在为管线工程设计提供一站式解决方案。管立得采用全新的平台化设计理念，集成给水管网设计、排水管网设计、燃气管网设计、市政电气管网设计、热力管网设计等城市管网设计模块，可满足规划设计、方案设计、施工图设计和运维管理等不同阶段的需要。

7.3.1　软件系统架构

管立得采用平台化架构，满足各类城市管网设计，模块之间数据兼容、传递流畅，管线设计采用二维三维一体化设计，二维施工图完成后，三维模型也同步自动建立，设计过程即建模过程，如图 7-25 所示。

图 7-25　管立得软件系统架构

7.3.2　软件功能

　　管立得实现了给水、排水、燃气、电力、热力五大专业管线工程设计于一体，采用平台化架构，分模块安装及使用。管立得可进行地形图快速识别，以及地形建模、管线平面智能化设计、竖向可视化设计、自动标注、自动统计表格和自动出图。管线设计过程中，平面、纵断面、标注、表格实时进行数据联动更新，可高效完成设计工作。管立得可自动识别和利用鸿业三维总图软件、鸿业路易-BIM 道路设计系统以及鸿业市政道路软件的成果，管线三维成果也可以与这些软件进行三维合模和碰撞检查，实现三维漫游和三维成果展示，如图 7-26 所示。

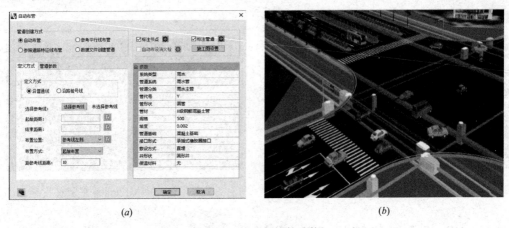

(a)　　　　　　　　　　　　　　　　　　　(b)

图 7-26　管立得软件功能

(a) 管线平面智能设计；(b) 三维漫游和三维成果

　　管立得在管线工程 BIM 正向设计工作中实现了二维三维一体化设计模式，助力设计院由二维施工图设计向三维 BIM 正向设计轻松转变。管立得在道路改造、管线迁改、管线资料入库管理等方面也发挥着更高效的助推作用，助力城市建设中更精准的设计。

7.3.3　管线设计

1. 三维地形模型

　　管立得可以自动识别传统测量地形图、测绘地形文件等，快速生成三维地形模型，也可以结合谷歌地形数据以及影像图进行三维模型展示。软件内置联机地图功能，可以直接下载项目所在地区的地形影像图及高程数据，且下载完成自动生成三维地形模型。对于传统的 DWG 测量地形图，以及 Excel、TXT 等格式的测量文件等也可以一键进行识别或导入，自动生成三维地形模型，如图 7-27 所示。

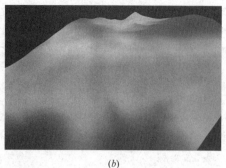

(a)
(b)

图 7-27　三维地形模型
(a) 谷歌地形数据；(b) 三维地形高程数据

2. 现状管线导入建模

随着城市规模和人口数量的不断增大，旧城区升级改造工作越来越多，现状管网的信息是设计必不可少的数据，但勘测单位提供的现状管网数据多是 Excel 表格、GIS 数据文件、DWG 格式的信息、不完整的管线平面图，这些信息不能直接用于设计，需要大量的信息识别、处理甚至重定义，极大地增加了前期数据准备的工作量。

管立得提供的现状管线导入导出功能，可以非常方便且无损地将管道的坐标、管长、规格、管材等相关信息导入软件中，满足后续设计的需求，如图 7-28 所示。

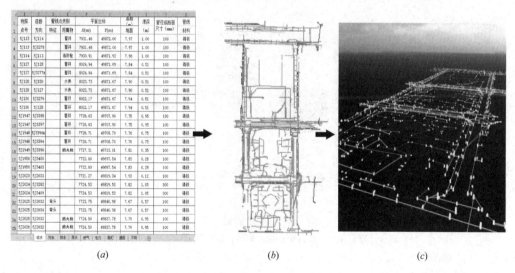

(a)　　　　　　　　　　　　(b)　　　　　　　　　　　　(c)

图 7-28　现状管线导入建模
(a) 原始 Excel 格式管线勘测数据；(b) 管线数据导入；(c) 生成管线三维模型

3. 管线 BIM 正向设计

管立得不仅可以得到常用的平纵横及统计表等设计成果，还可以得到精准的 BIM 模型，满足各种场景需要。管立得采用 BIM 正向设计理念，设计过程即建模过程，无需单独建模，设计过程中可随时快速查看三维模型。设计人员在不改变传统二维施工图设计流程及习惯的情况下，软件自动利用 BIM 数据库由设计参数驱动，后台轻松完成 BIM 模型的建立，高效实现 BIM 正向设计。

管立得设计生成的 BIM 模型成果还可以与鸿业路易、海绵城市、综合管廊、鸿城、

203

BIMSpace 等专业软件数据兼容，互相提资，互相合模，形成一套完整的城市信息模型。BIM模型成果可以向下游主流 BIM 平台传递模型及数据，Revit、PDMS、SketchUp、Lumion、3DMax 等平台数据格式皆可满足，满足多场景需求，实现设计数据的流转和传递。

4. 多种专业计算，快速精确

管立得提供了强大的计算工具，包括管网平差计算、雨水计算、污水计算、管道土方计算等，管道土方计算支持回填砂和回填土分类统计，多种开挖方式灵活设置，计算准确。专业设计数据与专业计算相结合，保障设计成果的合理性、准确性和安全性，如图7-29所示。

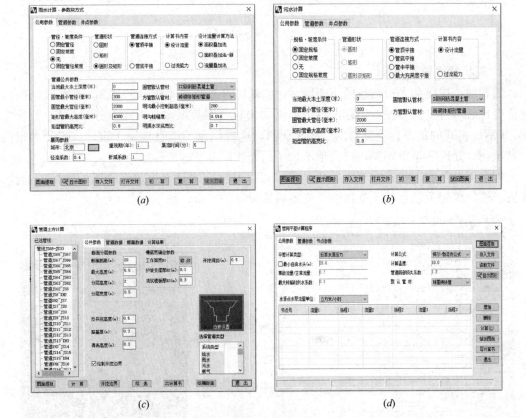

图 7-29　各类专业计算

(a) 雨水计算；(b) 污水计算；(c) 管道土方计算；(d) 管网平差计算

5. 设计修改

图纸变更修改是设计人员最头疼的事情，改动的工作量甚至超过重新画图的工作量，管立得开发了许多贴心的功能，帮助设计人员更加方便快速地对图纸进行修改。数据的修改，驱动数据库更新，最终驱动 BIM 模型的变更，如图 7-30 所示。修改功能如下：

（1）平纵横及表格联动更新，一点修改，全局联动，也可关闭联动只修改部分；

（2）针对修改对象推送相关的工具命令；

（3）在需要进行图面选择操作时，能够根据选择内容智能模糊捕捉相应管道或节点；

（4）图面标注位置不合适需要调整时，辅助设计人员快速地进行位置调整；

（5）较长纵向拖动查看不方便时，冻结表头栏，可以帮助用户更快更准确地查看；

（6）快速三维查看，在设计的任意过程中方便高效地查看管道三维情况。

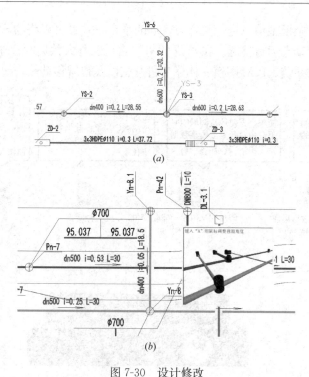

图 7-30　设计修改
（*a*）智能磁吸、辅助选择；（*b*）快速三维查看

6. 综合碰撞检查

管立得中提供碰撞检查功能，通过综合碰撞检查发现冲突部位，直观高效地排查设计问题，实现设计优化。管立得设计生成的 BIM 模型可以与鸿业路易生成的道路、桥梁模型以及综合管廊模型进行合模之后，综合进行地下管网之间以及与地下构筑物之间的碰撞检查，最大限度地模拟现实地下构筑物分布情况，做到设计问题的提前发现，如图 7-31 所示。

图 7-31　碰撞检查
（*a*）管线与桥梁承台碰撞；（*b*）管道与地铁通道碰撞

7.4　数据集成平台：鸿城 CIM 平台

7.4.1　软件系统架构

鸿城 CIM 平台是基于 GIS（地理信息系统）结合 BIM（建筑信息模型）从宏观尺度到微

观尺度对城市基础设施模型信息进行整合与管理的平台，并且可以将物联网信息与模型进行连接，从而及时掌握动态运行情况。在鸿城 CIM 平台对工程大数据的管理与应用过程中，衍生出了多源数据集成系统、BIM 图模一体化交付系统以及智城移动端，如图7-32所示。

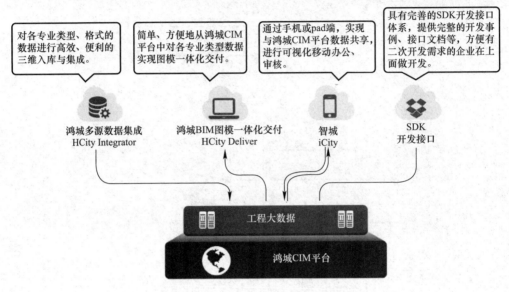

图 7-32　鸿城 CIM 平台系统架构

7.4.2　软件功能

在数据方面，鸿城 CIM 平台解决了不同专业软件的输出格式、版本束缚问题，让数据与专业软件自身解绑，实现了不同专业数据在统一场景中的合模，形成了城市区域内从现状到过程的全专业数据管理。

在数据场景的基础上进行业务应用，实现了城市的三维展示、多规合一管理等全过程应用。如图 7-33 所示。

图 7-33　鸿城 CIM 平台多源数据融合和应用

7.4.3　鸿城 CIM 平台主要功能

（1）图层分层管理

图层自定义分组，通过图层开关显示模型数据，可单独调整模型的透明度，便于查看隐蔽工程。

（2）模型挖洞

根据图层、模型和自定义区域对地形影像和倾斜摄影数据进行快速挖洞。

（3）属性查询编辑

查看 BIM 模型的几何信息和属性信息，并可修改、增加、删除 BIM 模型的属性信息。

（4）视点管理

对固定视角的位置进行镜头记录，方便下次快速浏览与定位。

（5）综合碰撞检查

在系统中通过综合碰撞检查发现冲突部位，直观高效地排查设计问题，实现设计优化。重点在于不同专业、不同软件来源的模型进行全专业综合碰撞。通过点击碰撞标签，可以详细查看碰撞点的干涉情况。

（6）模型剖切

实现 BIM 模型对象的平立剖，便于查看模型内部情况，剖切结果可自由调整剖面位置和角度，剖切后的模型也可以查看属性。

（7）三维量算

精准量算距离、高度、角度和面积等，并将数值标注在指定位置。

（8）审批批注

可以在三维环境中对发现的问题进行批注，并将批注意见发送给需要进行修改的人员。经过优化修改并提交后，原有的方案进入历史版本，场景替换为新的方案。

（9）项目及历史版本切换

可在项目及不同版本之间切换，并可对比不同版本的差异。

（10）三维漫游

实现运行路径定制、路径飞行控制。

7.4.4　鸿城 CIM 平台决策分析功能

（1）交通分析

进行路网交通的分析与展示，找出交通影响因素，从而进行规划设计和优化。对比工程项目建设前后以及不同出入口设置方案对路网交通的影响，从而为道路的提升更新提供依据。还提供了基于 VISSIM 的交通仿真模拟重现功能，在 VISSIM 中做完交通仿真后，可以把数据导出，在鸿城 CIM 平台中可以对这些仿真数据进行解析、定位、高程自动提取，从而最真实地模拟仿真交通情况，为规划决策提供依据，如图 7-34 所示。

（2）规划方案对比

同屏展示建设项目不同方案的效果，并显示不同方案的技术指标之间的差值。对备选方案进行颜色、体量和指标等各个角度对比。对方案建成后的环境影响、天际线、体量进行对比分析，如图 7-35 所示。

图 7-34　交通分析　　　　　　　　　　　　　　图 7-35　规划方案对比

（3）路径漫游分析

通过漫游分析查看项目部位与道路沿线及城市景观风貌，体现工程建设项目与周围环境的协调性，为方案优化提供决策依据。可以自主添加漫游路径，按照道路路线，设定视角和观察高度，进行行车模拟或飞行模拟，如图 7-36 所示。

（4）区域能源分析

根据中国标准气象数据（CSWD）及中国典型年气象数据（CTYW），生成全年逐时气象数据报表和曲线。对 CIM 区域中的建筑群 BIM 模型，计算全年 8760h 冷热负荷，生成图表和报告。根据建筑群的全年逐时负荷表、冷热源方案、运行策略、设备性能曲线，计算逐时电耗、气耗；按分时电价政策，计算费用，生成运行费用报告表。同时该功能可以通过挂接能耗传感器进行建筑能耗分析，如图 7-37 所示。

图 7-36　路径漫游分析　　　　　　　　　　　　图 7-37　区域能源分析

（5）海绵城市分析

根据现有的地形信息及降雨情况，计算出积水淹没范围、面积及深度等，继而为后续的淹没区域模拟等提供数据。我国城市内涝和排水问题的主要成因有：气候变化造成降水不均和局部过强、人为大规模改变地表径流、排水管网排水能力与城市发展不适应、自然水系吸纳雨水能力受损等。针对这些情况，建立相应的降雨模型、管网数据、地形模型等，通过淹没分析计算模拟淹没情况，找出地区淹没原因，如图 7-38 所示。

（6）可视域分析

可视域分析有着广泛的应用前景，如森林中火灾监测点的设定、观察哨所的设定以及无线发射塔的设定、监控、航空等。可视域分析在地理信息系统中属于空间分析的范畴。空间分析是基于地理对象的位置和形态特征的空间数据分析技术，其目的在于提取和传输空间信息。空间分析是 GIS 的核心部分之一，在地理数据的应用中发挥着举足轻重的作用。如图 7-39 所示。

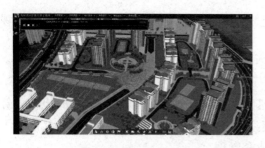

图 7-38 海绵城市分析

图 7-39 可视域分析

（7）通视分析

通视分析用于判断观察点和目标点之间是否可见，通过显示不同颜色区别观察点和目标点是否被模型遮挡，蓝色线表示可见，红色线表示不可见。通视分析在航海、航空以及军事方面有重要的应用价值，比如设置雷达站、电视台的发射站、道路选择、航海导航、布设阵地、设置观察哨所、铺设通信线路等，如图 7-40 所示。

（8）天际线分析

天际线，又称城市轮廓或全景。天际线就是你站在一个地方，远眺四周，最远处的天与地面上的建筑相交的那一条轮廓线。天际线在每个城市规划设计中都扮演着举足轻重的作用，天际线在城市设计中是独一无二的。一个城市的天际线形成与变化主要取决于城市标志性建筑、山河地形、城市人文特色。从任意视角快速绘制天际线，根据天际线轮廓对规划建筑的位置和高度进行调整，可提高规划工作效率。通过空间目标对象与天际线限高体的空间关系判断及空间运算，可以分析目标对象的超高情况，如图 7-41 所示。

图 7-40 通视分析

图 7-41 天际线分析

7.4.5 鸿城 CIM 平台特效

鸿城 CIM 平台提供多种场景特效功能，配合各类模型进行展示和数据分析。诸如天气特效、VR、粒子特效、动态水面、天空特效、动态树、自光影特效、倒影特效等，不同场景下配合相应的特效功能，可以更加真实地模拟现实情境，提高项目展示效果，如图 7-42 所示。

7.4.6 鸿城 CIM 平台多源数据集成管理

城市基础设施和建筑的模型数据，来源于不同软件的不同格式的成果，容易产生新的信息孤岛。通过在鸿城 CIM 平台中进行集成和融合，集合地理信息基础数据、管网物探数据、点云和倾斜的现状采集数据，形成地上、地面、地下三位一体的完整城市场景合模数据，如图 7-43 所示。

　　鸿城 CIM 平台实现了模型数据与不同品牌工具软件的脱钩，消除了格式和版本差异，达到了模型数据的标准化管理。

　　鸿城 CIM 平台可将鸿业 BIM 系列产品设计产生的模型数据直接入库，同时也提供针对其他各类数据的入库工具，无需额外增加模型处理的工作量，既提高了效率，又降低了成本，轻松实现了 BIM 模型数据的传递、集成和管理。

图 7-42　场景特效功能
(a) 天气特效；(b) VR；(c) 粒子特效；
(d) 动态水面；(e) 天空特效；(f) 自光影特效

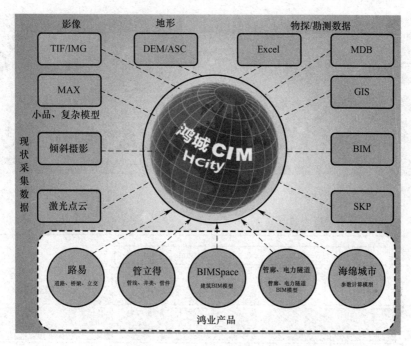

图 7-43　鸿城 CIM 平台多源数据集成管理系统

7.5　鸿业软件正向设计案例

7.5.1　成都杉板桥项目

1. 项目简介

区域位置：项目地处城市"东进"门户区域，穿越成华区核心地段，西起二环路，止于中环路，东接成南高速、成金青快速路，项目全长 2.5km，与建设南支路、枫丹路等主要道路相交。

周边环境：二环至中环段现状周边业态以商业和居住为主，沿线公园绿地资源条件好。地铁 7 号线和 8 号线已通车运营。

设计内容：方案设计、初步设计、施工图设计全部由成都市市政工程设计研究院承担。设计范围为两侧建筑之间的 U 形街道空间，宽 63～86m。设计内容包括车行交通空间、慢行交通空间、绿化景观、地面附属设施、沿街建筑立面、地下管线，如图 7-44 所示。

涵盖专业：初步设计与施工图设计阶段，设计内容集中在道路红线范围内的市政项目，主要包括道路桥梁、地下通道、综合管线、附属工程，如图 7-45 所示。

2. BIM 建模解决方案

杉板桥项目采用多平台、多软件、分阶段、分专业协同设计。在方案、初步设计及施工图设计阶段，主要依靠鸿业路易、鸿业管立得等 A 平台产品进行道路以及管线相关专业的工程设计，快速生成道路及管线模型，并且依靠这两款软件还快速生成了项目所在区域的地形模型及卫星影像数据，如图 7-46 所示。

图 7-44　设计内容

图 7-45　涵盖专业

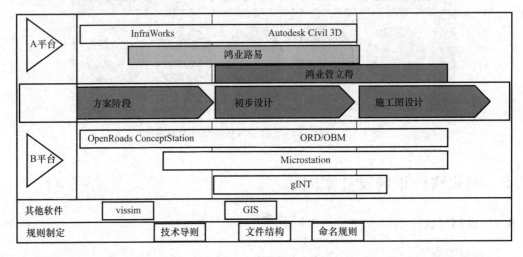

图 7-46　建模解决方案

3. 管线设计

B 平台的管线模型渲染展示，如图 7-47 所示。鸿业管立得在建模过程中起到了很重要的数据传递作用。使用鸿业管立得进行管网设计，并快速生成管线模型，模型数据支持直接导出，然后把模型数据向下游传入 B 平台，如图 7-48 所示。

图 7-47　管线设计

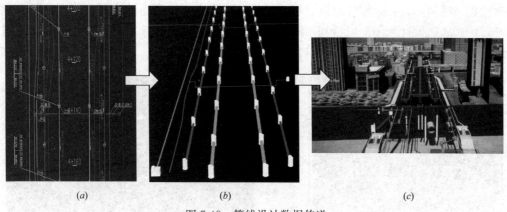

图 7-48　管线设计数据传递

(*a*) 管网设计；(*b*) 管线建模；(*c*) 管线设计与现状模型

4. 道路桥梁设计

道路桥梁设计建模，鸿业路易胜过 A、B 平台的地方有两个：第一就是按照国内大多数设计人员的设计思路进行，设计人员用起来顺手，建模速度快；第二就是处理倾斜摄影资料的能力很强。杉板桥项目中利用鸿业路易完成了道路以及桥梁的设计和建模，然后将模型数据进一步导出，无缝转接入 B 平台与管线模型进行合并，同时利用鸿业路易将数据量极大的倾斜摄影资料加入项目当中来，经过鸿业路易模型轻量化的处理，然后再导入 B 平台进行最终的项目渲染，如图 7-49 所示。

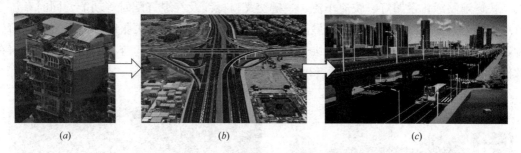

图 7-49　道路桥梁设计数据及倾斜摄影数据传递

(*a*) 倾斜摄影；(*b*) 模型轻量化；(*c*) 道路桥梁渲染模型

（项目案例由成都市市政工程设计研究院提供）

7.5.2　长沙月亮岛路项目

1. BIM 方案设计

（1）地形处理

方案阶段鸿业路易提供了多种地形数据生成地形模型的功能，可支持 DWG 地形图、Excel 及 TXT 格式测量文件、道路横断面测量文件等。项目利用的是鸿业路易内置的联机地图功能，定位到项目所在区域，下载地形高程数据及地形影像图，快速生成地形模型，如图 7-50 所示。

（2）快速方案设计

传统二维设计在方案阶段无法准确表达设计意图，且投入资源较大，鸿业路易采用数据驱动模型机制，设计过程即建模过程，提供快速路线、纵断面设计等功能，前期方案阶段可以快速表达设计意图。项目利用鸿业路易快速道路平纵设计功能，快速得到了三维方案设计效果，省时省力，非常高效，如图 7-51 所示。

(a)　　　　　　　　　　　　　　　　(b)

图 7-50　联机地图快速完成地形模型

(a) 联机地图；(b) 地形模型

（3）方案汇报

鸿业路易提供三维渲染引擎，并可以进行方案发布，生成独立可执行的漫游程序，脱离软件环境进行三维操作展示。在项目方案设计完成之后，利用软件提供的快速标线方案、快速道路绿化及路灯、快速车流、一键交叉口标线及红绿灯配时等功能，同时车流与红绿灯配时自动关联，对方案进行漫游发布，生成项目包。方案汇报时不需要安装任何软件，直接打开就可以呈现方案的三维效果，并且可以进行任意视角查看和信息查询，与在软件环境中效果保持一致，如图 7-52 所示。

图 7-51　三维方案设计效果　　　　　图 7-52　三维漫游操作展示

（4）交叉口设计

在进行月亮岛路与雷锋大道交叉口设计时，平面道路自动结合地模、卫图，直接生成道路模型。交叉口设计可在道路绘制完成后自动生成，利用鸿业路易的 BIM 构件化机制，可以单独选中交叉口进行参数化的设计，并且支持自定义转角线，参数化设计与图形交互结合，可满足各类交叉口设计，并且设计过程中可随时查看交叉口三维效果，如图 7-53 所示。

2. 施工图设计

（1）道路平面设计

鸿业路易施工图设计可利用前期方案设计模型数据，通过道路模型提取数据，不仅保证了工程量的精确性，而且能够很方便地提取各组件渠化内容，自动提取横断面变化，使出图和算量更便捷。软件提供丰富的出图、标注可配置项，加上灵活简便的图纸调整方式，能够满足众多设计院的出图要求。

(a)　　　　　　　　　　　　　　　　　　　　　(b)

图 7-53　交叉口方案设计
(a) 交叉口参数化设计；(b) 交叉口三维效果

　　月亮岛路项目利用前期方案数据，继续在施工图设计阶段深化设计，利用鸿业路易提供的出图与标注功能，进行施工图出图和出表，快速完成施工图平面图设计，如图 7-54 所示。并且鸿业路易基于 BIM 数据库的优势，设计变更及出图风格配置变更，所有已绘制图、表都会即时更新。

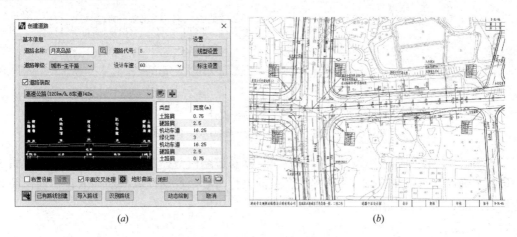

(a)　　　　　　　　　　　　　　　　　　　　　(b)

图 7-54　鸿业路易出图与标注
(a) 平面设计参数；(b) 平面设计图纸

　　（2）道路纵断面设计

　　在月亮岛路项目纵断面设计过程中，利用鸿业路易的多视口纵断拉坡功能，可进行平纵横可视化拉坡设计。在进行纵断动态拉坡设计的同时可以进行纵断数据规范检查，平面边坡放坡效果实时根据纵断数据进行更新，同时可以进行项目填挖方情况以及部分特殊桩号处横断面填挖情况的查看和监控，如图 7-55 所示。

　　（3）道路横断面设计

　　鸿业路易在进行道路横断面设计以及道路工程算量时，与传统二维施工图设计有所区别，鸿业路易设计的道路基于 BIM 模型，横断面提取也来自模型，基于断面法的横断面土方带帽计算，能够更加准确地进行工程量的计算和统计。

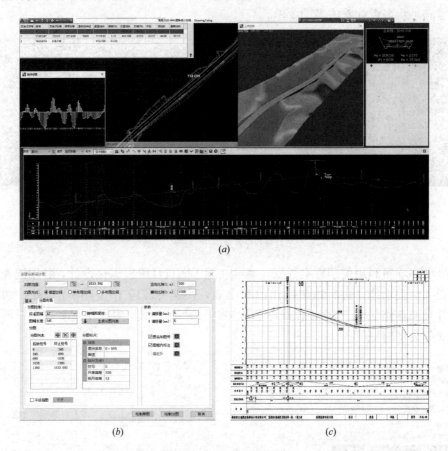

图 7-55　纵断面设计
(a) 纵断面设计界面；(b) 纵断面设计参数；(c) 纵断面设计图纸

　　本项目在完成前期平纵设计后，通过鸿业路易道路模型提取数据，不仅保证了项目工程量的精确性，而且能够很方便地提取各组件渠化内容，自动提取横断面变化，使出图和算量更便捷，如图 7-56 所示。

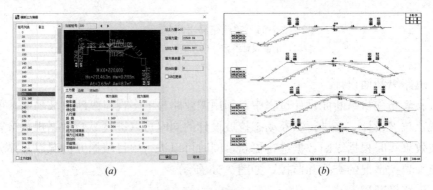

图 7-56　横断面设计
(a) 横断面设计参数；(b) 横断面设计图纸

（4）交叉口设计

鸿业路易在交叉口设计方面支持参数化设计及自定义转角线等多种形式设计，并且支持交叉口竖向设计。

本项目在方案设计完成之后，利用鸿业路易施工图模型进行了交叉口深化设计，包含交叉渠化设计、导流岛设计以及无障碍通道设计等，设计完成相关模型也一并自动生成。同时利用鸿业路易交叉口竖向设计功能进行道路交叉口的竖向设计，且在交叉口竖向设计完成后，竖向设计的数据也可以自动驱动模型进行改变，完成设计数据与模型信息的数据传递，如图 7-57 所示。

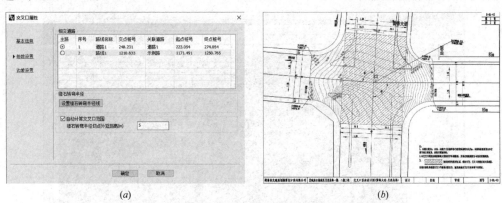

(a)　　　　　　　　　　　　　　(b)

图 7-57　交叉口深化设计

(a) 交叉口设计参数；(b) 交叉口设计图纸

（5）数据联动更新

鸿业路易以 BIM 数据库为核心，设计数据均存储于数据库中，在项目进行修改和变更时，设计数据的改变驱动数据库进行更新，后续与之相关的数据、图纸、表格等都可以依据数据库进行相应的联动更新，如图 7-58 所示。该功能极大地减少了项目修改及变更的设计工作量，这是传统二维设计软件无法相比的。

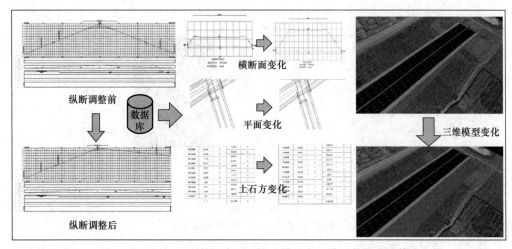

图 7-58　基于 BIM 数据库平、纵、横、表、模型数据联动修改

3. 交通设施设计

（1）智能布设交通设施

鸿业路易交通设施设计模块可直接利用前期方案及施工图设计成果进行设计，标志、标线基于道路模型可进行快速智能布设，并且一键统计标志、标线工程量，一键进行标志结构计算等。标志牌支持自定义，满足各类道路设计需求。

在项目施工图设计完成之后，利用鸿业路易交通设施设计模块智能布设功能，快速地完成了道路段及交叉口区域的标线、标志布置，基于 BIM 数据库选择所需标牌版面后，所有标牌内信息均自动提取道路信息，无需手动录入，实现了模型信息向下游专业快速传递和利用，设计工作变得高效且智能。在复杂渠化段区域及局部细节调整之后，范围内的交通标志、标线就快速地完成了设计，如图 7-59 所示。

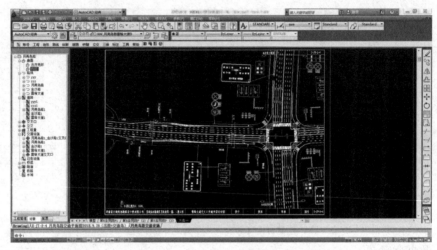

图 7-59　智能交通设施布置界面

（2）标志、标线设计

项目交通设施设计内容主要包含标志版面设计和交叉口内标线设计，鸿业路易支持标志版本的定制与扩充，标线智能布置与手动布置相结合，智能布置完成道路段及交叉口内基本标线后，局部细节进行手动布置微调，极大地提高了设计效率，如图 7-60 所示。

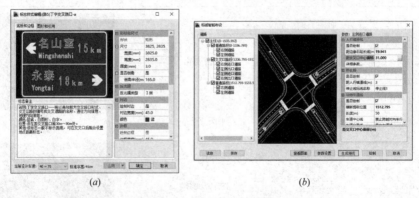

图 7-60　标志、标线设计
(*a*) 标志版面设计；(*b*) 交叉口内标线设计

（3）设计成果

交通设施设计完成之后，利用鸿业路易提供的一键出大样图、一键统计标志标线工程量以及标志结构计算等功能进行设计成果的呈现。所有的设计参数均存储于 BIM 数据库中，保障了设计成果表达的快速及准确性，只需设置好成果表达的规则，软件便可实现一键出成果，充分利用了数据传递的高效性和准确性。除此之外，在交通设施设计完成之后，利用鸿业路易 BIM 正向设计的机制，无需任何额外的工作，便可实现标志边线的三维模型自动生成，如图 7-61 所示。

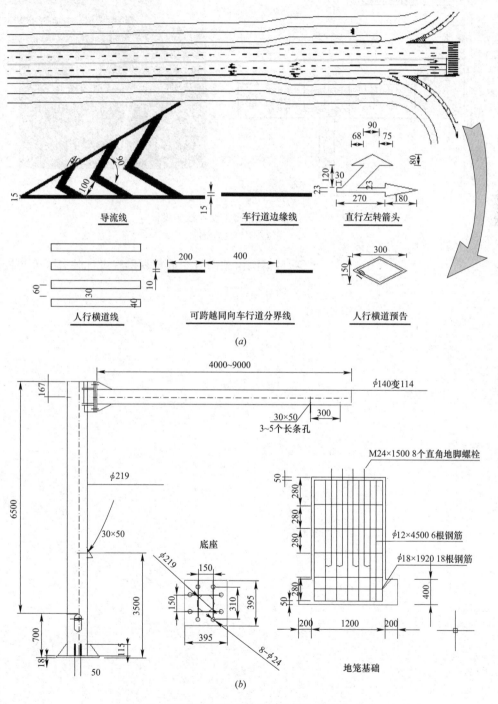

图 7-61　基于道路 BIM 模型的交通设施设计（一）

（a）一键出标线大样图；（b）标志杆结构设计

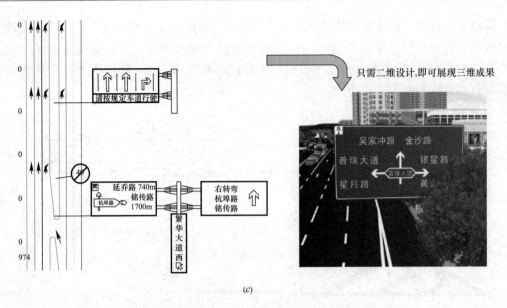

图 7-61　基于道路 BIM 模型的交通设施设计（二）

（c）三维效果所见即所得

（项目案例由湖南省交通规划勘察设计院有限公司提供）

第8章　公路工程设计 BIM 系统

8.1　概述

《公路工程设计 BIM 系统》由上海同豪土木工程有限公司与云南省交通规划设计研究院有限公司合作研发。该系统针对公路工程设计全生命周期，基于 GIS、BIM 和互联网等技术，提供了一整套全流程、全专业的数字化、信息化、智能化的公路工程设计与管理的集成式解决方案，并为施工和运维 BIM 应用及价值挖掘提供了平台和数据支撑。

通过研发 BIM 正向设计软件，实现效果包括：大幅降低重复劳动；高效形成设计方案；有效降低设计难度；提高沟通效率，化"串行"为"并行"；压缩管理层次，减少设计反复的工作量。

8.1.1　公路工程设计过程现状

1. 原始资料

现状：资料不系统、脉络不清、查阅方式不方便、理解不顺畅。

解决方案：标准化数据条目，标准化查询方式，自动化数据引用。

2. 关联数据

现状：数据互相耦合严重，传递过程不方便、不严谨。

解决方案：相互依赖的专业中间数据共享，自动化数据引用。

3. 数据量

现状：决策参数太多，导致思考、协商、分析复杂。

解决方案：标准化参数放入库，在界面上清除已规定取值的工程参数。智能化确定复杂工程物参数。

4. 图纸

现状：融合信息多，数据搬运量大，绘制慢、图量多，校审复杂。

解决方案：图纸全集管理，图纸组成按照标准格式，参数化绘图提升效率，所有成果和校审记录通过提交方式供他人获取。

5. 协商沟通

现状：严重依赖图纸，低效晦涩，难以追溯，过程不严谨。

解决方案：充分利用电子沙盘、BIM 模型的展示和信息表达功能。

6. 过程管理

现状：不透明，发现问题难，驱动解决问题也难。

解决方案：重新梳理分工，提高协作效率；充分利用"问题"系统，使过程中协调留下痕迹；建立自动化的数据更新机制。

8.1.2 公路工程 BIM 正向设计理念

第四次工业革命是以人工智能、机器人技术、虚拟现实、量子信息技术、可控核聚变、清洁能源以及生物技术为突破口的技术革新。其工业核心是智能技术，而智能技术的显著特点可概括为"十五化"，包括：数字化、信息化、电子化、智能化、标准化、最优化、装配化、工厂化、可视化、通用化、精细化、流程化、虚拟化、自动化、互通化。第四次工业革命的物理代表是计算机＋机器人。

BIM 技术贯穿在第四次工业革命浪潮中，其技术核心与关键点集中在 BIM 软件研发中，也涉及相关专业知识、流程与经验，如"正向设计""协同设计"及"模型关联"等。

随着 BIM 技术的发展，其在设计行业的应用也越来越广泛，但一些现象值得注意，许多设计仍是首先进行二维图纸设计，然后据此制作三维模型（俗称"翻模"），通过三维模型进行分析及检查。这样的设计流程不但没有缩短设计周期，反而增加了设计成本。

在 BIM 技术发展较晚的公路设计领域，该现象尤为普遍。其主要原因是 BIM 技术应用还处在探索阶段，相关软件还有待完善。现今公路设计行业迫切需要的是基于 BIM 技术的正向设计。

通俗地讲，公路工程 BIM 正向设计是在三维数字地形环境模型（即 GIS 系统）场景中，直接利用 BIM 软件完成三维设计成果的过程。其从设计初始，道路、桥涵、隧道等构筑物就会以三维实体的形式呈现在三维地形中，直至设计结束，所有的过程都是在三维环境中进行的，最后交付的产品也将是三维模型。

进一步分析 BIM 正向设计，简单地说，就是让设计者直接利用 BIM 技术完成方案设计，并交付 BIM 成果。当前状态下，设计主要是交付二维图纸，因此 BIM 正向设计软件同时也必须提供二维图纸绘制功能。工程设计的目标就是正确且合理地确定工程构筑物的所有参数值，并将方案通过图形技术准确地表达出来。传统设计存在如下问题：

（1）由于工程规模大、参数多、参数间逻辑关系复杂，因此设计过程中，设计者需具备大量的专业基础知识，包括标准图及各种强制性条文，将大量的工程参数从具体的设计过程中剥离，大幅降低设计工作量。

（2）需要充分利用以往的工程设计经验来快速确定常规的大量参数，包括设计指导书和知识库等，快速形成初步方案。然后，找出初步方案中的不合理参数，通过反复试算、应用各种分析技术及向专家咨询等手段，确定剩余的疑难参数。

（3）由于专业分工，还会存在相互依赖的参数，设计者需要协商确定。

（4）由于数据庞大，为确保工程设计质量，还需要大量的相互校核和上级审核工作，导致设计思想在人脑之间的反复传递。

BIM 技术的基本要求是参数的系统性，或者说系统参数化之完整性。因此 BIM 正向设计软件应系统地处理好工程构筑物的完整性及设计过程的复杂性，充分利用 BIM 技术对上述过程进行改造。没有系统性，BIM 正向设计将难以生存，必重蹈"翻模"之覆辙，这是公路 BIM 系列软件的核心理念。

工程设计是工程建设的灵魂，设计人员是行业技术上的高端者。基于 BIM 的正向设计流程，契合了设计人员的思维路径。研究 BIM 技术的应用，对于设计人员是最合适的。其易将设计者的聪明才智通过 BIM 软件得到放大与展示，其研究成果既对全生命周期的应用具有指导意义，也是人工智能的一个重要发展方向，更是设计专家知识的固化所在。

设计人员对工程信息模型的理解最为深刻。当设计模型共享到施工和运维阶段时，仍然只有设计人员对工程本质最了解，因此，优秀的工程设计师最有可能担当全生命周期信息模型应用的参谋，甚至统帅！

8.2　《公路工程设计 BIM 系统》

8.2.1　总系统架构

《公路工程设计 BIM 系统》（简称"总系统"）包括共享（沙盘）平台、6 个子系统及 6 个基础平台。其中子系统包括：总体设计子系统、路基设计子系统、桥梁设计子系统、隧道设计子系统、涵洞设计子系统、交安设计子系统；基础平台包括：GIS 平台、地质平台、3D 图形平台、2D 图形平台、通用计算平台及野外调查平台。系统总架构如图 8-1 所示。

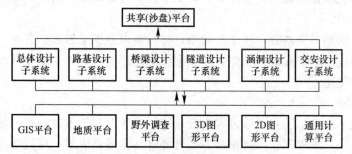

图 8-1　《公路工程设计 BIM 系统》总架构

总系统之共享输入、自输入、共享输出与自输出，简称系统"四耳图"，见表 8-1。

《公路工程设计 BIM 系统》四耳图　　　　　　　　　表 8-1

共享输入		共享输出	自输入		自输出
地形图/GIS 数据	公路工程设计 BIM 系统协同管理平台	地形图/GIS 数据	上阶段成果批复文档	公路工程设计 BIM 系统协同管理平台	地形图/GIS 数据
地质数据		地质数据	野外调查资料		地质数据
上阶段设计成果		设计成果	规划数据		设计成果
上阶段勘察成果		勘察成果	计划参数		勘察成果
路线模型		路线模型	进度参数		路线模型及计算参数
路基路面模型		路基路面模型	会议纪要（txt）		路基路面模型及计算参数
桥梁模型		桥梁模型	函件（pdf）		桥梁模型及计算参数
涵洞模型		涵洞模型			涵洞模型及计算参数
隧道模型		隧道模型			隧道模型及计算参数
交通安全模型		交通安全模型			交通安全模型及计算参数
设计条件（沟通球）		碰撞性检查报告			碰撞性检查报告
		协调性检查报告			协调性检查报告
		征地模型			征地模型
		工程造价模型			拆迁模型
		计划进度			计划进度
		实际进度			实际进度
		设计协调（沟通球）			会议纪要

8.2.2 总系统技术路线

总系统技术路线：通过标准模型库自动确定大部分参数，通过经验规则库智能确定剩下的主要参数，再以手工调整并辅以参数化联动、三维模型即时刷新和分析工具的自动化衔接等手段，来确定疑难参数，并以电子沙盘为共享沟通手段，完成模型协商、校审、交流等工作。

1. 数据标准化

数据格式的标准化是对数据应用和管理的基础，系统参照 IFC 标准，通过对资源层、核心层、界面层的标准化建设，分别建立了基础资料的标准库、通用构件的标准库和专业成果的标准库，把设计过程中的基础数据、标准构件、通用图等用计算机统一管理，既提升了管理效率，又保证了数据的正确性，同时为成果的兼容性奠定了基础。

2. 构件参数化

系统在标准化数据的基础上，将所有构件参数化，并通过联动机制，使规则明确的相关构件实现自动化组合和调用。逐步减少人工干预，提高效率的同时，降低失误概率。

3. 经验数字化

系统以设计指导书为基础，建立经验库，将行业内多年来形成的各种经验知识的积累逐步数字化。通过不断扩充的经验库，在数据标准化建设和构件参数化联动的基础上，最终实现设计的智能化。

4. 信息共享化

系统通过电子沙盘，建立设计过程中专业间组织接口和技术接口信息传递的规则，即时集成设计团队的三维成果，项目相关方均可即时共享最新成果，可以更早地进行方案比选、多专业集成，提升信息传递的时效性和准确性。

8.2.3 总系统协同共享管理

为了模拟公路工程勘察设计"项目总体"岗位职能，依据系统论原理及软件工程要求，在总系统中设立"协同管理共享平台"。该协同管理共享平台对外具有产业链级共享性，对内具有管理基础（初始）资料、管理设计成果（过程成果）、实现模型总装（碰撞性检查、协调性审查）、管理设计管理工作资料等功能。

系统协同共享通过 BIM 沙盘来实现。BIM 沙盘系统是总系统的一个重要组成部分，即时集成各专业协同工作的最新成果，供设计各专业共享、沟通；系统具备多种在线、离线沟通方式，建立了远程协同的基础；具备表达设计意图的丰富手段，自动汇总各种注释图元和数据、自动生成图表和新老路线走向示意图等；能自动生成汇报视频，基于电子沙盘的工程汇报比 PPT 更加生动形象，汇报方式更加直观。BIM 沙盘模型效果如图 8-2 所示。

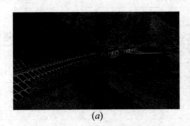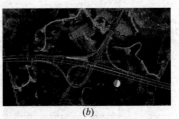

(a)　　　　　　　　　　　　(b)

图 8-2　公路工程 BIM 模型集成装配

(a) 公路主线模型集成；(b) 公路立交模型集成

8.2.4　各子系统间数据共享

设计过程中各专业间"资料交接"是一种数据传递。梳理公路工程内各专业间发生的数据流，形成"矩阵-瀑布-流程"架构图。初步设计阶段专业间数据流如图 8-3 所示。施工图设计阶段专业间数据流如图 8-4 所示。

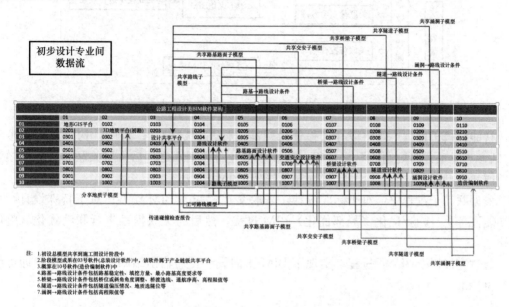

图 8-3　公路工程初步设计阶段"矩阵-瀑布-流程"架构图

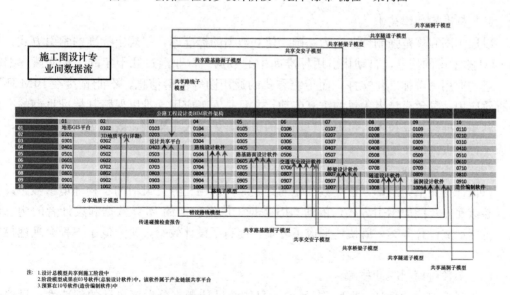

图 8-4　公路工程施工图设计阶段"矩阵-瀑布-流程"架构图

8.2.5　专业 BIM 正向设计流程

专业 BIM 正向设计是按设计内在规律、遵循设计正常流程，由模型参数（输入参数或软件自动求解得到的参数）直接生成 BIM 模型的过程。后续，如果需要的话，可通过 BIM 模型自动而准确地生成所需二维成果图纸。总系统 BIM 正向设计过程包括智能建模子过程与模型联动子过程，如图 8-5 所示。

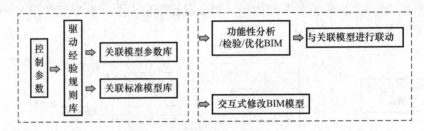

图 8-5　总系统 BIM 正向设计技术路线

智能建模子过程中，将设计过程分为标准设计与特殊设计；将设计构思过程模拟为"控制参数驱动经验规则库"之过程；巧妙地将经验规则库之"后件"关联到"标准模型库"或"模型参数库"，从而实现智能创建初始 BIM 模型。

模型联动子过程中，对于标准设计，采取交互式修改 BIM 模型；对于特殊设计，采取功能性分析/检验/优化（局部优化）BIM 过程，然后与关联模型进行联动优化（整体优化）。

通过完成以上两个子过程，实现了 BIM 正向设计，而输出结果——BIM 模型即可满足交付标准。

8.2.6　总系统关键技术

（1）标准模型库技术

以通用图和规范强制性条文为基础，建立数据的标准库，并规定标准的索引方式，利用 BIM 模型中的信息，自动化引用标准库中的数据。行业经过几十年的工程实践，编制了大量的通用图等标准化文件，而传统方式的通用图等模型信息，不能直接在 BIM 环境中有效应用，导致设计者大量的重复劳动，并且是人工应用，难以保障其标准贯彻的准确性。利用标准模型库技术，可形成自动化的引用，无需人工干预，既避免了重复劳动，也保障了标准贯彻的正确性。

（2）经验规则库技术

以设计指导书为基础，建立数字化的经验库，采用充分且灵活的工程环境参数、设计经验参数建立智能的索引方式，依据 GIS 数据、已经确定的 BIM 数据和设计者的构思数据，智能形成设计方案，既快速形成了方案，提高了设计效率，又降低了工程合理性控制的难度。

（3）参数化模型联动技术

对于疑难部位的设计（即特殊设计），只能由设计者充分发挥自己的创造性，设置专业性的设计控制参数，由设计者手动调整控制值，所有相关 BIM 参数全部联动更新，并同时刷新三维效果图，设计者可即时看到设计结果的变化，加深对疑难部位设计逻辑及其变化规律的理解，必要时，自动生成其他分析技术的数据文件，由设计者在分析技术软件中更深入地理解并合理地决策，有效降低设计难度。

（4）电子沙盘协同共享技术

共享建立工程项目的电子沙盘，实时汇总设计团队的最新三维虚拟实景的成果，设计团队及关联各方都在虚拟实景中相互理解，并利用互联网技术在线沟通，既充分利用了高效的通信技术，提高了沟通效率，又避免了很多基于图纸沟通导致的人为错误，有效地避免了低级的设计反复。

8.2.7　总系统主要功能

《公路工程设计 BIM 系统》可以协助设计人员完成公路工程设计项目的全部过程。具体功能如下：

（1）从业务角度划分，该过程包括设计技术过程、设计资料过程及设计管理过程；

（2）从专业角度划分，该过程包括公路工程所有专业过程，例如路线设计过程、路基及路面设计过程、桥梁设计过程、隧道设计过程、涵洞设计过程及交通安全设计过程；

（3）从纵向设计阶段划分，包括可行性研究阶段、方案设计阶段、初步设计阶段、深化设计阶段及施工图设计阶段；

（4）从横向设计划分，可以实现各专业之间的协同，包括专业间资料交接、专业间模型联动及模型碰撞检查；

（5）从数据角度划分，包括了大量基础数据（GIS、地质、调查资料）的识别、用户自输入（少量）数据的识别、中间数据的智能化及自动化计算、输出共享 BIM 模型、输出二维平面图纸（自动剖切并投影）及功能性检验计算书，实现了专业间数据共享与协同；

（6）从技术路线方向性划分，该过程属于正向过程，即属于设计人员正常思维及操作过程，它是脑力劳动智能化的一次探索与实践。

8.3　总体设计子系统

总体设计子系统可以完成总体路线专业从方案研究到施工图设计的全部设计工作。在进行平面设计、纵断面设计及超高/加宽设计时，系统会自动结合最新规范并辅以智能的分析计算，实时对用户进行提醒。实现了桥梁、隧道、边坡等构造物的三维模型快速生成，工程数量实时提取，同时支持多路线间的方案比选。设计人员能轻松、快速拟定出合理的方案。方案确定后，一键输出二维、三维成果，使设计人员从繁琐的绘图工作中解放出来，将更多精力投入到对方案的研究上，是提高设计效率的利器。总体设计子系统软件界面如图 8-6 所示。

8.3.1　总体设计子系统功能

（1）强大的路线设计功能，参数化的平纵横联动

系统支持导线法、线元法、积木法等多种布线方法，可以完成任意组合形式的公路平面线形设计。实现了路线中任意曲线单元的拖拽、平移、旋转等交互式操作；同时，实现了参数化的平纵横实时联动设计，地面线、横断面可随平面线位变化实时刷新，实现了直观快捷地进行路线设计。

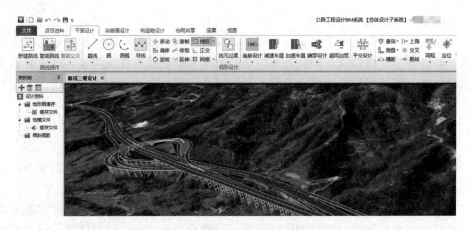

图 8-6　总体设计子系统软件界面

（2）快速生成工程构造物模型，控制性工程方案即时调整

系统支持工程构造物的快速布设，自动生成模型，实现了一键总体设计。用户可任意设置桥梁、隧道、边坡的边界参数，实时查看不同控制参数下的工程构造物情况，更好地掌控工程的总体规模。同时，系统实现了对调整后构造物方案的即时刷新，直观地将主要控制性工程的规模展现在设计人员面前。

（3）即时进行路线多方案技术参数、工程规模的比选

系统实现了多路线方案的快速比选功能，各条比选路线间的工程规模对比情况可快速、准确地输出。

（4）立交设计

系统在融合了传统立交布线功能的基础上，开创性地实现了智能宽度设计、智能端部设计、自动接坡设计、自动边坡相交设计，可快速建模。

在立交设计过程中，布线完成后，实现了一键宽度设计、匝道分/合流端部自动处理、变速车道范围及宽度根据规范自动处理；平面设计完成后，匝道纵断面根据与其关联的控制性纵坡参数自动接坡，三维模型即时呈现，空间关系一目了然。

（5）快速生成各阶段的图表成果

系统内建立了智能绘图平台，根据不同设计阶段的需求，可快速生成相关图表成果。设计完成后，根据需要设置好图框、图名等参数，自动生成图纸目录，一键出图，自动成册。若设计方案有调整，可仅对调整部分重新出图；若方案改动较大，也可一键全部重新出图成册。

（6）路线漫游

设计完成后，系统可自动生成从路线起点到路线终点的三维漫游，也可在指定桩号之间沿路线轨迹进行三维展示；对于互通立交、重点桥梁等重要工点可以设置环绕固定点的360°展示。漫游时，可灵活设置漫游速度、漫游角度等参数，从而从多角度观察设计成果的正确性和合理性。

8.3.2　总体设计子系统特色

（1）三维可视化的设计环境

系统依托内置的 3D 平台，通过导入 DEM、DOM 数据可以方便地构建三维设计环境，

各项控制因素以矢量地物及模型的方式实景展现，整个设计过程就是虚拟建造的过程，工程物与环境的关系即时呈现。通过三维可视化的设计环境，使得设计意图的表达更加形象，设计成果的质量进一步提高，沟通表达更加高效。

（2）智能辅助设计

平面布线过程中能够自动匹配合理的缓和曲线。智能考虑圆曲线、偏角、超高长度等因素，减少人工工作量。纵断面设计中，可自动添加或更新控制点；快速创建变坡点并智能设置竖曲线；坡度、坡长、"平包竖"等智能超规预警；根据缓和曲线长度智能设计出符合规范的超高过渡方式。横断面设计中，可实现路线宽度智能设计（断面过渡、特殊加宽、鼻端等宽度处理），并根据边坡模板智能判断进行"戴帽"设计。桥梁、隧道、边坡等工程构造物可根据自定义边界参数自动布设，也可在三维环境中交互，快速添加、修改，方便快捷。实现了参数化的平纵横实时联动设计，地面线、横断面可随平面线位变化实时刷新，实现了直观快捷地设计路线。

（3）专业自动化程度高

在立交设计中，可智能计算匝道偏移值，一键快速布设变速车道、分/合流（对接）；匝道自动接坡并进行超高设计。场坪、公交停靠站、收费广场等沿线设施快速设置；各类常见平交口设计、辅助车道设计、分离式路基设计及断面自动处理。融合设计人员成熟的工程经验，形成各种可扩充的经验表，建立了经验数据库，可最大程度降低设计难度、大幅减少工作量，提升设计效率。路线方案修改时，与之相关的构造物也实时刷新修改。

（4）成果一键输出

系统支持多种平台数据、模型的互导。

8.3.3　总体设计子系统设计流程

总体设计子系统设计流程如图 8-7 所示。

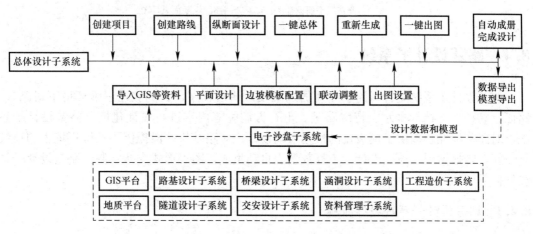

图 8-7　总体设计子系统设计流程

8.3.4　总体设计子系统四耳图

总体设计子系统"四耳图"见表 8-2。

总体设计子系统四耳图 表 8-2

共享输入		共享输出
GIS 模型	总体设计子系统	路线 BIM 设计模型（共享到路基设计子系统、桥梁设计子系统、隧道设计子系统、涵洞设计子系统、交安设计子系统）
地质模型		路线设计数据文件
外业调查资料		
自输入		自输出
有限的参数数值		总体 BIM 模型
		路线图纸及图表（总体、路线、交叉）

8.3.5 总体设计子系统设计实例

应用总体设计子系统进行公路总体设计，其部分成果如图 8-8 所示。

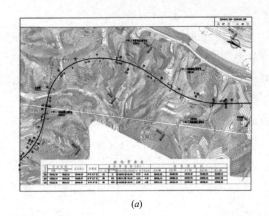 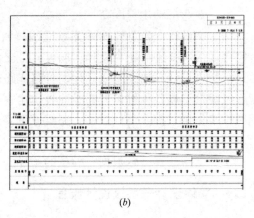

(a)   (b)

图 8-8 总体设计子系统成果

(a) 公路路线平面设计图；(b) 公路路线纵断面设计图

8.4 路基设计子系统

路基设计子系统是针对路基专业的三维设计建模程序，其能够在三维环境下对路基、路面、防护、支挡、排水、特殊路基、土石方调配等内容进行设计建模。路基设计子系统，对路基标准段提供了模板化的快速自动设计；对路基特殊段提供了三维环境下的精细化交互，轻松做到一坡一设计。工程数量表自动生成，图表形式支持定制。路基设计子系统软件界面如图 8-9 所示。

8.4.1 路基设计子系统设计流程

路基设计子系统设计流程如图 8-10 所示。

8.4.2 路基设计子系统功能

路基设计子系统共享导入 GIS 资料、外业调查资料、地质资料、总体设计子系统产生的路线资料，通过智能分析及多种交互设计方式，建立路基路面及其附属构造物的 BIM

模型，同时自动生成路基路面专业设计图纸，完成设计工作。

（1）快速生成包含路基、路面、排水和防护等要素的路基模型

在三维设计环境下，通过内置模板工具分别设置路基边坡、防护、排水、支挡等参数，一键分析后，快速生成标准段路基方案，自动建模。路基方案完全展现在三维实景环境中，更直观、更具体，便于观察和调整。

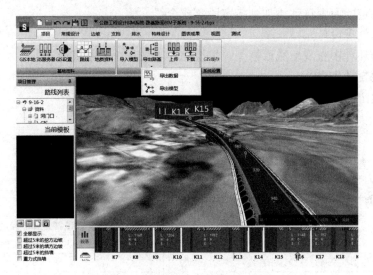

图 8-9　路基设计子系统软件界面

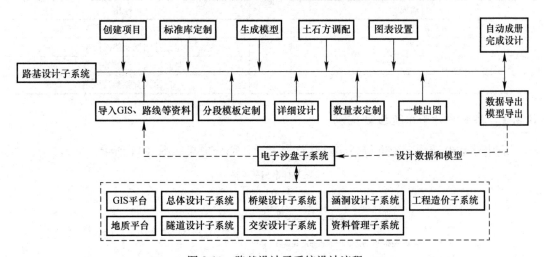

图 8-10　路基设计子系统设计流程

（2）强大的三维交互设计功能

标准段路基方案设计完成后，对路基方案进行逐段观察，发现不合理之处采用三维模型直接交互的方式进行调整，调整过程中，相关参数联动变化。同类共性问题可以结合系统提供的筛选器功能进行批量修改。修改完成模型自动刷新，所见即所得，轻松直观地完成一坡一设计。

（3）土方调配及取弃土场设计

土方调配支持单线、跨线调配；支持清表土和路床土单独调配。取弃土场的设计在三

维模型上划定范围后，自动生成土方容量、支挡防护等方案。

（4）灵活的路基防护与支挡设计

内置多种防护类型，支持自定义。

（5）排水设计

支持自定义各类和各种尺寸的边沟、排水沟、截水沟、平台沟、急流槽等排水构造物，并可按一定的原则自动添加到指定段落或全线。

（6）路基处理设计

可在三维环境中直观地选取桥头、填挖交界等段落，形象直观。

（7）图表自动生成

支持格式定制。

8.4.3 路基设计子系统四耳图

路基设计子系统"四耳图"见表 8-3。

<table>
<tr><td colspan="2" align="center">路基设计子系统四耳图</td><td align="right">表 8-3</td></tr>
<tr><td align="center">共享输入</td><td rowspan="11" align="center">路基路面子系统</td><td align="center">共享输出</td></tr>
<tr><td align="center">GIS 模型</td><td align="center">路基路面 BIM 模型</td></tr>
<tr><td align="center">地质模型</td><td align="center">路基设计数据文件</td></tr>
<tr><td align="center">路线 BIM 模型（来自总体设计子系统）</td><td></td></tr>
<tr><td align="center">外业调查资料</td><td></td></tr>
<tr><td align="center">自输入</td><td align="center">自输出</td></tr>
<tr><td align="center">有限的参数数值</td><td align="center">路基路面 BIM 模型</td></tr>
<tr><td></td><td align="center">路基图纸及路面图纸</td></tr>
<tr><td></td><td align="center">路面结构、挡墙等计算书</td></tr>
<tr><td></td><td align="center">自输入有关参数取值</td></tr>
</table>

8.4.4 路基设计子系统设计实例

应用路基设计子系统进行公路路基路面设计，部分成果如图 8-11 所示。

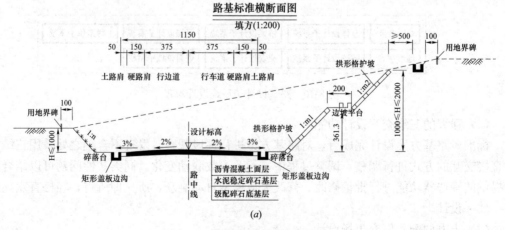

图 8-11 路基设计子系统成果（一）

（a）路基横断面设计图

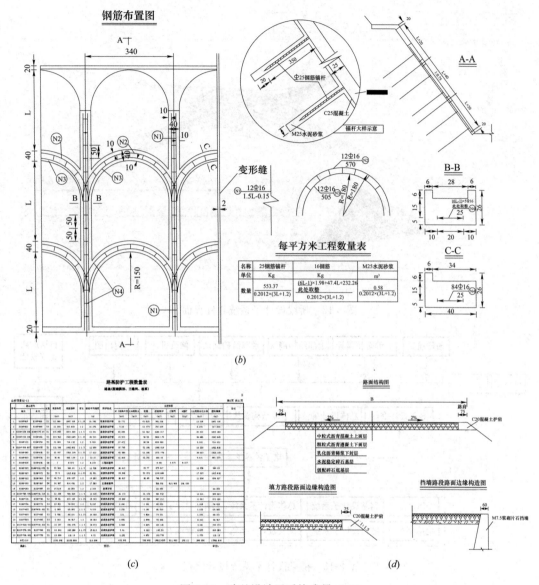

图 8-11　路基设计子系统成果（二）

（b）路基边坡防护设计图；（c）路基防护工程数量表；（d）路面结构图

8.5　桥梁设计子系统

　　桥梁设计子系统是一款基于三维场景进行设计的 BIM 正向设计软件，适用桥型包括梁式桥、拱桥、斜拉桥及悬索桥，通过其强大的智能全桥设计和三维交互功能，设计人员可轻松准确地完成方案设计、初步设计及施工图设计。桥梁设计子系统软件界面如图 8-12 所示。

8.5.1　桥梁设计子系统设计流程

　　桥梁设计子系统设计流程如图 8-13 所示。

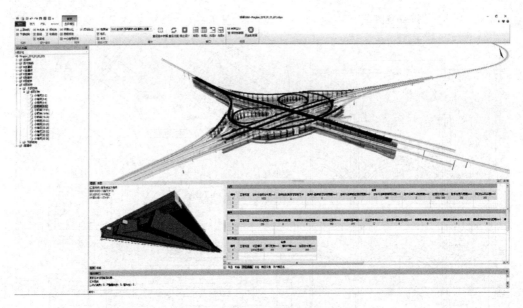

图 8-12　桥梁设计子系统软件界面

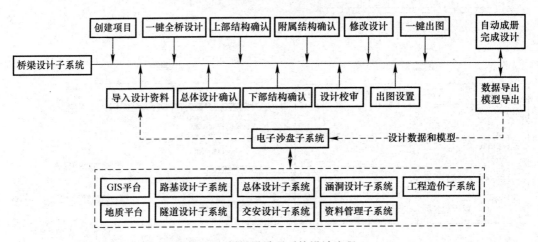

图 8-13　桥梁设计子系统设计流程

8.5.2　桥梁设计子系统功能

针对传统桥梁设计中存在的方案变更困难、出图效率低下、质量缺乏保障等问题，桥梁设计子系统立足自主研发，秉承 BIM 正向设计理念，实现了模型可视化、设计参数化、信息共享化，可快速完成公路工程中绝大部分桥梁的设计工作。

（1）桥梁正向设计

基于三维场景设计，设计过程符合设计人员的思维习惯，实现了上、下部结构联动，易与环境相协调，设计更加直观。

（2）生成全桥精细化三维模型

设计过程同步生成全参数精细化三维桥梁模型，具备所有设计信息，并可导出为常用格式的模型，如图 8-14 所示。

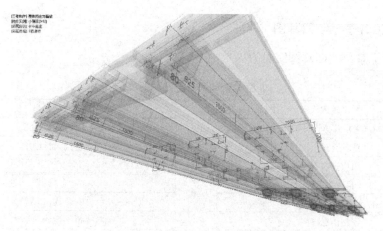

图 8-14　全参数精细化三维桥梁模型

（3）生成计算模型

BIM 模型可无缝导入计算软件，进行结构分析与验算，实现对 BIM 模型的安全性分析与验证。

（4）生成图纸模型

BIM 模型可共享导入绘图软件，绘制桥梁总图及各构件的构造图、钢筋布置图、钢束图，形成设计图纸文件。

8.5.3　桥梁设计子系统特色

（1）三维设计场景：可导入 GIS 信息，设计场景立体化，更直观，在三维场景下可完成整个桥梁设计。

（2）符合工程设计习惯：程序界面按工程设计过程梳理搭建，逻辑清晰，使用体验好。

（3）自动化程度高：通过智能经验表将设计经验数字化，通过控制参数驱动构件 BIM 规则库，可智能化创建初始 BIM 模型，如图 8-15 所示。

（4）运行速度快：一座大桥仅需数秒就可生成三维模型；当发生路线变更、桥梁跨径参数调整时，均可快速完成桥梁设计更新。

（5）接口开放：可导入其他常用软件模型数据；可共享导出桥梁模型。

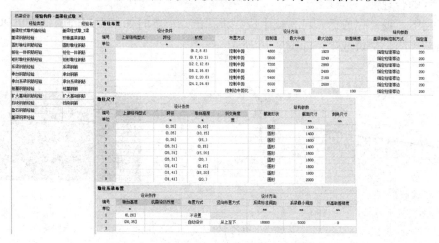

图 8-15　智能经验表驱动 BIM 规则库

8.5.4　桥梁设计子系统四耳图

桥梁设计子系统"四耳图"见表8-4。

桥梁设计子系统四耳图　　　　　　　　　　　　　　　表 8-4

共享输入		共享输出
路线 BIM（来自总体设计子系统）	桥梁子系统	桥梁 BIM 模型
GIS 资料		桥梁设计图纸
地质资料		
自输入		自输出
标准库、经验库		桥梁 BIM 模型
控制信息		桥梁设计图纸
		桥梁计算书

8.5.5　桥梁设计子系统设计实例

现拟设计一联简支变截面连续预制装配 T 梁桥，分跨布置为（7×20＋7×20）m，下部结构采用柱式墩和桩柱台，使用《公路工程设计 BIM 系统》桥梁设计子系统进行设计。

（1）拟定桥梁范围：根据地形及填土高度信息，添加桥梁起始点布孔线，选择标准横断面，确定桥梁大致范围。

（2）精确布孔：指定标准跨径，自动生成所有布孔线，然后根据地形、地物做局部调整。

（3）上部设计：选定 T 梁经验表创建 T 梁，根据智能经验表自动布梁，局部可直接拖动用来调整优化。

（4）下部设计：选定下部结构经验表创建桥墩和桥台，程序根据上部结构信息，自动设计盖梁长度、高程等参数，对于局部特殊构造，可直接通过三维交互来调整。

（5）结构计算：直接将全桥模型导入计算程序中，计算通过后将钢束、钢筋等信息返回至桥梁设计子系统中。

（6）附属设计：选定附属结构经验表，自动创建附属结构，如护栏、锥坡、伸缩缝等。

（7）工程校审：程序自动根据规范库生成校审报告，同时可查询桥梁主要指标，以判断桥梁设计的合理性。

（8）出图：设计完成后，可直接生成二维图纸，审查时如果发现问题，则可迅速调整设计，重新出图，交付成果，如图 8-16 所示。

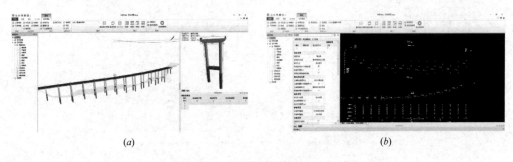

（a）　　　　　　　　　　　　　　　　　　（b）

图 8-16　桥梁设计子系统成果

（a）桥梁 BIM 模型；（b）桥型布置图

8.6　隧道设计子系统

隧道设计子系统以可扩充的标准库和经验库为基础，通过三维可视的设计环境，实现快速的横-纵向设计、直观的洞口段设计、自动的三维建模、精确的延米模型。支持多种常规隧道类型。自动统计工程量，一键导出三维模型、二维图表。隧道设计子系统软件界面如图 8-17 所示。

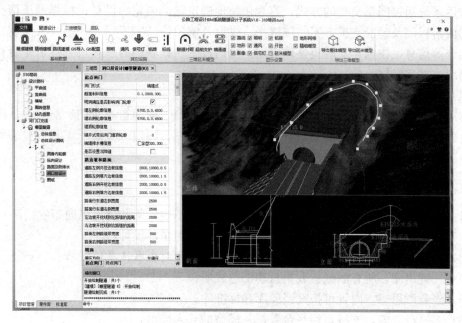

图 8-17　隧道设计子系统软件界面

8.6.1　隧道设计子系统设计流程

隧道设计子系统设计流程如图 8-18 所示。

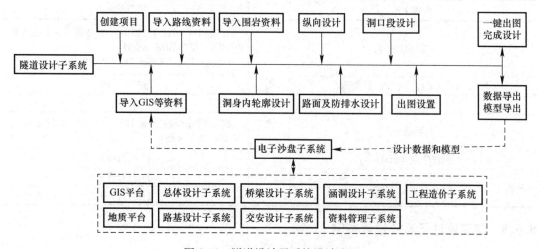

图 8-18　隧道设计子系统设计流程

8.6.2 隧道设计子系统功能

（1）隧道形式

整体隧道、连拱隧道、分离式隧道。

（2）隧道洞门形式

端墙式洞门、削竹式洞门。在三维可视化的工作环境下，洞门的交互更加简单、直观。

（3）隧道正向设计

隧道系统通过图形交互的方式，直观快速地确定隧道内轮廓设计；根据地质情况，拟定不同段落衬砌及超前支护方案。隧道平、纵以及洞门设计完成后，一键导入照明、信号灯、铭牌等信息，快速建立隧道整体模型。可通过平、纵联动的形式检查隧道是否存在偏压等情况，并实时修改。

（4）设计成果

程序自动绘制隧道平面设计图、隧道纵断面设计图、横通道布置图、洞门设计图、内轮廓及建筑限界设计图、明洞回填设计图、支护设计图、隧道一览表、工程数量表等。自动生成三维延米模型。设计完成后，一键出图。

8.6.3 隧道设计子系统特色

（1）快速的横纵向设计（人机交互，快速确定隧道内轮廓和隧道纵向布置信息）；

（2）直观的洞口段设计（三维实时交互，洞门快速精确设计）；

（3）便捷的洞身与地形关系核查（多窗口联动，实时查看任意位置）；

（4）一键出图，所有图纸、表格自动汇总成册；

（5）经验库思想，内置可扩充经验库和标准库；

（6）多平台兼容，支持多种平台数据、模型的导入导出。

8.6.4 隧道设计子系统四耳图

隧道设计子系统"四耳图"见表 8-5。

隧道设计子系统四耳图　　　　　　　　　　　　　　　表 8-5

共享输入		共享输出
GIS 模型	隧道子系统	隧道 BIM（包括衬砌 BIM、横通道 BIM、超前支护 BIM、洞门 BIM 子模型） （发往交安设计子系统及电子沙盘即共享协同平台）
路线 BIM（来自总体设计子系统）		隧道设计图
自输入		自输出
控制信息		隧道 BIM（包括衬砌 BIM、横通道 BIM、超前支护 BIM 等子模型）
围岩信息（BIM）		隧道设计图
		功能性计算书
		工程量计算书

8.6.5 隧道设计子系统设计实例

应用隧道设计子系统进行隧道设计，部分成果如图 8-19 所示。

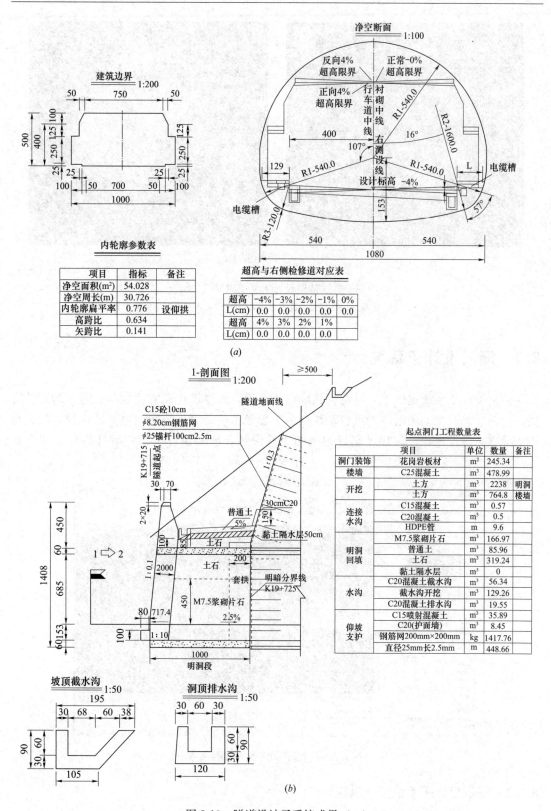

内轮廓参数表

项目	指标	备注
净空面积(m²)	54.028	
净空周长(m)	30.726	
内轮廓扁平率	0.776	设仰拱
高跨比	0.634	
矢跨比	0.141	

超高与右侧检修道对应表

超高	-4%	-3%	-2%	-1%	0%
L(cm)	0.0	0.0	0.0	0.0	0.0
超高	4%	3%	2%	1%	
L(cm)	0.0	0.0	0.0	0.0	

(a)

起点洞门工程数量表

项目		单位	数量	备注
洞门装饰	花岗岩板材	m²	245.34	
楼墙	C25混凝土	m³	478.99	
开挖	土方	m³	2238	明洞
	土方	m³	764.8	楼墙
连接水沟	C15混凝土	m³	0.57	
	C20混凝土	m³	0.5	
	HDPE管	m	9.6	
明洞回填	M7.5浆砌片石	m³	166.97	
	普通土	m³	85.96	
	土石	m³	319.24	
	黏土隔水层	m³	0	
水沟	C20混凝土截水沟	m³	56.34	
	截水沟开挖	m³	129.26	
	C20混凝土排水沟	m³	19.55	
仰坡支护	C15喷射混凝土	m³	35.89	
	C20(护面墙)	m³	8.45	
	钢筋网200mm×200mm	kg	1417.76	
	直径25mm长2.5mm	m	448.66	

(b)

图 8-19 隧道设计子系统成果（一）

(a) 隧道建筑限界与内衬内轮廓设计；(b) 隧道洞口（明洞段）边坡支护及排水设计；

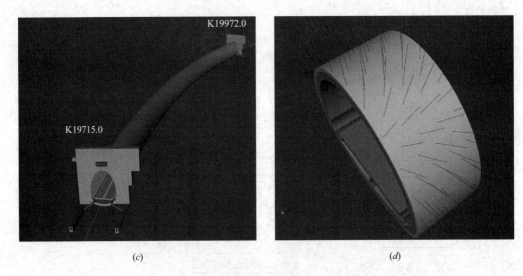

(c) (d)

图 8-19　隧道设计子系统成果（二）

(c) 隧道（延米）模型＋路线模型＋路面模型；(d) 隧道内衬模型＋洞身支护模型

8.7　涵洞设计子系统

涵洞设计子系统提供了三维可视化的设计环境，通过可扩充的经验库、强大的智能算法，实现了涵洞自动布设、图纸自动绘制、工程量精确计算。方案调整直观快捷，极大地简化了现有设计过程，实现了定好方案即完成设计。涵洞设计子系统软件界面如图 8-20 所示。

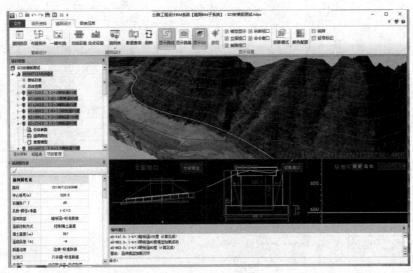

图 8-20　涵洞设计子系统软件界面

8.7.1　涵洞设计子系统设计流程

涵洞设计子系统设计流程如图 8-21 所示。

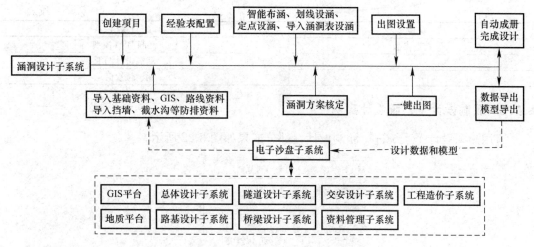

图 8-21　涵洞设计子系统设计流程

8.7.2　涵洞设计子系统功能

（1）涵身类型：圆管涵、明盖板涵、暗盖板涵、明箱涵、暗箱涵、拱涵、倒虹吸管涵、波纹管涵。

（2）洞口类型：八字墙、锥坡、跌水井、边沟跌井、倒虹吸竖井等。

（3）结合部类型：直墙、一字墙、挡墙、翼墙、侧墙。

（4）迎送水类型：进口急流槽、出口急流槽、排水沟。

（5）路基边坡：多级路基边坡，阶梯涵。

（6）设计成果：水文计算、涵洞结构计算。出涵洞一览表、涵洞布置图、工程数量表、涵洞三维模型。

8.7.3　涵洞设计子系统特色

（1）三维可视化，三维环境中可直接添加涵洞、拖动修改模型，直观简单；

（2）智能布涵，根据基础资料一键布设全线涵洞；

（3）参数化联动；

（4）一键出图，支持自动成册；

（5）多平台兼容，系统支持多种平台数据、模型的互导。

8.7.4　涵洞设计子系统四耳图

涵洞设计子系统"四耳图"见表 8-6。

<table>
<tr><td colspan="3" align="center">涵洞设计子系统四耳图</td><td align="right">表 8-6</td></tr>
<tr><td align="center">共享输入</td><td rowspan="4" align="center">涵洞子系统</td><td colspan="2" align="center">共享输出</td></tr>
<tr><td align="center">GIS 模型</td><td colspan="2" align="center">涵洞 BIM 模型（集成了洞身模型＋洞口模型＋导流模型）</td></tr>
<tr><td align="center">路线 BIM 模型（来自总体设计子系统）</td><td colspan="2" align="center">涵洞设计图纸</td></tr>
<tr><td align="center">路基路面 BIM 模型</td><td colspan="2"></td></tr>
</table>

自输入	涵洞子系统	自输出
控制参数		涵洞 BIM 模型
		涵洞设计图纸
		涵洞位置信息

8.7.5 涵洞设计子系统设计实例

应用涵洞设计子系统进行涵洞设计，部分成果如图 8-22 所示。

路线	新工程@K
中心桩号(m)	151.477
右偏角(°)	90
孔数-跨径×净高	1-2×2.0
涵洞类型	暗板涵-标准数据
涵底控制方式	控制填土高度
填土高度(cm)	100
涵底纵坡(%)	0
路基边坡	边坡-标准数据
左洞口	八字墙-标准数据
右洞口	八字墙-标准数据
其他经验数据	无,无,无,无,帽石-标…
功能说明	平衡涵
洞口参数修改	0.00,0.0,0.0,30.0,30.0;…
地面线	使用全局地面线

(a)

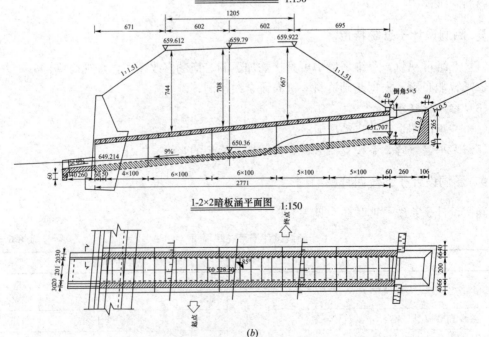

(b)

图 8-22 涵洞设计子系统成果（一）

(a) 涵洞设计控制参数；(b) 涵洞总体布置图

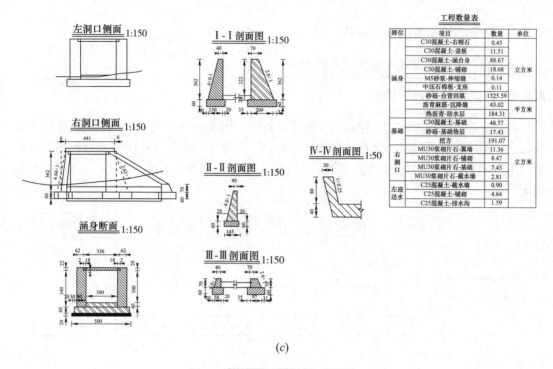

工程数量表

部位	项目	数量	单位
涵身	C30混凝土-右帽石	0.45	立方米
	C30混凝土-盖板	11.51	
	C30混凝土-涵台身	88.67	
	C30混凝土-铺砌	18.68	
	M5砂浆-伸缩缝	0.14	
	中压石棉板-支座	0.11	
	砂砾-台背回填	1325.59	
	沥青麻筋-沉降缝	43.02	平方米
	热沥青-防水层	184.31	
基础	C30混凝土-基础	48.57	立方米
	砂砾-基础垫层	17.43	
	挖方	191.07	
右洞口	MU30浆砌片石-翼墙	11.36	立方米
	MU30浆砌片石-铺砌	8.47	
	MU30浆砌片石-基础	7.45	
	MU30浆砌片石-截水墙	2.81	
左迎送水	C25混凝土-截水墙	0.90	
	C25混凝土-铺砌	4.64	
	C25混凝土-排水沟	1.59	

(c)

图 8-22　涵洞设计子系统成果（二）

（c）涵洞洞口翼墙布置及涵洞工程数量表

8.8　交安设计子系统

公路交通安全设施施工图设计内容包括：护栏、交通标线、交通标志及其他安全设施。交安设计子系统通过完善的经验库，实现了自动化、智能化设计。交安设计子系统软件界面如图 8-23 所示。

图 8-23　交安设计子系统软件界面

8.8.1 交安设计子系统设计流程

交安设计子系统设计流程如图 8-24 所示。

8.8.2 交安设计子系统功能

在交安设计子系统内导入路线、GIS 等资料后，构建三维环境。输入地名、地物等指引信息，简单配置项目信息及构件信息后，进行一键设计。标志、标线等三维模型自动生成。生成的标志，可以快速浏览，系统自动追踪位置，方案查看形象、直观，交安设计轻松完成。

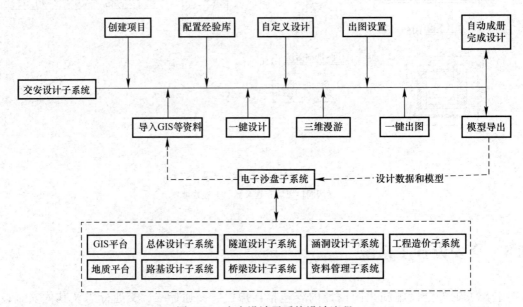

图 8-24　交安设计子系统设计流程

（1）标线设计

全部类型道路标线智能绘制与出图。

（2）标志设计

全部类型标志、标志版面、标志结构构造的设计和出图；操作方便快捷的自定义标志版面功能。

（3）交安设施设计

包括护栏、轮廓标、防眩板、防撞桶、隔离栅、里程碑、百米桩、界碑等建模设计与出图。支持所有交安设计工程数量表、设计图和标志标线平面布置图的生成。

（4）可视化

专业汇报级别的路线漫游功能，可对方案进行即时汇报。

8.8.3 交安设计子系统特色

（1）三维可视化，三维环境下实景体验交安设计合理性。

（2）自动设计，依据内置可编辑扩充的经验库，快速完成所有交安设计。

（3）自动生成图纸目录，一键出图成册。

（4）多平台兼容，支持多种平台数据、模型的导入导出。

8.8.4　交安设计子系统四耳图

交安设计子系统"四耳图"见表 8-7。

交安设计子系统四耳图
表 8-7

共享输入		共享输出
路线 BIM（来自总体设计子系统）		标志、标线、安全设施的 BIM 模型
GIS 资料		标志、标线、安全设施的数据文件
地质资料	交通安全子系统	
路基路面 BIM		
桥梁 BIM		
隧道 BIM		
涵洞 BIM		
自输入		自输出
控制信息		标志、标线、安全设施的 BIM 模型及图纸
模型规则库（已内嵌）		
标准模型库（已内嵌）		

8.8.5　交安设计子系统设计实例

应用交安设计子系统进行交安设计，部分成果如图 8-25 所示。

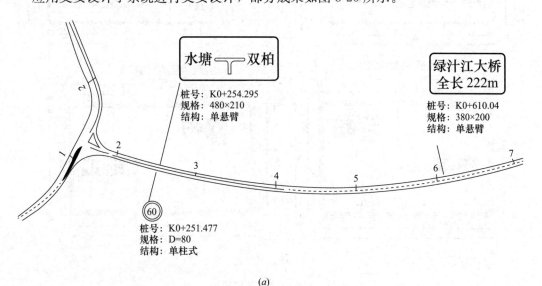

（a）

图 8-25　交安设计子系统成果（一）

（a）平面布置图

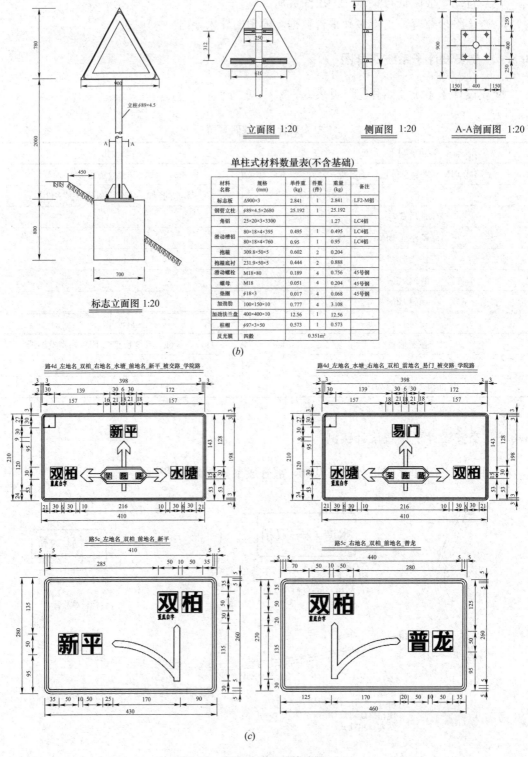

立面图 1:20　　　侧面图 1:20　　　A-A剖面图 1:20

单柱式材料数量表(不含基础)

材料名称	规格(mm)	单件重(kg)	件数(件)	重量(kg)	备注
标志板	Δ900×3	2.841	1	2.841	LF2-M铝
钢管立柱	∮89×4.5×2680	25.192	1	25.192	
角铝	25×20×3×3300			1.27	LC4铝
滑动槽铝	80×18×4×395	0.495	1	0.495	LC4铝
	80×18×4×760	0.95	1	0.95	LC4铝
抱箍	309.8×50×5	0.602	2	0.204	
抱箍底衬	231.9×50×5	0.444	2	0.888	
滑动螺栓	M18×80	0.189	4	0.756	45号钢
螺母	M18	0.051	4	0.204	45号钢
垫圈	∮18×3	0.017	4	0.068	45号钢
加劲肋	100×150×10	0.777	4	3.108	
加劲法兰盘	400×400×10	12.56	1	12.56	
柱帽	∮97×3×50	0.573	1	0.573	
反光膜	四级			0.351m²	

标志立面图 1:20

(b)

路4d_左地名_双柏_右地名_水塘_前地名_新平_被交路_学院路

路4d_左地名_水塘_右地名_双柏_前地名_易门_被交路_学院路

路5c_左地名_双柏_前地名_新平

路5c_右地名_双柏_前地名_普龙

(c)

图 8-25　交安设计子系统成果（二）

（b）标志设计图纸；（c）标牌设计详图

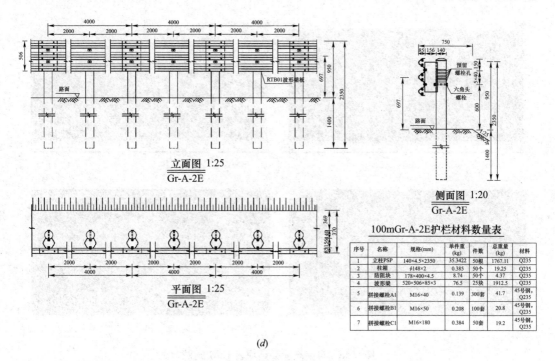

图 8-25　交安设计子系统成果（三）

（d）护栏设计图

8.9　公路设计实际案例

8.9.1　高速公路改扩建工程

1. 项目总体概况

以泉南国家高速公路永春互通至汤城枢纽段及沙厦国家高速公路德化至汤城枢纽段改扩建工程为例。应用阶段为施工图设计，按要求交付三维 BIM 模型成果。软件平台使用《公路工程设计 BIM 系统》v1.0 版。

2. 项目规模及技术标准

项目全线位于泉州市永春县境内，途经岵山镇、达埔镇、蓬壶镇、吾峰镇、苏坑镇。泉南高速公路改扩建长度 21.765km，沙厦高速公路改扩建长度 11.776km。

现有泉南高速公路设计速度 80km/h，路基宽度 24.5m，双向四车道。沙厦高速公路（德化连接线路段）设计速度 80km/h，路基宽度 21.5m，双向四车道。

全线设计荷载：公路-Ⅰ级；设计洪水频率：特大桥 300 年一遇，路基及大（中、小）桥 100 年一遇。

3. 建模内容

全线数字地模搭建；基础项目模型搭建（30km）；工程模型搭建（路线、路基路面、桥梁、隧道、涵洞、交安专业模型）；33km 长范围改扩建模型＋6 个互通模型；保通方案模拟动画；可建设性分析，如图 8-26 所示。

图 8-26 泉南高速公路项目 BIM 成果

（*a*）平面布线；（*b*）方案模拟动画；（*c*）互通式立交设计；（*d*）路基路面设计

4. 《公路工程设计 BIM 系统》应用情况

使用《公路工程设计 BIM 系统》的多个子系统对项目进行正向设计。

总体设计子系统：完成了项目的平面布线、纵断面拉坡、横断面"戴帽"等路线设计；完成了平交口、分离式立交、互通式立交设计；构建了项目总体 BIM 模型。

路基设计子系统：完成了项目的路基路面设计，防护、排水设计；构建了项目路基 BIM 模型。

隧道设计子系统：完成了隧道方案设计；构建了项目隧道 BIM 模型。

涵洞设计子系统：完成了全线涵洞、通道布置与设计；构建了项目所有涵洞/通道 BIM 模型。

交安设计子系统：完成了全线标志、标线及安全设施设计工作；构建了项目交安 BIM 模型。

电子沙盘子系统：协同各子系统设计成果，并组装成项目电子沙盘 BIM 模型。

8.9.2 高速公路工程初步设计

1. 总体概况

主线长度约 28km，比较线长度约 27km，路基宽度 27m。主线互通 3 处，比较线互通 3 处。

2. 设计要求

初步设计阶段正向设计。

3. 公路 BIM 各子系统应用情况

（1）使用数字地形图构建 GIS 模型；

（2）使用总体设计子系统设计总体方案、路基"戴帽"、构建总体模型，如图 8-27 所示；

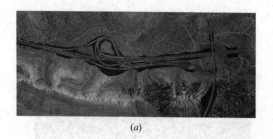
(a)

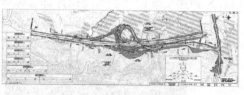
(b)

图 8-27　路基总体模型和初步设计成果
(a) 模型；(b) 图纸

（3）使用资料管理子系统进行外业调查及外业资料管理；

（4）使用路基设计子系统生成部分路基图表；

（5）使用桥梁设计子系统设计桥梁并建立桥梁模型，如图 8-28 所示；

（6）使用涵洞设计子系统设计涵洞、建立涵洞模型；

（7）使用电子沙盘子系统进行系统集成，制作漫游动画、协同办公及图纸出版。

8.9.3　机场高速项目

1. 总体概况

高速公路，路线全长 29.435km，路基宽度 43.0m，枢纽 4 座。

(a)

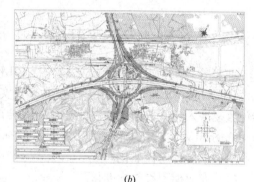
(b)

图 8-28　立交模型和初步设计成果
(a) 模型；(b) 图纸

2. 设计要求

施工图设计阶段设计翻模。包括全线 BIM 模型、演示动画。

3. 公路 BIM 各子系统应用情况

（1）使用数字地形图构建 GIS 模型，如图 8-29 所示；

（2）使用总体设计子系统建立总体模型（包括路线、路基、路面、边坡、桥梁模型），如图 8-30 所示；

（3）使用路基设计子系统建立路基模型，如图 8-31 所示；

（4）使用桥梁设计子系统建立桥梁模型；

（5）使用涵洞设计子系统建立涵洞模型；

（6）使用交安设计子系统设计标志标牌等，如图 8-32 所示；

（7）使用电子沙盘子系统制作漫游动画。

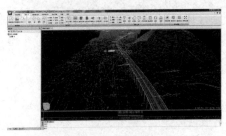
图 8-29　GIS 模型

图 8-30　总体模型

图 8-31　路基模型

图 8-32　标志标牌

8.10　软件研发下一步方向

理想的 BIM 正向设计模式不仅包括 BIM 全信息模型的建立与应用，也包括三维协同化设计。OpenBIM 的目标在于模型共享，实现贯穿项目全生命周期的持续的项目数据，避免重复输入相同数据以及由此产生的错误。

OpenBIM 关键技术包括专业模型参数标准化、专业模型横向传递（共享）标准化及专业模型纵向传递标准化。

（1）专业模型参数标准化

应编制公路工程各专业模型参数标准、模型分解结构与编码标准。

（2）专业模型横向传递（共享）标准化

应编制专业模型间传递流程标准、工作岗位职能分配标准，从而建立协同工作平台。

（3）专业模型纵向传递标准化

应编制纵向阶段模型传递流程标准、模型修改与模型扩展标准，从而建立共享工作平台。其中模型扩展可由模型集成来完成。

（4）协同平台架构及纵向数据传递

基于协同管理软件的 BIM 协同平台，具有管理规则内置、管理自动化、流程化的特点，可以通过平台进行协作，并提供项目数据分析和管理功能，适合信息化程度高、项目多的设计单位使用。

《公路工程设计 BIM 系统》将依据上述解决方案不断扩充协同功能、升级版本。

第 9 章　世纪旗云正向设计软件系统

9.1　概述

北京世纪旗云软件技术有限公司一直致力于结构设计工具软件的研发，并凭借世纪旗云工具软件比较高的性价比和优质的产品服务，被越来越多的设计单位和工程师所认同。

9.2　水池结构设计软件

9.2.1　软件功能概况

钢筋混凝土水池是石油化工、冶金、电力、市政等工业与民用行业常用设施，水池结构的设计有其特定的技术要求，具有受力复杂、形式多样的特点。设计时要进行各种不同的荷载组合，进行强度计算、抗裂度和裂缝宽度验算等。只有这样才能保证水池结构设计的技术与经济合理性。

世纪旗云水池结构设计软件通过住房和城乡建设部的评估，为住房和城乡建设部重点推广项目，如图 9-1 所示。

软件主要通过人机交互的方式输入水池的相关工程数据，以二维和三维的方式直观显示水池信息，按照有限元方法进行内力分析，并按照国家相应的混凝土规范进行配筋，生成计算书，完成钢筋混凝土水池的计算机辅助设计。

软件适用于现浇钢筋混凝土水池的结构设计。包括多格矩形水池、多层多格水池、圆形水池，可设置立柱、梁、扶壁柱、层间梁等构件。水池按其埋置情况分为全埋式、地下式、半地下式和地面式，如图 9-2 所示。

图 9-1　住房和城乡建设部的评估证书

图 9-2　各类型水池

软件采用有限元方法进行内力分析，自动进行网格剖分、工况组合，用户可以查看内力云图，查看任意点的内力值和位移值。根据内力，能自动根据我国混凝土规范对壁板、底板、顶板、扶壁柱、立柱等进行配筋设计。

9.2.2 软件实现功能

（1）可计算多层多格水池和圆形水池，多格水池可以是矩形，也可以是多边形；可以部分多层，部分单层，建模灵活，模型输入符合工程师日常习惯，使用方便；

（2）自主开发了功能强大的三维图形前处理系统，不需借助其他软件平台，界面类似AutoCAD，易学易用；

（3）模型可三维显示；所有模型都可以保存为 DWG 格式文件；

（4）可生成中文和英文版计算书；计算书包括图表、公式等内容，可读性强；可生成壁板剖面配筋图以及水池模板图；

（5）天然地基按弹性地基考虑，可自动计算不均匀沉降；基础可为天然地基或桩基础；桩基础可考虑桩与地基共同作用；

（6）允许设置立柱、扶壁、层间梁、层间板以及隔墙等构件；

（7）顶板、底板、壁板可以开洞，洞口可以是圆形、矩形和多边形；

（8）水池单元格可单独设置荷载、标高等属性；

（9）根据工程信息自动计算土压力、水压力、地震等荷载；可以添加附加荷载；

（10）可计算温度引起的内力及变形；

（11）采用自主开发的有限元程序进行内力计算，可以自动进行网格剖分、工况组合；网格大小可以设置；工况组合可以手动修改和设置；软件可以生成通用格式的有限元数据文件，用其他软件进行内力计算并比较内力结果；

（12）可显示水池结构的内力、变形等结果，可给出内力和位移云图；

（13）可进行水池壁板、顶板、底板、梁、柱的配筋计算；可对板进行抗裂度、裂缝宽度等计算；

（14）可进行水池地基承载力、地基沉降、结构抗浮计算；

（15）可以绘制剖面模板图以及剖面配筋图，能生成配筋内力示意简图；

（16）整个软件界面采用菜单式的输入方式，如图 9-3 所示。

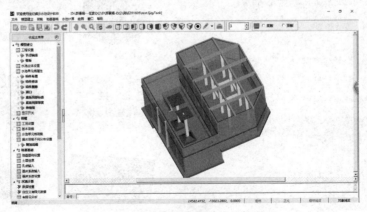

图 9-3　世纪旗云水池设计软件界面

9.2.3　软件编制依据

依据最新的国家和行业标准进行编制，主要编制依据有：

(1)《给水排水工程钢筋混凝土水池结构设计规程》CECS 138：2002；

(2)《给水排水工程构筑物结构设计规范》GB 50069—2002；

(3)《室外给水排水和燃气热力工程抗震设计规范》GB 50032—2003；

(4)《给水排水工程结构设计手册》(第二版)；

(5)《建筑结构可靠性设计统一标准》GB 50068—2018；

(6)《建筑结构荷载规范》GB 50009—2012；

(7)《建筑抗震设计规范》GB 50011—2010(2016 年版)；

(8)《建筑地基基础设计规范》GB 50007—2011；

(9)《混凝土结构设计规范》GB 50010—2010(2015 年版)；

(10)《建筑结构静力计算手册》(第二版)；

(11)《矩形钢筋混凝土蓄水池》05S804。

9.2.4　软件应用范围

给水工程水池：包括沉砂池（预沉池）、混合池、沉淀池、澄清池、滤池和蓄水池等。

排水工程水池：包括隔油池、中和池、曝气池、生物滤池、沉淀池、溢流井、化粪池等。

水池形状：多格矩形、多格多边形、多格多层、圆形，可以考虑水池池壁的温湿度作用。

软件可导出为 sap2000 和 midas 数据文件，便于用户进行数据交互、计算结果校核。

9.2.5　模型建立

1. 工程设置

当"工程设置"对话框里选为矩形水池时，其中的"圆形水池"菜单灰显，如图 9-4(a) 所示；矩形水池可以布置梁、柱、扶壁、层间梁等构件。

当"工程设置"对话框里选为圆形水池时，"圆形水池"菜单高亮显示，其他有关矩形水池的菜单灰显，如图 9-4(b) 所示。圆形水池目前不提供梁、柱、扶壁等构件，只能建立水池主体模型。

当"工程设置"对话框里选为多层水池时，此时菜单显示如图 9-4(c) 所示，在矩形水池的基础上可以布置多层水池，也可以布置梁、柱、扶壁、层间梁等构件。

2. 多层多格水池

可以定义多层多格水池，水池的每个单元格都可以分别设置各自的顶部标高、底部标高、顶板、底板、厚度以及层数，如图 9-5 所示。

可以通过三维显示查看水池模型，三维显示可选是否透明，方便查看内部结构，如图 9-6(a) 所示。也可以选择三维剖切显示，显示剖切位置内部模型，如图 9-6(b) 所示。

(a) (b) (c)

图 9-4 工程设置
(a) 矩形水池；(b) 圆形水池；(c) 多层水池

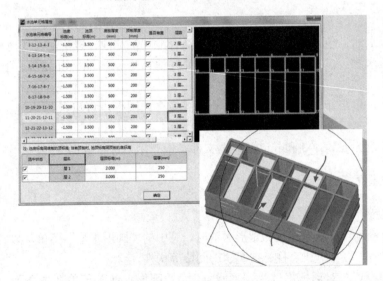

图 9-5 水池建模界面

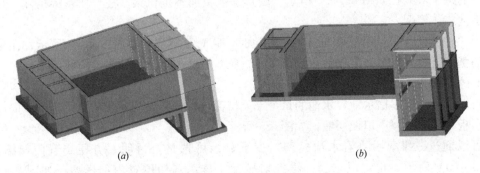

(a) (b)

图 9-6 三维查看水池模型
(a) 三维显示；(b) 三维剖切显示

3. 不规则形状水池

通过轴线和节点的布置来快速定位水池的基本形状，以轴线为基本单元布置壁板，以节点为基本单元布置梁、柱、扶壁和肋梁等构件，程序根据壁板形成的区域自动辨别外部壁板以及内部隔板，并且自动形成顶板和底板，可以显示三维填充图，如图 9-7 所示。洞口、标高设置，如图 9-8 所示。

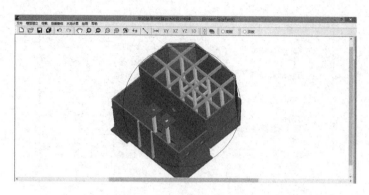

图 9-7　水池三维填充图

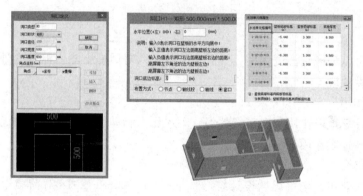

图 9-8　洞口、标高设置

4. 圆形水池

只需输入壁板、顶板和底板的厚度以及圆形水池的直径，程序一次性生成圆形水池，方便快捷。可以显示三维填充图。建模对话框和模型如图 9-9 所示。

图 9-9　圆形水池参数输入界面和模型

9.2.6 结构设计

1. 荷载计算

（1）基本荷载

包括池内水压、池外土压、池外水压、覆土重、结构自重等，输入界面如图 9-10 所示。

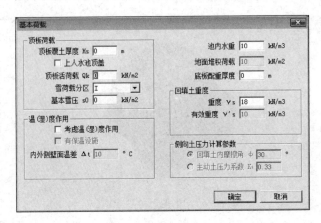

图 9-10　荷载输入界面

（2）温度作用

程序计算可以考虑到温度作用，只需在荷载输入对话框中输入池壁内外温差即可，程序自动计算温度效应。

（3）地震作用

程序自动计算地震作用下自重惯性力、动水压力和动土压力；当抗震设防烈度为 9 度时，还考虑竖向地震作用。

（4）荷载组合

程序根据《建筑结构可靠性设计统一标准》GB 50068—2018 对荷载组合系数进行了修改，允许用户交互各荷载分项系数。根据规范规定提供一系列默认的荷载组合系数，用户也可以自行修改或者添加和删除；对于多格水池，将考虑到池内水压力的各种可能出现的配置情况，取最不利结果进行计算。荷载默认组合项如图 9-11 所示。

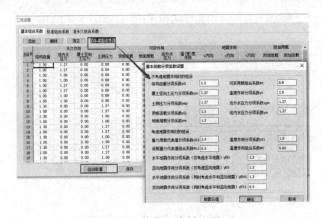

图 9-11　荷载组合输入界面

（5）盛水荷载组合

多格水池在使用中有各种放空情况，程序考虑了各种可能发生的工况。以矩形四格水池为例，其组合类型如图 9-12 所示，阴影表示该格有水。

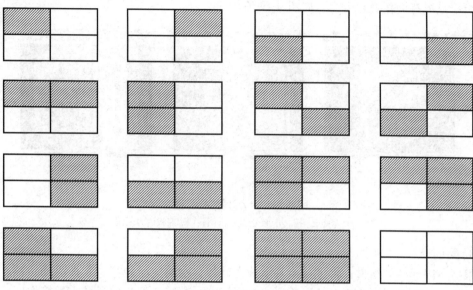

图 9-12　荷载组合工况

提供指定单元格盛水连通功能，可以指定哪些格子连通，软件再根据指定后的情况计算盛水工况，如图 9-13 所示。

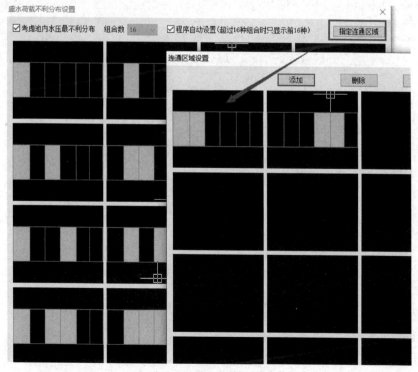

图 9-13　盛水连通工况

2. 内力计算

程序根据有限元方法进行内力计算，自动进行网格剖分和内力组合，最终将提供各个单工况和荷载组合下的弯矩云图、轴力云图以及底板沉降云图，并且提供内力查询功能，用户可以点取查询任意点内力，如图 9-14 所示。

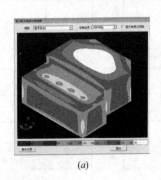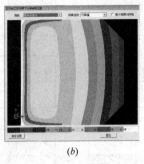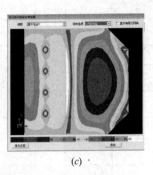

(a)　　　　　　　　　　(b)　　　　　　　　　　(c)

图 9-14　内力计算结果云图

(a) 弯矩云图；(b) 底板沉降云图；(c) 底板内力云图

3. 配筋计算

根据有限元计算结果，将进行地基承载力计算、水池抗浮验算、底板沉降计算、水池配筋计算、水池抗裂度验算以及水池裂缝宽度计算。配筋结果考虑了最小配筋率、裂缝和抗裂，考虑板轴向拉力，同时给出配筋方案，用户可以对方案进行调整，程序将根据调整后的方案实时更新抗裂度和裂缝宽度结果，如图 9-15 所示。

计算结果

| 板 | 柱 | 梁 |

地基承载力验算：通过　　抗浮验算：通过　　抗裂度限值：1.749 MPa　　裂缝宽度限值：0.20 mm

位置		池内侧								内力设计值/m	
		内力设计值(/m)		组合	计算面积(mm2/m)	钢筋直径(mm)	钢筋间距(mm)	实配面积(mm2/m)	边缘应力(MPa)	裂缝宽度(mm)	M(kN.m)	N(kN)
		M(kN.m)	N(kN)								M(kN.m)	N(kN)
板2-1-5-6	2-1边	74.14	83.48	1	858	18	250	1018	-	-	74.14	83.48
	1-5边	29.17	75.04	1	858	18	250	1018	-	-	29.17	75.04
	5-6边	92.55	-205.04	1	1015	25	250	1963	-	0.16	-102.06	150.57
	6-2边	29.00	75.85	1	858	18	250	1018	-	-	29.00	75.85
	跨中x方向	-50.75	111.10	1	858	20	250	1257	-	0.16	-50.75	111.10
	跨中y方向	10.78	-25.81	2	858	18	250	1018	0.559	-	10.78	-25.81
5-5-9-18-36	6-5边	-73.22	-76.51	42	858	20	250	1257	-	0.15	-73.22	-76.51
	5-9边	-0.41	1.13	95	858	18	250	1018	-	0.05	-0.41	1.13
	9-18边	-19.47	11.54	2	858	18	250	1018	-	0.07	-19.47	11.54
	18-36边	18.36	41.25	42	858	18	250	1018	-	0.08	18.36	41.25
	36-10边	-19.72	12.92	2	858	18	250	1018	-	0.07	-19.72	12.92
	10-6边	-9.66	27.44	2	858	18	250	1018	-	0.06	-9.66	27.44
	跨中x方向	63.19	32.27	1	858	18	250	1018	-	-	63.19	32.27
	跨中y方向	14.94	9.20	2	858	18	250	1018	-	-	14.94	9.20
	2-1边	-14.09	880.31	42	1116	40	100	12566	2.671	0.01	-89.10	976.46
	1-5边	10.87	851.03	44	1110	40	100	12566	1.699	0.01	-31.89	793.17

注：顶板和底板的跨中X和Y均指整体坐标系下的方向。
对于中间壁板不分内侧和外侧，取两侧结果最大值作为最终配筋方案，按两侧对称配置。

○中文版计算书　●英文版计算书　　　[生成计算书]　　[退出]

图 9-15　配筋计算结果

4. 绘图

根据有限元计算结果以及配筋计算结果，可以生成壁板剖面配筋图、顶板平面模板图、底板平面模板图、多层水池剖面配筋图，如图 9-16 所示。

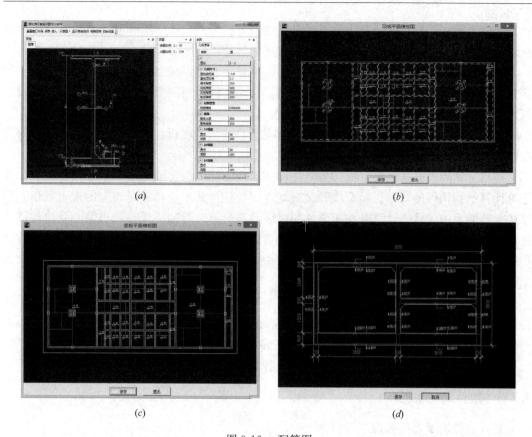

图 9-16　配筋图

（a）壁板剖面配筋图；（b）顶板平面模板图；（c）底板平面模板图；（d）多层水池剖面配筋图

9.3　管廊结构设计软件

9.3.1　软件功能概况

地下综合管廊是将城市的暖气管、自来水管、电力电缆、电信缆线、燃气管、污水管都集中到地下隧道中的地下构筑物，在发达国家已经有一百多年的历史。在有管线检修、更换、新增等需求时，无需开挖路面，直接就可以在地下综合管廊内完成。

世纪旗云地下管廊结构设计软件是一款结合我国相关规范和图集开发的地下管廊结构设计软件，建模快捷直观，内力分析采用成熟的有限元算法，配筋遵照国家规范，可以给出详尽的计算书，并生成相应的配筋图，易学易用。与一些国际知名软件有接口，接力这些软件，可以继续后期的 BIM 建模工作等。

地下管廊结构的设计有其特定的技术要求，具有受力复杂、形式多样的特点。设计时要进行各种不同的荷载组合，进行强度计算、抗裂度和裂缝宽度验算等。只有这样才能保证地下管廊结构设计的技术与经济合理性。

9.3.2　软件实现功能

软件主要通过人机交互的方式输入地下管廊的相关工程数据，以二维和三维的方式直观显示地下管廊信息,按照有限元方法进行内力分析,并按照国家相应的混凝土规范进行配筋,生成计算书,完成钢筋混凝土地下管廊的计算机辅助设计。

软件适用于现浇钢筋混凝土地下管廊的结构设计。可设置立柱、梁、扶壁柱、层间梁等构件。程序采用有限元方法进行内力分析,自动进行网格剖分、工况组合,用户可以查看内力云图,查看任意点的内力值和位移值。

根据内力,程序能自动根据我国混凝土规范对壁板、底板、顶板、扶壁柱、立柱等进行配筋设计。

按正常使用极限状态设计时,分别按作用效应的标准组合或准永久组合进行验算。程序可计算结构构件的变形、抗裂度和裂缝宽度,校核计算值是否满足相应的规定限值。程序按承载能力极限状态计算并按正常使用极限状态验算。对轴心受拉和小偏心受拉构件应按作用效应标准组合进行抗裂度验算;对受弯构件、大偏心受拉构件和大偏心受压构件按作用效应准永久组合进行裂缝宽度验算;对需要控制变形的结构构件应按作用效应准永久组合进行变形验算。

程序可进行地基承载力计算,可计算地基变形。基础类型包括天然地基和桩基础。软件可以生成 Word 格式的计算书,并能生成地下管廊剖面施工图以及顶板、底板模板图等。软件操作界面美观,使用方便,计算正确,性能可靠。软件最终用户为结构工程师,软件使用方便,不需要复杂的力学专业知识背景,经过简单的培训即可操作软件。

9.3.3 软件编制依据

软件的编制主要依据以下资料:

(1)《城市综合管廊工程技术规范》GB 50838—2015;

(2)《室外给水排水和燃气热力工程抗震设计规范》GB 50032—2003;

(3)《给水排水工程钢筋混凝土水池结构设计规程》CECS 138:2002;

(4)《给水排水工程构筑物结构设计规范》GB 50069—2002;

(5)《建筑结构可靠性设计统一标准》GB 50068—2018;

(6)《建筑结构荷载规范》GB 50009—2012;

(7)《建筑抗震设计规范》GB 50011—2010(2016 年版);

(8)《建筑地基基础设计规范》GB 50007—2011;

(9)《混凝土结构设计规范》GB 50010—2010(2015 年版)。

9.3.4 软件应用

软件界面采用菜单式的输入方式,整体界面如图 9-17 所示。

1. 模型建立

选择"标准断面快速建模"方式,弹出标准断面模板库,如图 9-18 所示,可以根据工程实际,选择对应的标准断面模型。标准断面的相关参数输入如图 9-19 所示,点确定后,模型就可以快速完成。

2. 地下管廊单元格属性

对于多格地下管廊,可以对每个地下管廊的属性分别设置,如图 9-20 所示,单元格编号指形成每个地下管廊格子的节点编号,此项可以设置每个格子的高度以及底板厚度。

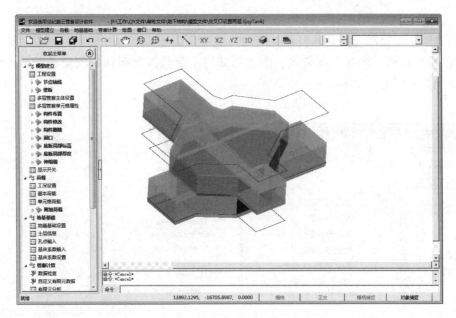

图 9-17 世纪旗云管廊设计软件整体界面

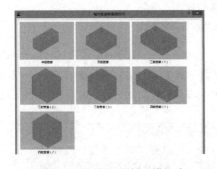

图 9-18 管廊标准断面模板库

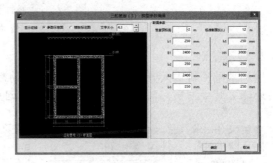

图 9-19 管廊标准断面快速建模

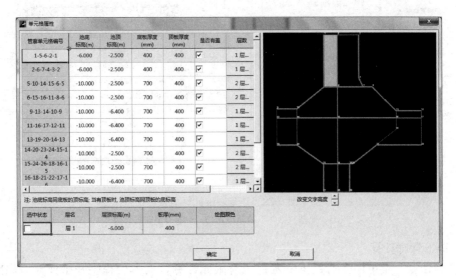

图 9-20 多格地下管廊

3. 荷载

"荷载"下拉菜单包括基本荷载、附加荷载等，附加荷载包括附加柱荷载、附加梁荷载、附加壁板荷载、附加节点荷载、附加局部均布荷载以及附加层间梁荷载，如图 9-21 所示。

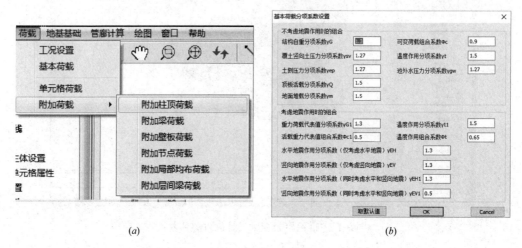

(a)　　　　　　　　　　　　　　　　(b)

图 9-21　管廊计算荷载

(a)"荷载"下拉菜单；(b) 荷载组合分项系数

4. 地基基础

地基基础资料输入方式，可以选择输入地勘资料，程序自动计算基床系数，也可以选择直接输入基床系数和地基承载力值。"地基基础"下拉菜单如图 9-22 所示。

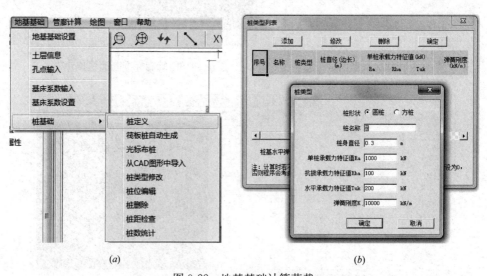

(a)　　　　　　　　　　　　　　　　(b)

图 9-22　地基基础计算荷载

(a)"地基基础"下拉菜单；(b) 桩的类型和桩参数

5. 地下管廊计算

"管廊计算"菜单用于对地下管廊进行有限元计算，点击后程序开始计算，如图 9-23 所示。

各个基本组合下的地下管廊内力云图，组合号在下拉列表中，用户可以选择查看任意一基本组合结果，如图 9-24 所示。

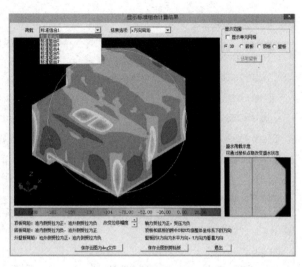

图 9-23 "管廊计算"下拉菜单   图 9-24 组合计算结果

6. 工程量统计

对于地下管廊结构及各构件的工程量统计，如图 9-25 所示。

6.工程量统计

混凝土量 (m³)	底板	顶板	壁板	梁	柱	层间梁	扶壁	总计
	30.05	0.00	45.38	0.00	0.00	0.00	0.00	75.41
水池容积 (m³)	180.36							
土方量 (m³)	180.31							

(a)   (b)

图 9-25 工程量统计

(a) 工程量计算结果；(b) 计算书中输出工程量

7. 配筋设置

计算地下管廊配筋的相关参数，包括钢筋直径与间距的选择以及配筋时的内力设置，如图 9-26 所示。

8. 计算结果和配筋

地下管廊结构及稳定性的有关运算包括地基承载力计算、结构抗浮验算、地下管廊各处配筋计算、地下管廊抗裂度验算以及地下管廊裂缝宽度计算，计算结果如图 9-27 所示。对于每一块板的配筋结果，如图 9-28 所示。

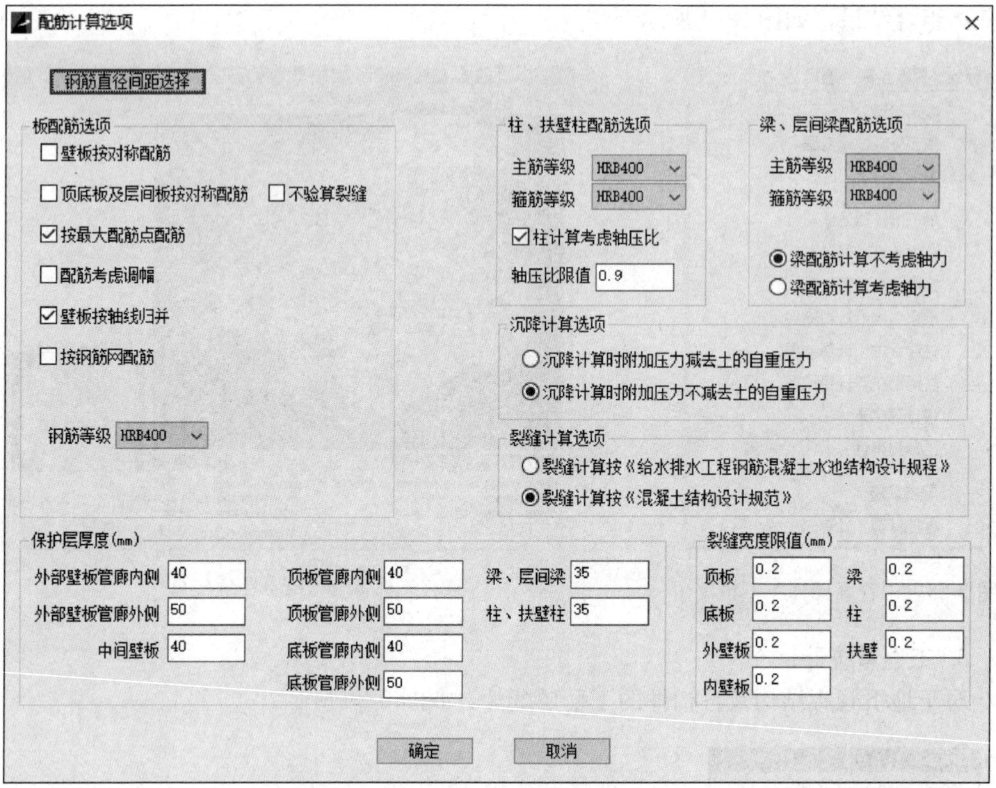

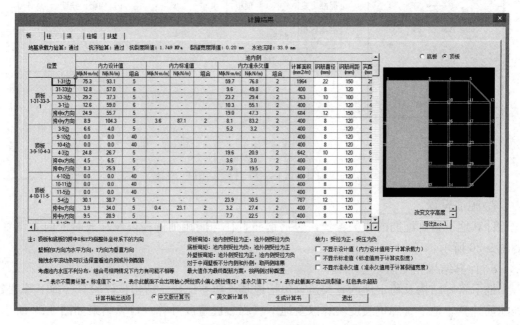

图 9-26　地下管廊配筋的相关参数

图 9-27　内力计算结果

计算结果

板　梁　扶壁

地基承载力验算：不通过　抗浮验算：通过　抗裂度限值：1.749 MPa　裂缝宽度限值：0.20 mm　水池沉降：29.0 mm

位置		池内侧					池外侧					是否输出到计算书
		钢筋直径(mm)	钢筋间距(mm)	实配面积(mm2/m)	抗裂度(MPa)	裂缝宽度(mm)	计算面积(mm2/m)	钢筋直径(mm)	钢筋间距(mm)	实配面积(mm2/m)	抗裂度(MPa)	裂缝宽度(mm)
底板 1-9-12-4-1	1-9边	12	100	1131	0.744	0.19	1000	14	100	1539	-	0.15	是
	9-12边	18	100	2545	-	0.19	1201	14	100	1539		0.17	
	12-4边	12	100	1131	0.00	0.19	1000	14	120	1283	-	0.19	
	4-1边	18	100	2545	-	0.17	1176	14	100	1539	-	0.17	
	跨中x方向	14	100	1539	-	0.20	1000	16	200	1005	-	-	
	跨中y方向	22	100	3801	-	0.18	1000	16	200	1005	-	-	
壁板2-1	2边	14	100	1539	-	0.17	1251	14	100	1539	-	0.19	是
	1边	25	100	4909	-	0.17	1083	16	180	1117	-	0.12	
	下边	20	250	1257	-	0.14	1703	16	100	2011	-	0.19	
	上边	8	100	503	-	0.00	1000	8	100	503	-	0.02	
	跨中水平	12	100	1131	-	0.03	956	14	120	1283	0.626	0.19	
	跨中竖直	8	100	503	-	0.04	722	10	100	785	-	0.16	
壁板4-2	4边	25	100	4909	-	0.17	1055	12	100	1131	-	0.17	是
	2边	12	120	942	-	0.18	1000	14	100	1131	0.780	0.17	
	下边	20	100	3142	-	0.18	2503	20	100	3142	-	0.17	
	上边	8	100	503	-	0.01	500	8	100	503	-	0.02	
	跨中水平	8	100	503	-	0.09	1323	16	100	2011	-	0.15	
	跨中竖直	8	100	503	-	0.17	1377	16	100	2011	-	0.15	

图 9-28　配筋计算结果

9. 绘图

地下管廊的绘图菜单如图 9-29 所示。根据所选壁板自动罗列出相应的类型，如图 9-30 所示。根据计算模型中的几何尺寸信息和配筋信息，自动将值赋予到施工图模型中，生成相应的壁板剖面配筋图，如图 9-31 所示。顶、底板模板图如图 9-32 所示。

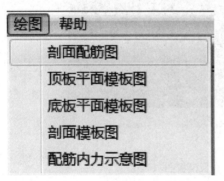

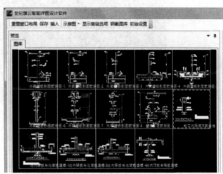

图 9-29　"绘图"下拉菜单　　　　　　　　　　图 9-30　壁板配筋类型

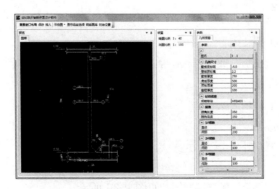

图 9-31　壁板剖面配筋图

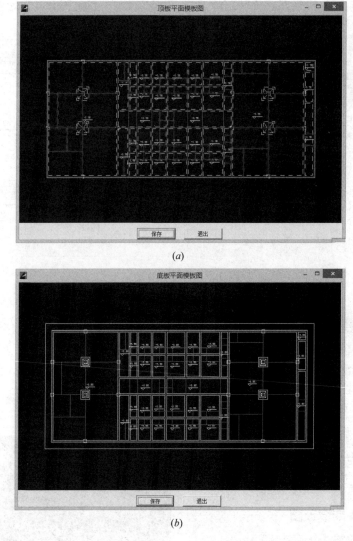

图 9-32　顶、底板模板图

（a）顶板模板图；（b）底板模板图

9.3.5　软件配筋案例

1. 管廊标准段配筋图

针对管廊标准段，已经完成了 1～4 舱的参数化绘图工作，如图 9-33 所示。

2. 集水坑配筋图

集水坑配筋图如图 9-34 所示。

3. 通风口剖面配筋图

通风口剖面配筋图如图 9-35 所示。

4. 管廊交叉口

地下管廊交叉口的建模、配筋和绘图如图 9-36 所示。

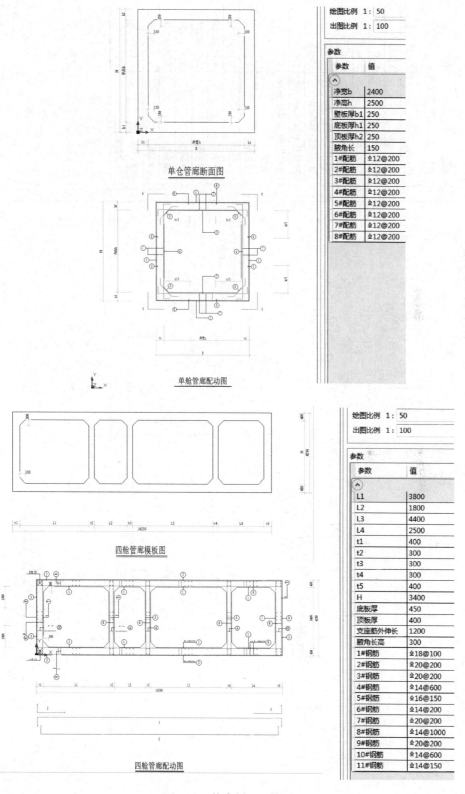

参数	值
绘图比例	1：50
出图比例	1：100

参数	值
净宽b	2400
净高h	2500
壁板厚b1	250
底板厚h1	250
顶板厚h2	250
腋角长	150
1#配筋	⊉12@200
2#配筋	⊉12@200
3#配筋	⊉12@200
4#配筋	⊉12@200
5#配筋	⊉12@200
6#配筋	⊉12@200
7#配筋	⊉12@200
8#配筋	⊉12@200

单仓管廊断面图

单舱管廊配动图

参数	值
绘图比例	1：50
出图比例	1：100

参数	值
L1	3800
L2	1800
L3	4400
L4	2500
t1	400
t2	300
t3	300
t4	300
t5	400
H	3400
底板厚	450
顶板厚	400
支座筋外伸长	1200
腋角长高	300
1#钢筋	⊉18@100
2#钢筋	⊉20@200
3#钢筋	⊉20@200
4#钢筋	⊉14@600
5#钢筋	⊉16@150
6#钢筋	⊉14@200
7#钢筋	⊉20@200
8#钢筋	⊉14@1000
9#钢筋	⊉20@200
10#钢筋	⊉14@600
11#钢筋	⊉14@150

四舱管廊模板图

四舱管廊配动图

图 9-33　管廊剖面配筋图

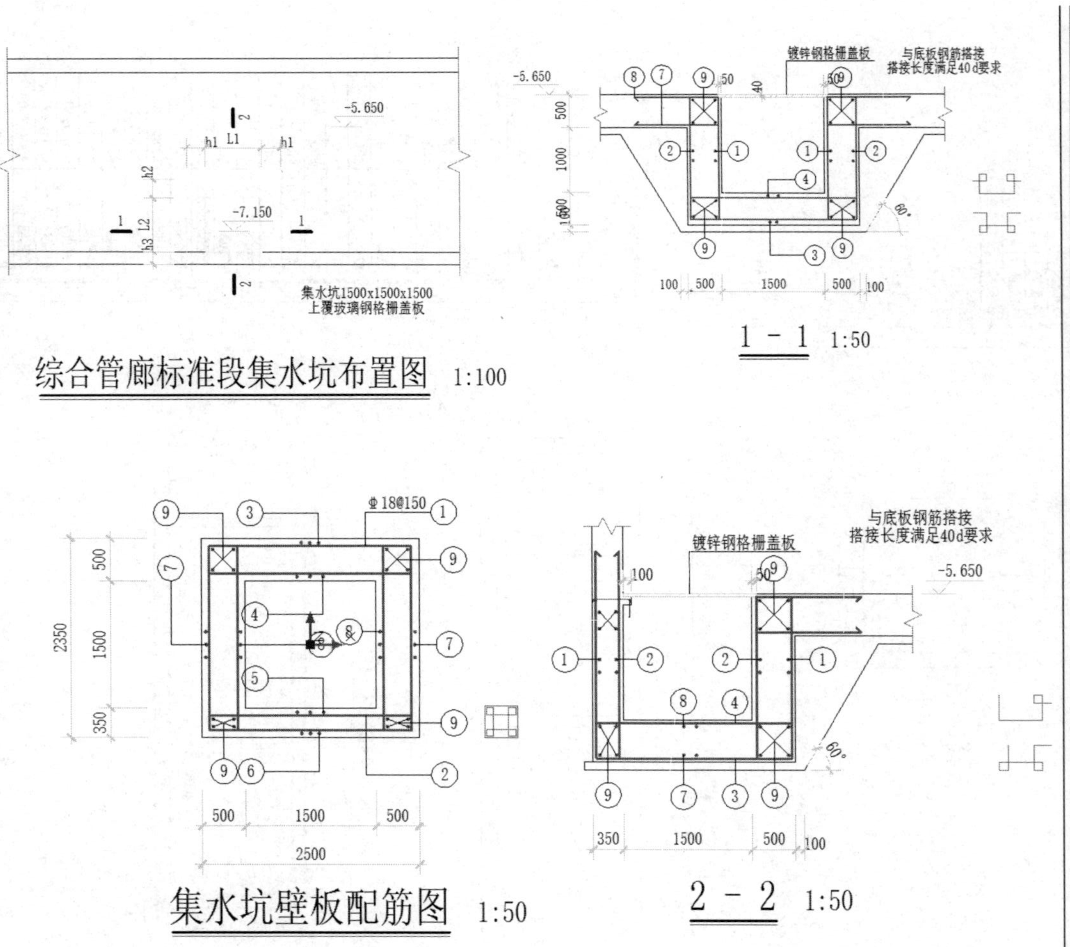

参数	值
L1(mm)	1500
L2(mm)	1500
h1(mm)	500
h2(mm)	500
h3(mm)	350
集水坑深度(mm)	1500
管廊底板标高(m)	-5.65
管廊底板厚度(mm)	500
集水坑底板厚度(mm)	500
角度	60
1#钢筋	Φ18@150
2#钢筋	Φ18@150
3#钢筋	Φ25@100
4#钢筋	Φ20@150
5#钢筋	Φ20@150
6#钢筋	Φ25@100
7#钢筋	Φ18@150
8#钢筋	Φ18@150
9#钢筋直径	25

1 — 1 1:50

2 — 2 1:50

综合管廊标准段集水坑布置图 1:100

集水坑壁板配筋图 1:50

图9-34　集水坑配筋图

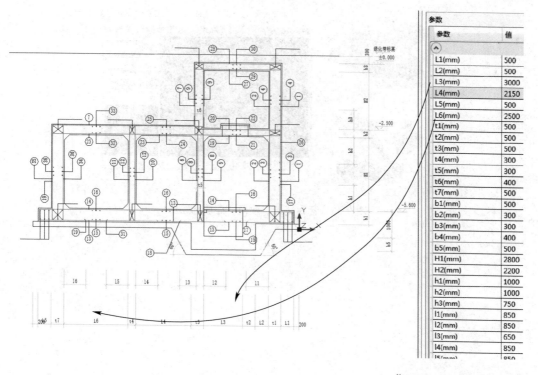

参数	
参数	**值**
L1(mm)	500
L2(mm)	500
L3(mm)	3000
L4(mm)	2150
L5(mm)	500
L6(mm)	2500
t1(mm)	500
t2(mm)	500
t3(mm)	500
t4(mm)	300
t5(mm)	300
t6(mm)	400
t7(mm)	500
b1(mm)	500
b2(mm)	300
b3(mm)	300
b4(mm)	400
b5(mm)	500
H1(mm)	2800
H2(mm)	2200
h1(mm)	1000
h2(mm)	1000
h3(mm)	750
l1(mm)	850
l2(mm)	850
l3(mm)	650
l4(mm)	850
l5(mm)	850

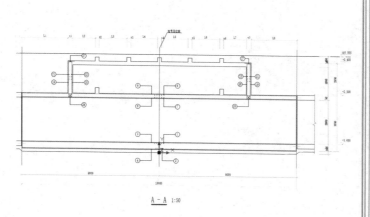

参数	
参数	**值**
L1(mm)	3000
L2(mm)	1500
L3(mm)	1825
L4(mm)	1750
L5(mm)	1750
L6(mm)	1825
L7(mm)	1500
L8(mm)	3000
t1(mm)	300
t2(mm)	250
t3(mm)	250
t4(mm)	250
t5(mm)	250
t6(mm)	250
t7(mm)	300
b1(mm)	450
b2(mm)	300
b3(mm)	250
底标高(m)	-5.6
中标高(m)	-2.5
顶标高(m)	-0.45
1#钢筋	⊈18@150
2#钢筋	⊈16@100
3#钢筋	⊈16@150
4#钢筋	⊈16@150
6#钢筋	⊈16@150
7#钢筋	⊈16@150
8#钢筋	⊈14@150

A - A 1:50

图 9-35 通风口剖面配筋图

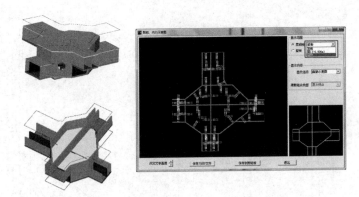

图 9-36　管廊交叉口建模、配筋和绘图

第 10 章　水处理工程正向设计

10.1　概述

经过几年的发展，BIM 理念早已深入人心，行业整体发展比较快。但整个行业的发展在一片欣欣向荣的表象之下，有令人担忧的深层隐患。大部分设计院都是在 BIM 软硬件厂商和前期应用者的过度宣传下，开始接触 BIM，实施 BIM，浪涛退去，大家发现，BIM 在实际工程中留下的真正有价值的东西并不多。时至今日很多设计院或是选择了放弃，或是尚处于起步阶段及局部应用，始终无法真正转变为生产力，形成规模化、产业化的应用。在 BIM 设计方面，大部分设计单位都选择了浅尝辄止，仅仅作为项目招标投标阶段的"噱头"，甚至于连辅助设计的作用也没有起到。

参数化设计是通过改动图形（模型）的某一部分或某几部分的尺寸、修改已定义好的参数自动完成对图形（模型）中相关部分的改动，从而实现对图形（模型）的驱动。参数驱动的方式便于用户修改和设计，通过对参数的修改实现对设计成果的优化。参数化设计极大地改善了图形（模型）的修改手段、提高了设计的柔性，在动态设计、优化设计等领域发挥着越来越大的作用，体现出很高的应用价值。

参数化设计的核心内容包含两个部分：参数化图元（模型）和参数化修改引擎。参数化设计方法最早用于工业零件设计，后逐渐向其他领域拓展。

采用 BIM 技术进行参数化设计也有很多软件支持，如 Revit 支持参数化族、全局参数化以及尺寸驱动等功能。

对于给水排水结构而言，同一类水池结构的形状、布置基本类似，设计逻辑基本相同。在一般的水池设计中，通常会找类似的工程进行修改或套用，但由于二维设计的图元不联动，即使在已有图纸基础上修改的工作量也很大。在 BIM 图纸中，图元与模型是"联动"的，模型修改时，图纸随之变动。若结合参数化的方式进行 BIM 设计，将极大地简化工作量、提升设计效率，给 BIM 技术推广带来活力。

10.2　三维协同设计

10.2.1　三维协同设计的必要性

目前给水排水设计流程中还存在如下主要问题：

（1）设计工作本身就是一个协同的过程，给水排水工程中一般涉及 5～6 个专业，专业之间的协调问题一直没有得到很好的解决，交接深度不够、没有时间讨论、沟通不顺畅等都是阻碍设计进程、影响设计效率的问题。利用三维协同设计平台可以整合设计进程，各专业都在一个模型上设计操作，就是从工具上解决沟通问题，避免设计矛盾和相互影响，在三维模型上进行会议讨论也会更加直观。

（2）工艺设计一直存在设计效率较难提高的问题，设计内容离散性大，设备管路系统较为复杂，工程量统计困难，这些都影响了工艺专业的设计进程，目前给水排水工艺专业在具体工程设计、制图上相对于其他专业，实际上还在一笔一笔的画，并没有什么有效的工具。给水排水三维设计首先应从工艺专业入手，形成工艺上整体的设计模型，进而形成二维的工艺施工图，这可以从根本上解决工艺专业的设计问题。

（3）设计修改是设计过程中很常见的情况，但修改后的协调很容易出问题，如一个专业修改后，其他专业没有修改，一张图纸修改后，其他图纸没有相应调整。三维设计则可以发挥出修改协同的优势，避免修改协调不一致问题，提高修改工作效率。

（4）工程套改也是设计中很常用的手段，但套改后图纸质量差，"错、漏、碰、缺"多是目前遇到的问题。而将工程模型都建立在三维协同设计平台中，形成工程模型库，套改时直接调用三维模型，可保证套改工程设计更为准确合理。

（5）结构专业设计计算长期采用二维方法，应逐步实现三维仿真有限元计算，可优化结构设计，提高专业设计水平。

（6）给水排水工程设计中，一直无法实现三维的效果展示、厂区漫游、运行模拟等，而这些内容在各个阶段给业主展示时都很重要，也是三维设计能够实现的。

（7）企业 ISO 管理程序尚无软件将其工具化，而三维协同设计平台可整合企业设计程序管理功能，方便设计人员使用，减少差错。

针对这些问题，需要采用三维协同设计方法解决，解决内容如图 10-1 所示。

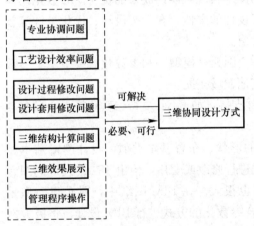

图 10-1 三维协同设计方法解决内容

10.2.2 传统二维设计管理流程

目前给水排水工程设计包含以下两个过程：

（1）构建合理的几何形体过程，解决池体结构构件、建筑构件、管道及管配件、设备等的综合布置及空间问题；

（2）通过计算和检查使设计内容趋向功能有效、合理的过程，该过程主要为计算和规范检查，最终达到完善设计内容的功能要求。

以上两个过程在每个专业设计中都是相互交叉的，最终产品是将布置合理、功能有效的形体和工程量用二维施工图的形式表达出来，即施工图出图，如图 10-2 所示。

10.2.3 传统二维设计工作流程

目前给水排水工程设计流程（施工图阶段）如下：

（1）设计资料的收集，并消化转换成设计所必需的参数数据；

（2）工艺专业制定总体设计原则，报审批后向各专业明确有关主要设计参数、设计要求、工程内容和进度安排等内容；

（3）工艺专业及其他各专业制定各自的专业设计原则，并报审批；

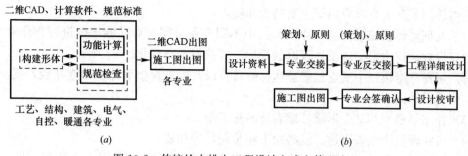

图 10-2　传统给水排水工程设计方式和管理流程

(a) 设计方式；(b) 设计管理流程

（4）工艺专业进行设计布置和计算，达到一定深度要求后交接给其他各专业；

（5）其他各专业（结构、建筑、电气、仪表、暖通等）进行各自专业的设计工作，并以图纸形式进行反交接，交接给工艺专业和其他需要的专业；

（6）工艺专业收到反交接后，进行后续工作的设计，直至完善到出图标准；

（7）各专业设计人员完成设计图纸；

（8）出图后进行专业内的校对校核、审核以及专业间的会签工作，这期间会产生设计内容的修改，一般修改可口头沟通，重大调整需重新交接；

（9）修改、会签完成后施工图正式出图。

10.2.4　三维协同设计平台开发

2012 年上海市政总院与法国达索公司组建联合研发中心，针对达索公司 CATIA 软件进行给水排水工程三维协同设计平台开发，实现设计流程，如图 10-3(a) 所示。通过三维形体最终生成二维施工图出图以及实现三维效果表现、漫游及工程量统计等，如图 10-3(b) 所示。

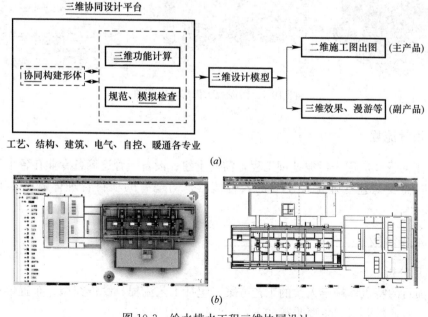

图 10-3　给水排水工程三维协同设计

(a) 设计流程；(b) 设计成果

三维协同设计平台具有以下主要功能和特点：

（1）几何形体为协同构建，即在平台中不同专业可同时对三维形体进行操作和修改，实现协同设计，这也是三维设计较以前设计方式的根本性变化。

（2）可在三维模型中实现三维整体功能计算以及模拟检修等计算检查功能，提高设计质量，优化设计内容。

（3）在三维模型基础上形成二维表达的施工图。

（4）可实现三维效果表达、漫游及工程量统计等功能。

（5）设计在一个平台上进行，将管理流程体系纳入软件工具中将具备可操作性。

10.3 污泥工程

10.3.1 正向设计的必要性

在污泥处理处置项目中，管线包括蒸汽、烟气、输灰、废气、压缩空气、空气、臭气、排水、给水、中水、强电、弱电、消防喷淋、通风空调、防排烟、天然气等，管线错综复杂；主要设备包括污泥切割机、污泥干燥机、冷却器、废气风机、余热锅炉、污泥焚烧炉、干式反应器、布袋除尘器、湿式洗涤塔等，设备数量多、接口杂、体积大。除设备和管道外，还需布置设备钢平台以满足运行和检修的要求，给设备和管道的布置带来巨大的难度。传统二维制图方法无法快速有效地表达错综复杂的空间三维关系，不仅制图表达困难，且"错、漏、碰、缺"难以避免，传统设计手段已无法满足超大型污泥处理处置项目的设计需求，如图 10-4 所示。

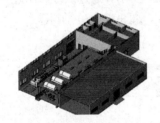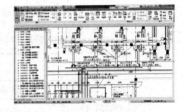

图 10-4　污泥脱水机房及内部图

10.3.2 设计流程

BIM 正向设计应用于污泥处理工程，需要土建、设备、管道等各专业在各个阶段密切配合，同时需要工艺专业把控主要的设计流程，与现有的项目管理体制基本相同，如图 10-5 所示。

10.3.3 准备阶段

1. 项目分析

分析项目的特点，确定大致的工艺方案，包括工艺流程、设备类型、布置位置等，以及其他相关专业的要求。主要步骤如下：

（1）确定工艺的大致方案，如工艺流程、设备类型、布置位置等。

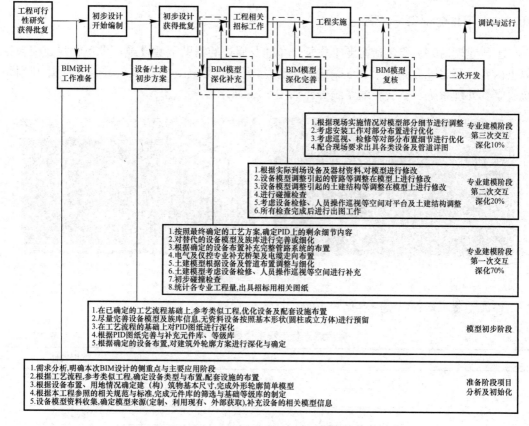

图 10-5　污泥项目 BIM 正向设计流程

（2）确定建筑物楼层的标高、布局等。

（3）选择 BIM 建模模板，模板包括了项目中需要的基本构件、大部分族（建筑、机械和电气等）和注释出图标准。采用合适的项目模板对加快建模速度十分有利。

（4）工艺专业对建筑物的要求，如房间的数量和大小等。

（5）其他专业对建筑物的要求，如电气专业的配电间布置等。

（6）各专业在项目中需新增的设备或构件列表。对于工艺和电气专业，就是查看有无新设备等；对于建筑专业，就是查看有无新的门窗类别等。

（7）各专业其他的要求。

2. 软件选择

确定利用 Plant 3D 软件实现出图、管配件统计、模型展示等。

3. 初始化工作

（1）定制等级库（国标等级库）

从官方的国标元件库定制管道、管配件、阀门等元件，定制后获得适合该项目的等级库。

（2）设备模型收集、定制

根据项目特点，结合需求分析，确定设备模型的来源（定制、利用现有、外部获取），之后收集并整理，补充设备的相关模型信息。

10.3.4 干化焚烧工程为例

土建建模内容主要包括污泥干化焚烧车间及周边的辅助配套设施；设备管线建模包括以下内容：污泥贮存系统、污泥输送系统、污泥干化系统、污泥焚烧系统、余热利用系统、烟气处理系统、空气压缩系统等。如图 10-6 所示。

图 10-6　污泥干化工程的完整系统

污泥干化工程各建模内容见表 10-1。

污泥干化工程主要建模内容　　　　　　　　　　　　　　　表 10-1

名称	内容	使用软件
污泥综合处理车间	墙	Revit 平台
	梁	Revit 平台
	柱	Revit 平台
	楼板	Revit 平台
	楼梯	Revit 平台
	窗	Revit 平台
	门	Revit 平台
	钢平台	Plant 3D 平台
	设备基础	Revit 平台
设备	湿污泥料仓 F101	Plant 3D 平台
	污泥螺杆泵 P101	Plant 3D 平台
	污泥柱塞泵 P102	Plant 3D 平台
	干燥机 D201	Plant 3D 平台
	载气风机 V201	Plant 3D 平台
	半干污泥输送机 FC301	Plant 3D 平台
	半干污泥提升机 H301	Plant 3D 平台
	干污泥料仓 F301	Plant 3D 平台
	计量槽 M401	Plant 3D 平台
	污泥给料机 SC401	Plant 3D 平台
	焚烧炉 B401	Plant 3D 平台
	一次风机 V401	Plant 3D 平台
	启动燃烧风机 V402	Plant 3D 平台
	辅助燃烧器 B402	Plant 3D 平台
	启动燃烧器 B403	Plant 3D 平台

续表

名称	内容	使用软件
设备	余热锅炉 B501	Plant 3D 平台
	石灰浆输送泵 P601	Plant 3D 平台
	布袋除尘器 BF601	Plant 3D 平台
	引风机 V602	Plant 3D 平台
湿污泥输送系统	湿污泥管道、放空管、臭气管等	Plant 3D 平台
湿污泥贮存系统	臭气管等	Plant 3D 平台
污泥干化系统	污泥管、蒸汽管、蒸汽冷凝水管、载气管、自来水管、载气冷凝水管、冷却水供回水管等	Plant 3D 平台
干污泥输送系统	臭气管等	Plant 3D 平台
污泥焚烧系统	风管、燃油管、压缩空气管等	Plant 3D 平台
余热利用系统	蒸汽管、蒸汽冷凝水管	Plant 3D 平台
烟气处理系统	烟气管、碱液管、污水管、压缩空气管等	Plant 3D 平台
压缩空气系统	压缩空气管、排水管	Plant 3D 平台
锅炉水处理系统	自来水管、软水管、冷却水供回水管	Plant 3D 平台

10.3.5　模型初步阶段

模型初步阶段，即由工艺专业按照讨论中确定的模板为基础建立中心文件。本阶段的主要目标是对工艺方案进行深化，确定主要路线及布置，用较短的时间完成工程整体模型的大致轮廓。

1. 项目文件设置

包括项目名称、基本单位、PID 标准、输出目录设置、数据库设置等内容。

2. 素材的补充与替代

根据需求分析，补充设备模型、元件库、族库的相关资料与信息，对于短时间内无法补充详细资料的素材，应确定主要信息（如外形尺寸、管道接口位置），采用基本形状（圆柱或立方体）进行替代预留，保证模型初步阶段工作的顺利推进。

3. 工艺设计的继续深化

根据已有资料对 PID 图纸进行深化，并对主要设备、管道及土建结构的初步布置方案进行深化。

4. 设备及土建的基本布置

根据目前已有用地条件及工艺方案，按照 PID 及已深化的方案，完成土建结构、设备、管道的初步建模工作，如图 10-7 所示。

10.3.6　专业建模阶段-第一次交互深化

本阶段旨在确定主要的工艺方案，完善 PID 设计的所有内容，各专业继续深化完善设备、管道、土建模型，完成工程量统计的相关工作。

1. 土建建模

主要为与设备相关的土建建模，如设备基础、管道平台等。

2. 设备布置

根据确定的工艺方案对设备布置进行深化。

3. 管线及阀门布置

根据设备布置确定管道设备接口方式，根据工艺系统对管道进行布置，之后对各管道进行阀门及其他管配件的布置。

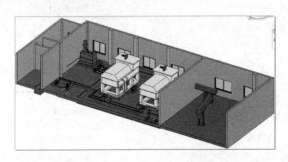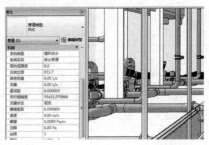

图 10-7　工艺方案确定

10.3.7　专业建模阶段-第二次交互深化

1. 根据到场设备资料对模型进行复核

根据已签订合同资料或已到场的设备资料对模型进行复核，对出现偏差的设备在模型上进行调整。

2. 设备调整

部分设备与第一次交互深化中的模型存在偏差，模型调整后会引起土建结构、管路等的调整，此部分内容需在模型上统一进行调整。

3. 模型检查

（1）模型碰撞检查

已按照最终设备资料调整的模型更新后，对各专业调整后的模型汇总，进行碰撞检查与修改工作。

（2）模型巡视检查

利用软件的浏览功能对模型进行全方面地查看，主要检查模型的完整性，模拟巡视、操作等过程。对局部内容进行优化完善。

利用软件自带的功能对模型进行碰撞检查，同时根据结果进行调整避让。

4. 出图

根据第三方软件进行图纸生成，包括平面、立面、剖面和等轴侧面等，如图 10-8 所示。

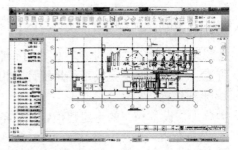

图 10-8　模型进行复核和出图

10.3.8　专业建模阶段-第三次交互深化

（1）利用软件的浏览功能对模型进行全方面地查看，模拟巡视、操作等过程。对局部内容进行优化完善。

（2）考虑安装工作的相关要求对模型进行调整。

（3）根据现场要求补充细节图纸。

针对现场安装需求补充相关轴测图、细部图等图纸，以便于现场安装工作的进行，如图 10-9 所示。

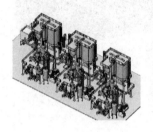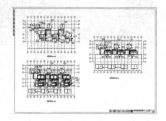

图 10-9　现场安装图

10.3.9　正向设计存在的问题

（1）各专业分工问题。各专业在每一个阶段的侧重点不同，在方案、工可和初步设计阶段，主要工作量集中在工艺专业，其他专业为辅，此时协同设计的流程未必适合，同时 BIM 设计的优势可能难以体现。

（2）BIM 的优势在于比较准确精细，从现阶段项目所需要的前期工作文件准确度来讲，使用 BIM 是否能够提高效率存在疑问。

（3）在正常的协同设计流程中，最理想化的就是各专业同时在一个工程中进行操作，这样既方便了各专业及时发现问题，也可以较快地解决一些工作及权限的问题。但是由于目前生产任务较多，很难保证各专业同时在一个工程上操作，此时一些设计或权限上的问题就不容易解决。

（4）目前质量管理体系采用的是线上的管理流程和纸制记录的 QEHS 流程，而 BIM 采用的是一个协同的设计环境，中间可以节省相当多的交接反交接工作，但是如何保证每个环节的时间节点、质量问题是一个需要解决的问题。

10.3.10　工程案例

1. 项目概述

上海市石洞口污水处理厂是上海市苏州河环境综合整治一期工程的一个重要子项。工程位于宝山区长江边原西区污水总管出口处，设计污水处理规模为 40 万 m^3/d，污水处理采用一体化活性污泥法工艺；设计污泥处理规模为 64t Ds/d，污泥处理采用机械浓缩＋脱水＋干化焚烧工艺，如图 10-10 所示。

2. 实施目标及技术路线

为了更好地开展该工程的项目管理，达到项目设定的质量、工期等各项管理目标，各方决定在项目的设计阶段采用 BIM 技术，通过 3D 建模、碰撞检查、工程量统计、3D 模型出图等 BIM 的应用，以数字化、信息化和可视化的方式提升项目设计水平，设计流程见表 10-2。

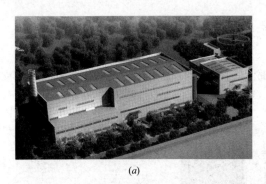 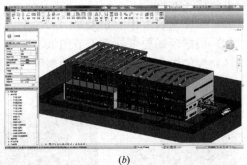

(a) (b)

图 10-10 上海市石洞口污水处理厂

(a) 厂区效果图；(b) BIM 模型

上海市石洞口污水处理厂设计流程汇总表　　　　　　　　表 10-2

流程安排	时间比例	工作内容
准备阶段	5%	1. 项目分析：分析项目的特点，确定大致的工艺方案，包括工艺流程、设备类型、布置位置等，以及其他相关专业的要求； 2. 需求分析：确定本项目利用 Plant 3D 需达到的目标，如出图、管配件统计、模型展示等
建模前	25%	1. 定制等级库（国标等级库）：从官方的国标元件库定制管道、管配件、阀门等元件，定制后获得适合该项目的等级库； 2. 设备模型收集、定制：根据项目特点，结合需求分析，确定设备模型的来源（定制、利用现有、外部获取），之后收集并整理，补充设备的相关模型信息
模型初始化	5%	1. 项目文件设置：包括项目名称、基本单位、PID 标准、输出目录设置、数据库设置等内容； 2. 根据需求对项目进行针对设置：根据需求分析，设置与出图、管配件统计、模型展示相关的内容，主要包括各统计报告表格样式、图层和颜色设置、管道连接设置、等轴测 DWG 设置、正交 DWG 设置、图纸注释设置等内容
专业建模	45%	1. 土建建模：主要与与设备相关的土建建模，如设备基础、管道平台等； 2. 设备布置：根据确定的工艺方案对设备进行布置； 3. 管线及阀门布置：根据设备布置确定管道设备接口方式，根据工艺系统对管道进行布置，之后对各管道进行阀门及其他管配件的布置
模型检查和完善	10%	1. 模型初步检查：利用软件的浏览功能对模型进行全方面地查看，主要检查模型的完整性等内容； 2. 模型碰撞检查：利用软件自带的功能对模型进行碰撞检查，同时根据结果进行调整避让
出图	10%	1. 生成图纸：根据软件自带模块进行图纸生成，包括平面、立面、剖面和等轴侧面等； 2. 详图定制：根据模型特点，定制局部细节、复杂设备接口的平立面图、三维图纸； 3. 图纸标注、注释：对生成的 DWG 图纸进行补充标注和注释

3. BIM 正向设计

在污泥干化焚烧工程中，由于管道和设备极其复杂，在传统二维设计模式下，平面图纸里反映设计的思路和意图较为困难，为了准确描述管道和设备，需要画大量的剖面图和详图，带来了巨大的工作量。而在 BIM 模式下，模型建立完毕后，可以很轻松地完成任意立面、剖面和标高平面的图纸，而且可以提供各个角度的三维视图以便于施工人员理解，如图 10-11 所示。

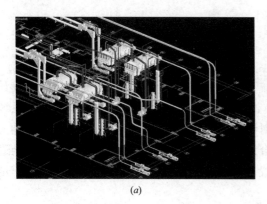
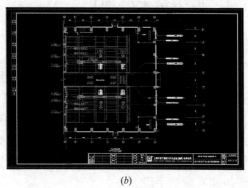

(a)　　　　　　　　　　　　　　　　　　　(b)

图 10-11　管道 BIM 正向设计
(a) 干化区管道建模；(b) 湿污泥管道俯视图出图

4. 应用总结

BIM 技术应用的核心价值不仅在于建立模型和三维效果，更在于对建设项目丰富信息的全面掌握，随时随地、快速获取最新、最准确、最完整的工程数据信息。BIM 技术对项目全过程的进度、技术、投资和质量安全管理可以带来较为明显的效果，并产生一定的经济效益。

在施工阶段，对项目建设最重要的就是项目如何按时、保质完成。由于项目环境日趋复杂，不确定因素逐步增加，项目参与方的数目也有所增加，而目前的项目管理方法虽然取得了较大进展，解决了不少项目难题，但在信息化管理方面始终存在差距，导致项目管理效果往往不能满足业主要求。随着 BIM 技术的日益成熟，在项目管理上将发挥越来越重要的作用，为项目按时保质完成提供可靠的保障。

（1）完善可靠的协同平台

BIM 技术提供了一个完善的协同平台，提高了项目各参与方（包括业主、设计单位、施工单位等）的工作效率和工作质量。各方可利用 BIM 技术搭建平台，使项目参与方在平台上协同工作。一方面，协同平台能够实现模型资源（数据）的共享，提高各方信息互换的效率，并减少由于配合不畅导致的返工次数；另一方面，各方效率的提高，有利于项目目标的完成。

（2）方便快捷的沟通方式

BIM 技术的三维可视化和性能模拟化（或虚拟现实）特点，使原本不具备专业知识的业主能够直观明了设计意图和项目性能特点，能够参与设计过程，针对设计内容和模拟结果提出要求和改进内容。不仅方便业主与设计单位之间的沟通，而且也减少了项目不确定性，使需求和投资效益更加明确，便于项目目标的统一和控制。

（3）精确可控的投资控制

本工程建模完成后，通过自带报告生产功能生成表格。生成的统计表主要分为钢平台、管道和设备两大类。其中管道和设备可分为管道元件、紧固件和设备三类。自动生成的表格包括了管道元件的各种详细信息，包括制造商、兼容的标准、尺寸、等级库、设计标准、公称直径、设计压力、管道长度等。

10.4 地下污水处理厂

10.4.1 正向设计的必要性

地下污水处理厂的综合管线是一个多系统、多交叉的网状结构，传统的管线综合设计方式是管综专业将多个不同专业的二维 CAD 设计图综合于同一张图纸中，并对各个系统的标高、间距等进行核对及标注。这个过程对设计人员的三维想象能力及多系统整合能力要求极高。但是，即便进行了二维的管线综合设计，由于系统交叉点极多，仍未能完全避免管线碰撞的问题，更谈不上最优化空间布置。而且，对管线综合设计的校对校核工作也缺乏快速有效的手段。

10.4.2 设计流程

正向设计流程主要分为三个阶段：方案设计阶段、初步设计阶段、施工图设计阶段，设计流程如图 10-12 所示。

（1）方案设计阶段

根据项目的设计条件及业主需求，利用 BIM 技术研究分析其功能性和总体布局，并对总体方案进行初步的沟通、评价、优化和确定。方案设计阶段的 BIM 应用主要是利用 BIM 技术对项目的可行性进行验证，对下一步深化工作进行推导和方案细化。利用 BIM 软件对项目所处的场地环境进行必要的分析，比如坡度、高程、填挖方、建成效果等，作为方案设计的依据。基于 BIM 技术的方案设计人员利用 BIM 软件，通过制作或局部调整方式，形成多个备选的设计方案模型，进行比选。此外，借助 BIM 技术的可视性和直观性，增强了各专业之间的沟通效率，也提高了业主的设计体验。

（2）初步设计阶段

初步设计阶段是介于方案设计阶段和施工图设计阶段之间的过程，是对方案设计进行细化的极端。在本阶段，主体工艺专业推敲完善其模型，并配合建筑结构进行核查设计。在初步设计过程中，以工艺专业为主导，其余各专业围绕可视化的工艺模型参与沟通、讨论、决策。

（3）施工图设计阶段

此阶段是项目设计的重要阶段，在初步设计成果的基础上，各专业通过细化，完成施工图模型及导出施工图图纸。详细地表达出设计意图及设计结果，并作为项目现场施工制作的依据。施工图设计阶段的 BIM 应用是各专业模型设计并进行优化设计的过程，包括工艺、建筑、结构、通风、电气、仪表等，在此基础上，根据专业设计、施工做法及标准，进行总体冲突检测、三维管线综合、竖向净空优化等，完成对施工图设计的多次优化。

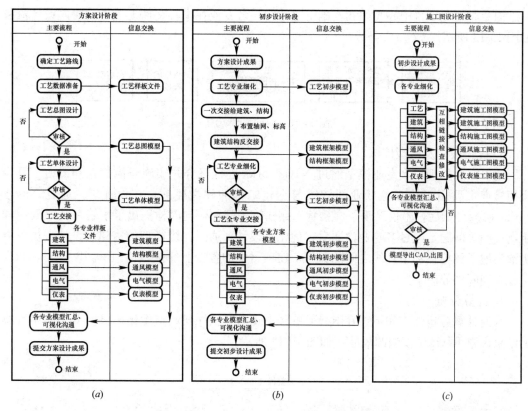

图 10-12　地下污水处理厂正向设计流程

（a）方案设计阶段；（b）初步设计阶段；（c）施工图设计阶段

10.4.3　设计内容

1. 设计工具

地下污水处理厂正向设计采用 Revit 和 Plant 3D 作为主要设计工具，并以 Revit 模型为核心，实现跨平台间数据交互及模型信息的应用。设计工具见表 10-3。

地下污水处理厂正向设计软件 表 10-3

序号	名称	用途
1	Revit	结构、通风模型建立，工程量统计
2	Plant 3D	管道、设备模型建立，工程量统计
3	Navisworks	设计校核，碰撞检查

2. 专业间交接及协同设计

地下污水处理厂主要难度在于空间有限、管线复杂。在以往的地下污水处理厂施工过程中均发生过管线碰撞，需现场变更的情况。其中部分情况由于牵涉大断面通风管道的碰撞，其变更往往导致局部空间的局促和不合理。BIM 正向设计利用 BIM 技术很好地解决了以上问题。

协同方式采用建立项目中心文件。工艺专业向各专业提资，发送 CAD 二维简图，后由结构专业建立项目中心文件和基础土建结构，各专业在中心文件上工作。协同设计流程如图 10-13 所示。

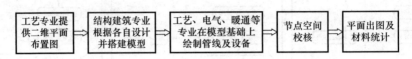

图 10-13　协同设计流程

3. 优化设计及模型校核

地下污水处理厂多专业模型通过 Navisworks 进行整合并实施碰撞检查和漫游。其中碰撞检查主要用于检查各专业间管线与土建结构的硬性碰撞。在设计中，通过 Navisworks 碰撞分析后，不仅发现了穿梁管、穿柱管等问题，同时检测出了水管在转弯处空间距离过小等问题。经过多专业沟通后，优化了设计。通过三维模型的搭建，设计人员可以更清晰地了解构筑物中管线之间的关系，使项目中的各专业的认识达到了高度统一，减少了施工期间的修改。

4. 计算分析

水池计算分析流程如下：在 Revit 和 Robot 两个软件间调整优化，根据 Robot 中计算的结果调整 Revit 中模型的尺寸，如图 10-14 所示。

图 10-14　水池计算分析流程

利用 Revit 与 Robot 计算软件的内部链接，把初步模型导入 Robot 中进行试算，从而确定泵房池壁和底板厚度以及外挑长度。考虑泵房的两种工况，其一外水土工况，池外有土池内无水；其二内水工况，池内有水池外无土。在 Robot 中添加这两种工况的荷载以及相应的约束，然后进行计算。根据所得的弯矩彩图，估算壁厚是否合理，如图 10-15 所示。

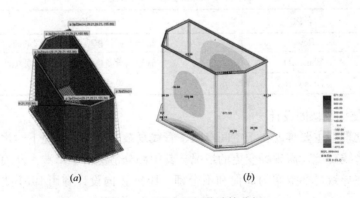

图 10-15　进水闸门井计算分析
(a) 计算模型；(b) 计算结果

10.4.4　二次开发

针对地下污水处理厂管线综合 BIM 正向设计过程遇到的困难及需求，对管线综合设计模块进行二次开发。二次开发主要功能见表 10-4。

地下污水处理厂管线综合 BIM 正向设计二次开发主要功能　　表 10-4

序号	专业	开发内容	开发要求	描述
1	排水	土建开孔	土建模型自动开孔	1. 检测 Revit 土建模型与机电管线族及选定的链接实体模型间的碰撞，碰撞处按预先设置的尺寸映射表开孔； 2. 功能完成后可导出 Excel 列表清单，清单包含孔洞规格、数量、标高
2	排水	预埋套管	自动添加套管	1. 检测 Revit 土建模型与机电管线族及选定的链接实体模型间的碰撞，碰撞处按预先设置的尺寸映射表开孔后放置一个套管族； 2. 功能完成后可导出 Excel 列表清单，清单包含套管规格、材质、数量、标高等
3	排水	机电管道自动贴梁底	调整机电管线标高至梁底	选中某条机电管道后，可令其贴土建梁底布设，系统检测管线沿线的所有土建梁，选择其中最低的梁底标高，将此标高设置为机电管线的管顶标高
4	电气	电缆桥架标高自动调整	调整电缆桥架标高至通风管道底	选中某条电缆桥架后，可令其贴通风管道底布设，系统检测管线沿线的所有通风管，选择其中最低的管底标高，将此标高设置为电缆桥架的管顶标高
5	电气	电气工程量统计	基于 Revit 模型进行较为简便的操作，即可完成安装算量	1. 电气专业安装算量； 2. 可按照国家标准自动生成清单； 3. Revit 明细表可导出至 Excel； 4. 模型统计范围可根据模型类别、框选内容等规则，自由确定
6	排水	给水排水工程量统计	基于 Revit 模型进行较为简便的操作，即可完成安装算量	1. 给水排水专业安装算量； 2. 可按照国家标准自动生成清单； 3. Revit 明细表可导出至 Excel； 4. 模型统计范围可根据模型类别、框选内容等规则，自由确定
7	暖通	暖通工程量统计	基于 Revit 模型进行较为简便的操作，即可完成安装算量	1. 暖通专业安装算量； 2. 可按照国家标准自动生成清单； 3. Revit 明细表可导出至 Excel； 4. 模型统计范围可根据模型类别、框选内容等规则，自由确定
8	管综	清单编码	工程量清单自动编码	工程量清单可自动完成项目编码
9	管综	净高分析	实现房间、楼板净高的快速检查	1. 指定要检查的房间、楼板，检查房间、楼板的有效净高； 2. 可以设定净高检查相关的参数：净高值、检查构件类型等； 3. 可以将检查结果导出到 Excel 中； 4. 对检查结果进行高亮显示； 5. 对房间净高进行快速标记，形成净高分布图

续表

序号	专业	开发内容	开发要求	描述
10	管综	3D 局部	模型局部快速定位、查看	1. 允许选择点选、框选构件； 2. 根据选择的构件进行构件范围的自动计算； 3. 允许用户创建局部视图
11	管综	明细表导出	将明细表导出至 Excel	1. 允许用户按照类别等选择要导出的明细表； 2. 允许用户选择要导出的明细表的列项； 3. 允许用户一次导出一个或多个明细表
12	管综	喷淋系统设计	实现从 CAD 图纸的快速 BIM 模型转换	按照 CAD 图纸快速翻模： 1. 可以识别 CAD 图纸，能够读取喷淋、标注、喷淋头等图层； 2. 软件自动进行喷淋管道快速识别和创建； 3. 能够自动生成喷淋竖管、喷淋以及各构件之间的连接关系； 4. 提供创建时的相关参数设置，允许用户选择是否创建喷淋头等
13			根据房间进行喷淋系统的快速创建	喷淋系统正向设计：根据喷淋头间距、喷淋头与墙体间距、支管标高、主管道标高，自动布置喷淋系统
14	管综	支吊架和计算支吊架	支吊架快速放置	1. 用户点选管线，软件自动识别管线的尺寸信息并可以快速放置支吊架； 2. 支吊架尺寸自动适应管线尺寸大小、标高等信息； 3. 可以设置批量放置支吊架时的起始间距、放置间距等； 4. 管线尺寸、位置发生变化时支吊架应能自动变化； 5. 在满足定义规范基础上能够进行支吊架类型的选择
15			计算支吊架	1. 能够指定管线进行支吊架的放置； 2. 支吊架放置后能够根据管线信息进行支吊架的一定计算； 3. 计算书可以导出到 Excel 中

10.4.5 工程案例

1. 项目概述

上海市泰和污水处理厂规划规模 55 万 m^3/d。一期工程建设规模 40 万 m^3/d，其中污水处理厂的污泥处理设施及尾水排放管等的土建部分按 55 万 m^3/d 规模一次建成。

为尽量减少污水处理厂设施运行对周边的影响，泰和污水处理厂建设采用全地下式的布置形式，污水处理厂一体化箱体的顶标高为 5.5m，高出周边道路标高 1m，污水处理厂一体化箱体的室内操作层标高为 −1.0m，污水处理厂的主要生产活动均在地下封闭空间内进行，污水处理厂一体化箱体顶部敷设大面积绿化，如图 10-16 所示。

2. 项目特点

作为上海市的重大工程，上海泰和污水处理厂是目前国内建设标准最高、工程规模超大的全地下污水处理厂之一，污水及污泥处理标准高，其污水、污泥处理设施均位于地下，需要进行深基坑开挖施工，各构筑物单体之间的联系更加紧密，对协同设计提出了更高的要求。

项目 BIM 应用，旨在通过 BIM 模型数据的创建、传递、共享，推动 BIM 技术在水务工程中的深入应用，并发挥更多效益。通过项目级 BIM 标准的研究和初步设计阶段、施工图设计阶段开展的 BIM 技术应用的探索，对大型复杂污水处理厂的 BIM 正向设计流程进行总结，使 BIM 技术能更好地辅助于设计过程，借助 BIM 技术在协同设计、性能分析、碰撞检查、工程量统计等方面的优势，提高设计过程的沟通效率和设计质量。

(*a*)	(*b*)

图 10-16　上海市泰和污水处理厂（全地下污水处理厂）

(*a*) 地面部分；(*b*) 地下部分

3. 项目 BIM 应用策划

根据工程项目特点确定前期准备阶段和工可设计、初步设计、施工图设计三阶段的 BIM 应用目标，见表 10-5。

BIM 应用策划　　　　　　　　　　　　　　　　　　　　　　　表 10-5

工程阶段		应用目标	内容描述
准备阶段	项目级 BIM 标准研究	工艺、结构专业 Revit 样板制作	考虑水务工程 BIM 应用需求，对工艺、结构专业 Revit 样板进行制作，确保所有的单体构筑物都按照同一样板开展 BIM 建模工作
		Revit 建模规则	结合后续的 BIM 技术应用目标，对 BIM 建模的规则进行规定
		构件命名规则	以水务工程 BIM 全生命周期应用为目的，充分考虑设计、采购、施工、运维各阶段的需求，对构件命名规则进行规定
		BIM 模型算量扣减规则	根据水务工程工程量计算的规则，对基于 BIM 的工程量计算方法进行规定，从而直接导出符合要求的计算结果
设计阶段	工可设计	方案比选	利用 BIM 三维可视化特点，针对不同的工艺方案，分别建模演示，并进行优劣分析，完成工艺总平面布置方案比较和优化
		设计方案展现	创建并整合工可模型，利用 BIM 三维可视化的特性展现工可阶段的设计方案。
	初步设计	构筑物初步设计模型制作	建模前根据项目具体情况拟定建模标准，并创建主要专业 BIM 模型，借助模型协调各专业设计的技术矛盾，并合理地确定技术经济指标，辅助完成初步设计工作
		场地分析	通过 BIM 技术手段对地形、地质等数据进行表现
		设备构件库整理和建模	整理已有的设备构件库，对通用性的设备进行建模，统计未确定的设备并待设备招标后完成建模
	施工图设计	构筑物施工图模型深化	根据施工图设计，对构筑物土建、工艺模型进行深化，对多专业模型进行整合
		暖通及除臭模型建立	针对全地下污水处理厂的特点，对场内暖通和除臭模型进行建立，研究厂内空间分布
		冲突检测及三维管线综合	整合所有专业的 BIM 模型，进行冲突检测
		工程量统计	利用 Revit 明细表功能及扣减规则，完成工程量统计
		性能分析	通过 BIM 技术对典型的综合处理设施进行水力模拟分析
		辅助设计	整个 BIM 应用过程与设计过程紧密配合，通过轻量化模型浏览工具及图纸台账等形式，发现图纸中的错漏碰缺问题，提升设计质量
		结构出模板图研究	通过对结构专业 Revit 样板的制作，探索出结构出模板图的流程与方法，为后续推广 BIM 正向设计打下基础

4. 主要应用成果

（1）方案比选：充分发挥 BIM 可视化的特点，表达污水处理厂内的空间布局、工艺流程等，实现项目设计方案决策的直观和高效，辅助完成工可研究工作，如图 10-17 所示。

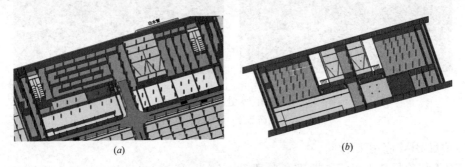

图 10-17　三维模型设计方案
(a) 设计方案 1；(b) 设计方案 2

（2）方案展现：BIM 软件可为设计方案提供丰富的表现手段，不仅能展示工程几何外观，也能全面展现工程内部的空间关系。便于工程各参与方从多角度全面了解设计意图，便于参与方之间的交流、决策，如图 10-18 所示。

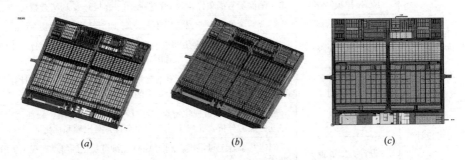

图 10-18　箱体构筑物布置方案展示
(a) 地下构筑物的布置；(b) −1.000m 标高（操作层）；(c) 平面布置设计方案展示

（3）场地分析：根据工程周边的地形及场地的布置，制作场地模型，通过场地与地下一体化箱体的整合，更好地对场地及构筑物的布置进行优化，如图 10-19 所示。

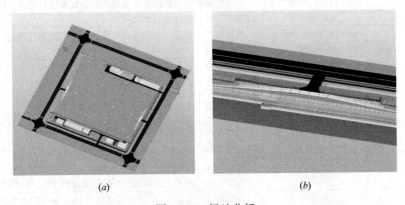

图 10-19　场地分析
(a) 场地与一体化箱体拼装；(b) 一体化箱体顶板与场地连接

（4）施工图模型深化：调整各专业的模型，形成施工图深度的 BIM 模型，如图 10-20所示。

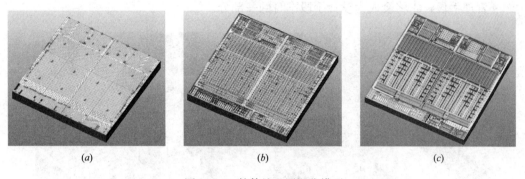

图 10-20　箱体施工图深化模型

（a）5.500m 标高（顶板）；（b）-1.000m 标高（操作层）；（c）-8.300m 标高（底板）

（5）水力模拟分析：采用相关流态模拟软件，模拟综合处理设施不同工况下的水流状态。通过参数化的计算，分析水流状态是否符合方案预设，并计算流动过程中的水流参数，检验各点水流参数是否符合规范要求，如图 10-21(a) 所示。

（6）利用稳态求解器对模型进行计算，用 VOF 模型追踪水气两相交界面，湍流模型为 k-ε 模型，研究进水泵房中的水力流态情况。通过不同水平截断面上速度分布情况，分析构筑物内流态分布是否均匀、是否存在死水区等情况，为工艺参数的设定提供一定的理论依据，如图 10-21(b) 所示。

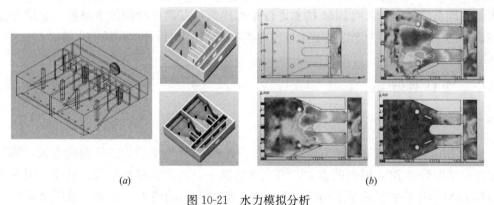

图 10-21　水力模拟分析

（a）水力流态模拟方案展示；（b）水力流态情况分析

（7）三维管线综合：整合单体各专业模型，检查模型间的协调性和一致性，提早发现设计冲突问题，并预先采取整改措施，优化管线排布，为管线设备的安装预留足够的运输通道和操作空间，尽可能减少设计原因引起的缺陷，避免项目建设过程中出现拆改及返工现象，如图 10-22 所示。

10.4.6　应用总结

BIM 技术的出现带来了很多全新的设计方法：从线条绘图转向构件布置，从几何点线面的表达转成全信息模型集成，从离散的分部设计转向基于同一模型的全生命周期整体设计，从各专业单独绘图转向各专业协同完成项目。BIM 技术与协同技术将成为互相依赖密不可分的整体，而在 BIM 技术的支持下，未来的协同设计不再是单纯意义上的设计交流、组织和管理手段，它将会成为设计手段本身的一部分。

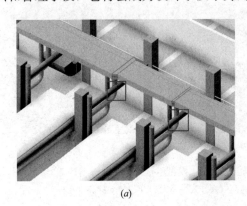 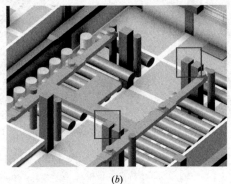

(a)   (b)

图 10-22　冲突检测及三维管线综合
(a) 设备管线之间冲突；(b) 设备管线与结构构件的冲突

本项目的 BIM 应用与设计紧密配合，在项目设计的同时开展了模型联合评审，采用轻量化模型文件的方法将 BIM 模型作为专项成果进行交接，同时，通过图纸台账交接的流程对当前设计阶段中图纸不合理、碰撞的位置进行记录，从而达到借助 BIM 模型完成对设计成果质量检验的目的。在后续的项目实施中，可以围绕工艺、建筑结构、暖通、电气等各专业在交接、提资、模型审核、出图等各环节的工作，开展 BIM 正向设计流程的探索，以期总结出一套采用 BIM 技术进行排水构筑物三维设计的技术路线，总结专业间协同设计的工作模式，为今后在更大范围内推动 BIM 正向设计应用提供支持。

10.5　综合管廊

10.5.1　概述

当前 BIM 建模一般有三种方式，第一种为先建 BIM 模型后出二维图的方式，第二种为先出二维图后建 BIM 模型的方式，第三种为第一、二种的混合模式。目前，国内大部分应用 BIM 的工程建模都是采用第二种方式，即由专门的建模人员将二维图纸翻成三维模型。但是第一种方式即直接使用 BIM 工具进行工程设计，尽管当前很少有设计单位能够真正做到，却越来越受到行业领先者的关注。目前直接使用 BIM 进行工程设计存在四个层面的障碍，即人员基础的障碍、软件易用性的障碍、图纸表达标准的障碍、工作流程的障碍。

综合管廊工程需要协调廊体与道路及地下其他构筑物的空间位置关系，同时也要协调管廊内各类管线的布置，同时综合管廊工程相对于厂站类工程，更宜作为 BIM 正向设计技术的突破点。

以上海市政总院承担设计的松江综合管廊工程为载体，通过研究 BIM 正向设计的协同流程、软件应用、出图标准等关键技术，总结出一套适合综合管廊工程 BIM 正向设计的方法，力求达到使用 BIM 技术直接设计的目的。

本项目的目标交付物为："一个模型""一套图纸""一份文档"。"一个模型"指的是各专业形成一套完整的 BIM 模型，"一套图纸"指的是从 BIM 模型生成目前能够采用该技术手段完成的设计图纸，"一份文档"指的是记录工作过程中的方法、问题和建议，为未来类似项目提供参考。

10.5.2　BIM 应用的必要性

综合管廊主体工程属于线路类工程，部分附属工程如监控中心等属于建筑工程，因此综合管廊工程 BIM 实施的必要性主要从这两方面进行阐述。

对于综合管廊的主体线路来说，实施 BIM 的主要出发点在于协调管廊本体和周边环境、管廊内部空间、管廊与管廊内管线之间的空间关系，其主要价值体现为在 BIM 模型内预先解决二维图纸不易解决的交叉、碰撞问题。对于管廊工程，首先要考虑新建管廊与周边现有管线、现有地下构筑物之间是否有冲突，这是 BIM 实施的必要性之一；其次，尽管目前很多管廊工程并不包括内部的管线工程设计，但是如果管廊设计不充分考虑内部管线的空间布置，则会对后续管线具体设计和管线入廊带来很大困难，因此非常有必要对该问题实施 BIM 进行解决。

对于监控中心等建筑工程来说，实施 BIM 的主要目的在于其建筑内的功能划分，以及与综合管廊主体线路衔接间的节点处理，并且对于建筑工程来说，目前 BIM 软件最为成熟，实施难度也较小。

10.5.3　建模软件

综合管廊工程兼具线路类工程和建筑类工程两种特性，在建模软件的选择上主要考虑数据的一致性，避免各专业、各阶段的模型传递造成数据的丢失、甚至数据转换的困难。上海市政总院采用过的建模软件涉及 Autodesk、Bentley、Dassault 三大平台，从 BIM 建模的角度来说，采用这三大平台均可。考虑设计人员掌握 BIM 技术的能力，同时注意到 Autodesk 软件体系周边的生态系统，采用 Revit、鸿业管廊、Dynamo 等软件协同应用方案。

近几年，在 BIM 之上，衍生建模和计算建模的概念开始受到关注。衍生建模、计算建模工具在建立复杂模型和自动化建模方面崭露头角。欧特克公司在 Revit 2017 版本之后内置了 Dynamo 程序化建模插件，这是一种基于节点（node）的可视化编程工具，这一工具的应用场景主要在于两个方面，一是手工建模困难情形下通过算法计算建模，二是重复性工作的自动建模。

衍生建模的目标是创造新的设计流程，这个流程通过开发当前计算机技术和制造能力，生产空间上合理、规则上正确、高效且可制造的设计。通俗来讲，就是要开发一种更为强大的人机交互设计系统，通过输入设计条件，在一定的约束规则下，让计算机自动生成设计方案，如果加入人工智能的因素，甚至可以生成若干优化方案。计算建模前景诱人，其不仅仅是参数化系统，而且已经开始展示其与人工智能结合后的应用。

10.5.4　建模方案

对于监控中心等建筑类工程，由于 BIM 应用比较成熟，可以采用商业化软件。对综

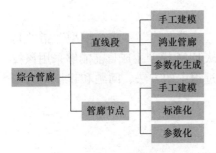

图 10-23　综合管廊建模方案

合管廊线路工程的 BIM 建模包含直线段和管廊节点，对于这两部分，建模方案如图 10-23 所示。

1. 鸿业管廊软件

鸿业管廊软件目前分为两个版本，分别是 CAD 版本和 Revit 版本。对于 CAD 版本，主要是利用鸿业管立得、路立得软件完成管廊工程设计出图的基本功能；对于 Revit 版本，主要通过建立 BIM 模型完成设计功能。

建立综合管廊整体 BIM 模型，需要综合应用鸿业管廊软件的两个版本。由于综合管廊的直线段与道路纵坡有关，如果手工建模异常繁琐，因此直线段的工作主要借助鸿业管廊 CAD 版本完成，之后采用鸿业特定格式导入到 Revit 版本。鸿业管廊软件建模方案如图 10-24 所示。

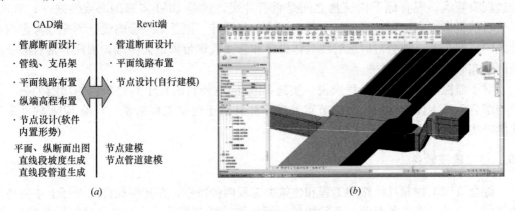

图 10-24　鸿业管廊软件建模方案
（a）建模方案；（b）建模成果

2. 参数化建模工具 Dynamo

利用 Revit 2017 里的参数化建模工具 Dynamo，完成综合管廊直线段建模。Dynamo for Revit 是一款基于 Revit 的可视参数化插件，通过可视化操作的方式编制建模逻辑，能够实现通过前端参数实施更改后端图形输出的功能，通过 Dynamo 在体量环境中生成管廊直线段的线型，将之导入项目环境后，进行体量面墙、体量面板的手动布置，可大幅度降低手动调整直线段坡度的工作量，如图 10-25 所示。

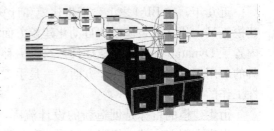

图 10-25　建模工具 Dynamo 完成建模成果

3. Revit 2017 项目参数化

在 Revit 2017 版本中，提供项目工作环境参数化的新功能。该功能对于综合管廊简单节点的快速建模非常有帮助。在 Revit 2016 之前的版本中，只能通过参照平面约束、手动拉参照平面的方式进行一些简单的尺寸调整，并且非常容易出现问题。在 Revit 2017 版本中，可以针对更为复杂的节点进行尺寸约束，并将参数进行统一管理。一个三舱管廊通风节点参数化约束如图 10-26 所示。

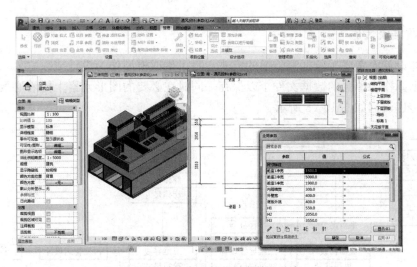

图 10-26　管廊通风节点参数化约束

10.5.5　设计流程

综合管廊 BIM 设计流程如图 10-27 所示。

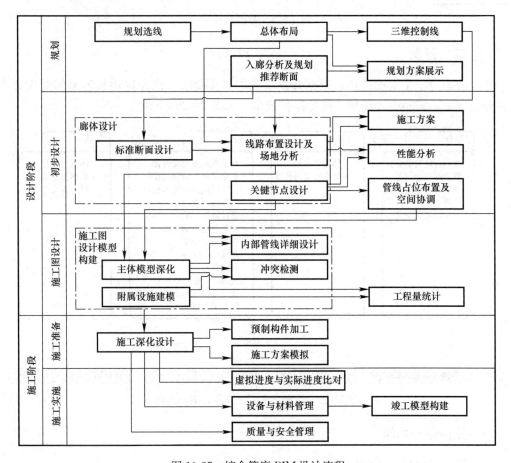

图 10-27　综合管廊 BIM 设计流程

10.5.6 数据流传递

从整体设计上考虑了数据流传递的模式，除了生成模型作为设计成果之外，中间的关键设计数据则作为单独的数据文件予以保存，同时在必要的图形元素上附着必要信息，主要的数据传递流程如图 10-28 所示。

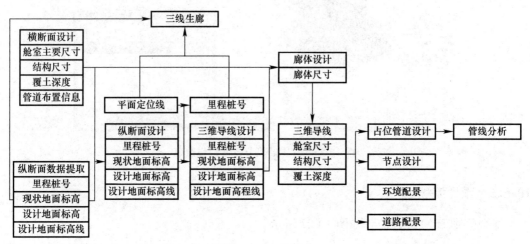

图 10-28 数据流传递

10.5.7 二次开发

开发方案分三个层次进行，根据开发功能的具体要求，优先选用较容易的开发方案，加快开发速度，缩短开发周期，降低维护成本，如图 10-29 所示。

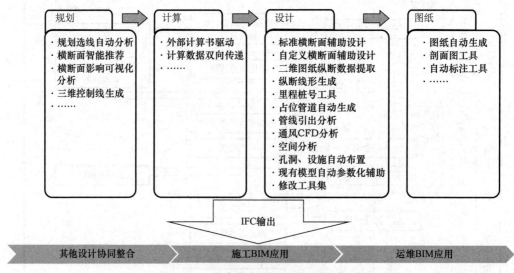

图 10-29 综合管廊二次开发方案和内容

10.5.8 正向设计功能

综合管廊正向设计功能见表 10-6。

综合管廊正向设计功能　　　　　　　　　　　　　　　表 10-6

类别	子类别	功能
横断面	标准横断面	完成廊体主体结构、内部管道布置、用户界面
	非标准横断面	
纵断面	现有数据提取	完成现有二维纵断面图纸的数据信息提取功能、用户界面
	纵断设计	完成交互式综合管道高程设计功能
三维线	里程桩号系统	完成平面里程桩号标注功能、用户界面
	三维空间线生成	完成根据平面线和高程数据生成三维线功能、用户界面
三维模型	廊体结构	完成根据三维引导线和管廊断面自动生成廊体结构功能、用户界面
	内部管道	完成根据三维引导线和管廊断面自动生成内部占位管道功能、用户界面
	三线生廊	完成根据里程桩号线、平面定位线、设计高程线三线一步生成管廊廊体
图纸	图形剖切	完成横断面图生成功能（初步设计深度）、用户界面
	图框插入	完成插入标准图框功能
其他	道路模型	完成根据道路横断面和道路中心线快速生成道路表皮功能、用户界面
	周边地形地貌	完成根据 OSM 数据自动生成周边环境功能、用户界面
	管线折弯分析	完成对缆线进行折弯空间分析的功能
用户界面	总体界面	完成通过设计中心调用所有模块功能
运行模式	C/S	完成基于 SFTP 的服务器/客户端通信程序

10.5.9　应用点选择

根据综合管廊工程实际设计情况，筛选以下应用点作为综合管廊 BIM 应用的重点，见表 10-7。

综合管廊 BIM 应用点　　　　　　　　　　　　　　　表 10-7

阶段划分	描述	基本应用
规划	本阶段的主要目的是为后续设计阶段提供依据及指导性文件。主要工作内容包括：根据区域管线规划，确定综合管廊规划，并提出管廊的规划推荐断面及管廊建设的三维控制线	入廊分析及规划推荐断面
初步设计	本阶段的主要目的是通过深化方案设计，论证工程项目的技术可行性和经济合理性。主要工作内容包括：拟定设计原则、设计标准、设计方案和重大技术问题以及基础形式，协调综合管廊和各专业管线之间的技术矛盾，并合理地确定技术经济指标	标准断面设计 / 线路布置设计和分析 / 关键节点设计 / 管线占位布置及空间协调 / 施工方案
施工图设计	本阶段的主要目的是为施工安装、工程预算、设备及构件的安放、制作等提供完整的模型和图纸依据。主要工作内容包括：编制可供施工和安装的设计文件，解决施工中技术措施、工艺做法、用料等问题	主体模型深化 / 附属设施建模 / 内部管线详细设计 / 冲突检测 / 模型出图及工程量统计

10.5.10　正向设计案例

1. 规划推荐断面

对综合管廊的标准断面进行建模，供管廊断面方案的讨论与交流之用。不需要进行详细的支吊架建模，只需清晰表达管廊的分割空间以及不同管线的区分，如图10-30所示。

图 10-30   综合管廊规划推荐断面

2. 标准断面设计

针对规划推荐断面进行深化建模，布置管廊的支墩、支架、吊架，如图 10-31 所示。

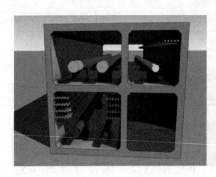

图 10-31   综合管廊标准断面

3. 线路布置设计

对综合管廊整体线路进行建模，重点反映综合管廊本体结构与道路之间的空间位置关系，如图 10-32 所示。

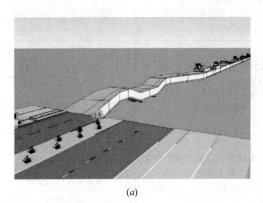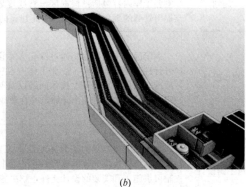

(a)   (b)

图 10-32   综合管廊整体设计

（a）整体线路；（b）管廊内部布置

4. 关键节点设计

综合管廊关键节点主体结构的建模，重点反映空间衔接关系，如通风井的相通关系、上下层的巡检通道关系，如图 10-33 所示。

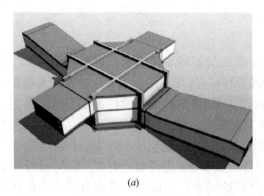
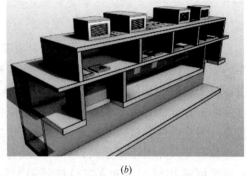

(a)　　　　　　　　　　　　　　　　　　　　　　　(b)

图 10-33　综合管廊关键节点设计

（<i>a</i>）关键节点；（<i>b</i>）空间衔接关系

5. 管道占位布置

在关键节点设计的基础上，增加管道系统的详细建模，重点协调管道与综合管廊本体之间、管道与管道之间的冲突关系，如图 10-34 所示。

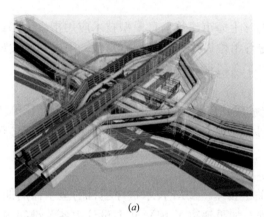
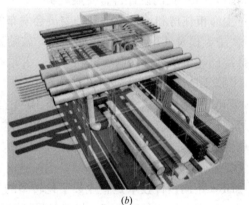

(a)　　　　　　　　　　　　　　　　　　　　　　　(b)

图 10-34　综合管廊管道布置设计

（<i>a</i>）管道系统详细建模；（<i>b</i>）协调管道与管道之间冲突

6. CFD 通风分析

对通风口及其连接段进行 CFD 通风分析，帮助暖通工程师分析舱室内的空气流速及温度场分布，如图 10-35 所示。

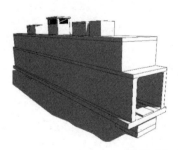

图 10-35　综合管廊空气流速及温度场分析

10.5.11　应用总结

目前直接使用 BIM 进行工程设计存在四个层面的障碍，即人员基础的障碍、软件易用性的障碍、图纸表达标准的障碍和工作流程的障碍。从真正在一线工作的设计人员角度来讲，其实就是使用新软件会造成效率突降；使用 BIM 工具进行设计，需要直接关注三维空间的方方面面和细节信息，所产出的模型信息量大，投入精力自然也大，设计人员站在自身只为出图的角度，觉得投入产出性价比不高，因此抱怨软件不好用也在情理之中。

建筑行业领先者中国建筑设计研究院有限公司以 Revit 为基础，开发 CBIM 设计平台的初衷是填平 BIM 平台和真正设计所需工具之间的鸿沟，让设计人员在效率无损的状态下转换到新的设计平台。

综合管廊工程 BIM 建模相对繁琐，其整体线路建模需要考虑纵向坡度，具有典型的线状工程特点，而其节点建模要求则是点状工程的特点，最终节点又要置入线路之中，匹配所处位置的各部分尺寸、高程、坡度等。因此，对于综合管廊工程，其建模系统需要同时处理线状工程和点状工程，鱼和熊掌往往难以兼得。

（1）BIM 正向设计符合发展趋势

上海市住房和城乡建设管理委员会发布的《上海市建筑信息模型技术应用指南（2017版）》中，提及使用 BIM 做正向设计，鼓励先行单位做这方面的探索实践。国内一些大型设计院已经做了这方面的研究和开发，并取得了阶段性成果。

（2）BIM 正向设计应用需要摸索

BIM 技术已探索多年，每年均有 BIM 技术成熟应用产生，但截至目前，大都还停留在可视化和仿真应用上，BIM 正向设计技术少有探索，要做到 BIM 技术直接设计，必须在软件开发、提高 BIM 建模效率上下足功夫。

（3）企业自身发展的需要

BIM 正向设计技术是企业数字化转型的关键技术。BIM 技术贯穿项目的全生命周期，与设计企业业务结合最紧密的仍然是设计过程，如果解决了 BIM 正向设计中各关键问题，将使企业专业拓展，进一步把握企业在数字化时代的发展机遇，提升企业核心竞争力。

第 11 章 桥梁工程正向设计

11.1 概述

11.1.1 国外软件二次开发必要性

随着 BIM 技术在工程建设领域的深入应用，BIM 软件的专业化开发需求也更加迫切。目前普遍情况是国内专业软件完成设计任务能力强，而处理 BIM 模型和信息能力弱，而国外 BIM 软件则正好相反，即所谓"国内软件上不了天，国外软件落不了地"的现状。这就要求国外 BIM 软件针对我国工程实践进行本地化及专业化开发，或者国内专业软件实现基于 BIM 的开发或改造。

就桥梁专业而言，其 BIM 软件的专业化开发或改造的难点主要有以下两方面：

首先，桥梁及其他交通建设工程都依赖于道路，而道路是一条带状的复杂曲面形体，需分解为平面、纵断面和横断面 3 个二维的问题分别进行处理，即所谓的道路平纵横设计体系，该体系的核心是道路中心线设计，包括平曲线和竖曲线设计。由于道路中心线算法比较复杂，通常使用道路 CAD 软件进行设计和计算，因此桥梁专业设计需要道路专业配合提供墩位中心坐标、方位角及桥面标高等设计数据。一旦道路平纵线形出现变更，那么这些数据就要重新交接，容易导致设计过程出现"错漏碰缺"问题。

其次，桥梁主要是结构工程，具有构件类型多、结构设计复杂等特点。不同桥梁工程的构件类型往往差别较大，其中下部结构还存在各种基础、立柱以及盖梁等组合形式变化，这就导致构件品种成倍增加，要建立通用的参数化构件库难度非常大。目前比较有效的桥梁 BIM 建模方法是"骨架＋构件模板"，即把道路中心线作为参照骨架，对各种构件按预定义的类型模板进行实例化和空间定位，最终合并成为整体桥梁模型。该方法适用于手动创建模型，而要实现桥梁模型自动生成还需要考虑处理构件类型的组合问题。

11.1.2 二维三维一体化思路

大力推动数字化开发，利用高效的软件工具和工作协同平台支撑三维数字化设计业务，既能将设计人员从繁重、重复、低效的体力劳动中解放出来，更专注于设计输入的分析和设计思想的表达；同时采用新型技术手段为设计工作"保驾护航"后，能够真正实现质量更可靠、速度更快捷、协同更高效；积极采用创新设计理念，依靠评价模型和数据推演，对设计方案进行精细化、定量化评价分析，使得设计方案不断优化、内涵提升；精心利用生产数字资产，依靠数字化、信息化手段积累大量生产数据，使数据本身成为最重要的生产要素和最宝贵的知识资产。

二维三维一体化是指经过系统的精心设计和实现，二维图形和三维模型的输入及输出对外部而言表现为统一协调的整体。不同系统的具体实现机制可能差别较大，比如 CAD

系统的一体化注重于从三维模型生成二维图形，同时二维修改三维联动，而 GIS 系统的一体化侧重于把二维图形和三维模型进行整体合成输出。

BIM 软件的三维构件模板通常也能定制二维图纸，主要方法是基于三维生成二维，即先三维建模，再剖切或投影二维轮廓，最后添加标注。该方法在实际工程应用中还存在一些障碍和难点。

BIM 二维出图的主要障碍是工程设计人员潜移默化的二维设计思维表达方式和习惯。设计人员受到的专业训练就是把头脑中的设计模型表达成二维图纸，而施工人员则习惯了把二维图纸在头脑中重现为放样模型，可见设计图纸的表达方式和习惯已成为工程建设行业约定俗成的交流"语言"。要用新的三维模型及其相关表达方式替代二维图纸成为新的交流"语言"，这需要一个较长过程。

三维剖切出的二维轮廓通常是简单的连通区域而且在同一平面内，所以不存在多视图问题，而工程图必须处理多视图问题，并且轮廓线形要复杂得多。另外，三维剖切出的二维轮廓用来标注时只与组成该轮廓的对象有关，而工程图的尺寸标注必须能对其他视图的相关对象进行标识控制。

工程图中还有许多特殊画法和习惯画法需要经过专业化处理（如剖面线、截断线、相贯线等），导致通过三维直接生成二维很难自动化实现。例如，桥梁纵断面图是沿道路中心线与大地垂直曲面展开后再进行投影绘制，对于斜交的情况还要按照仿射投影绘制，这很难通过三维剖切或投影直接进行表达。另外，桥梁构件的钢筋图大都采用示意画法，即要求在局部对钢筋点或线的表达进行特定简化甚至省略等操作，而对钢筋数量表则要求精确统计。

11.1.3　软件研发思路

桥梁设计是生产桥梁设计信息数据的过程，无论是二维的图纸及相关符号和文字说明，还是三维的模型及附加信息，都是设计成果的表达。辅助设计软件是为了帮助设计人员更快速、高效和准确地完成设计信息的生产和表达。软件的研发应遵循回归建筑信息模型的基本理念，以信息为中心，用图纸或模型来承载和表达信息。结合桥梁的结构组成和设计流程，将桥梁设计过程中所需的信息进行分类和结构化，对桥梁各组成部分进行结构分解，拆分成如梁部、桥墩、桥台、基础等基本组成构件。

采用面向对象的方式对各种设计信息和结构构件进行结构化数据组织，结合设计流程，编写接口或设计模块，进行数据的交互和计算加工。设计人员在使用软件的过程中，仅需填写或选择少量的参数，即可完成一座桥的设计工作，利用 BIM 可视化的特性，可以对设计模型进行实时查看和修改。基于"BIM 模型是设计信息的表达"理念，模型由数据来驱动、生成和修改，相应非几何信息的赋予也由数据驱动完成。

基于 CATIA 的市政工程设计协同管理平台是在对正向设计过程进行归纳总结的基础上，考虑道路桥梁工程设计流程和交互习惯，利用先进的 PLM（产品生命周期管理）技术体系将设计对象融入协同设计过程，并对不同设计阶段需要表达存储流转的信息进行标准化管理，从而实现设计结果的复用，提升设计质量。

桥梁正向设计开发的功能范围以常规混凝土结构、钢结构桥梁为主要设计对象，设计对象包含内容如图 11-1 所示。

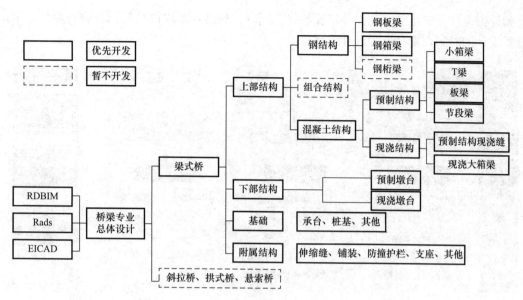

图 11-1　上海市政总院桥梁正向设计软件开发思路

11.1.4　软件平台

软件以达索 3DE 平台 CIV（土建设计）模块为基础平台进行桥梁专业化二次开发形成符合我国设计人员需求及规范标准的桥梁设计工具集，辅助设计人员在三维环境下开展桥梁设计工作。

桥梁正向设计软件基于 CAA（Component Application Architecture）技术，进行桥梁构件的输入、拓扑运算、输出定义，实现了构件、细部构造等 30 项自定义特征设计。通过自定义特征的开发，实现了基于三维道路路线的定位和构造自动生成功能，从而设计人员可以专注于细节设计，不必从绘制定位线开始进行繁琐的坐标转换工作；结合设计截面库、构件库、组件库的参数化设计素材积累，从而使设计的质量、效率得到保障。

11.2　SMEDI-BDBIM 桥梁正向设计软件功能介绍

根据桥梁的设计习惯，设计内容可分为总体设计和构件设计两部分。总体设计的内容包括全桥孔跨布置、下部结构和基础设计、工程数量计算等。构件设计包括整个项目采用的梁部、桥墩、桥台、基础等构件的标准设计。总体设计引用了标准构件的设计成果，采用"搭积木"的方式进行。辅助设计软件可实现总体设计所需的全桥孔跨布置、下部结构和基础的设计、工程数量的计算、BIM 模型的创建等功能。

上海市政总院的 SMEDI-BDBIM 桥梁正向设计软件实现了桥梁布跨分联、结构类型设计、详细构造设计、配筋配束、结构计算分析、图纸输出等功能，如图 11-2 所示。同时，基于 SMEDI-BIM 构件库管理系统进行标准化生产数据的存留、汇聚和利用。

作为上海市政总院的主要业务，桥梁工程设计已经应用达索 3DE 平台多年，但仍然存在上手门槛高、效率低的问题，无法大规模在院里进行推广应用以形成真正意义上的正向设计生产力。借助于二次开发手段，可以规范建模步骤，完成桥梁从概念设计、总体设计到详细设计,三维数字化设计贯穿始终。同时,对已经完成设计的构件进行重用,节约重复设计的时间,提高工程设计效率。

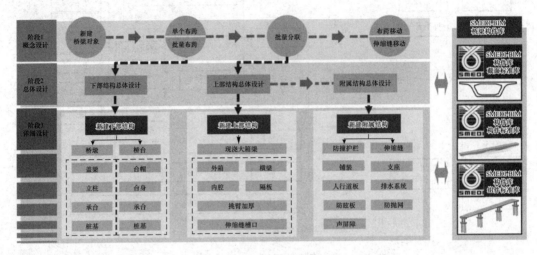

图 11-2 上海市政总院 SMEDI-BDBIM 功能

11.2.1 总体规划

桥梁正向设计总体设计流程如图 11-3 所示。

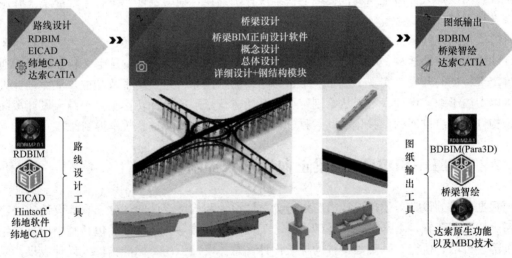

图 11-3 桥梁正向设计总体设计流程及输出

1. 道路设计数据

根据道路总体专业设计成果进行桥梁三维设计环境搭建,国内常见道路设计数据格式为 Rads、EIcad、纬地等,国际通用设计数据格式有 LandXML、FBX 等;在 3DE 平台 2018X 及以上版本集成了平纵曲线设计功能,如图 11-4 所示。

桥梁正向设计软件具备识别以上各种数据生成的三维道路中心线功能,通过交互界面拾取道路设计成果,一般为普通曲线或是 Alignment(路线)类型数据,根据设计资料可以识别或者重新定义桩号系统,如图 11-5 所示。

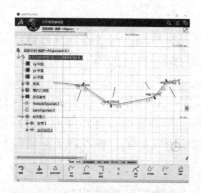

图 11-4　三维道路中心线设计功能

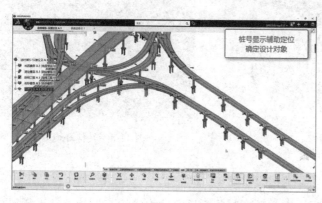
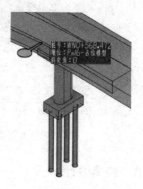

图 11-5　路线桩号定义及三维显示

2. 地形数据

桥梁专业设计需要根据测量数据完成桥位选择、联跨布置等设计任务，传统二维设计基本采用地形高程图进行插值得到相应的高程以进行布置计算，设计人员无法直接进行可视化操作和及时调整。桥梁正向设计软件中地形数据通过地形（Terrian）模块进行地形面生成，并通过 3DE PHM 曲面功能实现场地平整以及自动参与桥梁设计运算取值，从而减轻设计人员计算工作量，并且直观的三维表达能够辅助设计人员交互调整，如图 11-6 所示。

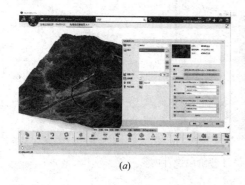
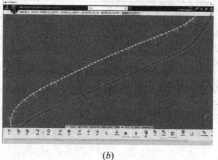

(a)　　　　　　　　　　　　　　　　(b)

图 11-6　三维表达线路设计

(a) 地形数据及正射影像；(b) 地形数据参与承台埋深自动计算

3. 地质数据

根据地勘数据和钻孔数据，可以在设计时引入地质体模型参与各层挖填方量以及岩土力学分析计算，以便设计人员能够基于同一模型完成设计工作，如图 11-7 所示。

4. 其他环境要素

桥梁设计在工程范围考虑周边环境影响因素，用户可以根据上游设计数据将设计道路边线、设计红线、绿线、蓝线以及周边重要建筑物等还原至三维设计环境内，进行边界条件的设置，在设计过程中可以通过 3D 界面或者碰撞检查功能进行检查以免超出设计边界条件，如图 11-8 所示。

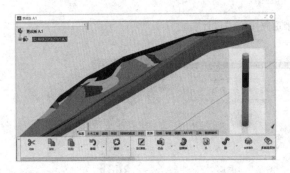

图 11-7　地质数据

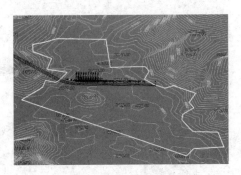

图 11-8　其他环境要素

11.2.2　构造设计

桥梁正向设计满足常规混凝土现浇、预制装配桥梁结构的构造设计，基于桥梁设计的输入条件进行桥梁设计。主要分为 3 个设计阶段：概念设计、总体设计、详细设计，如图 11-9 所示。

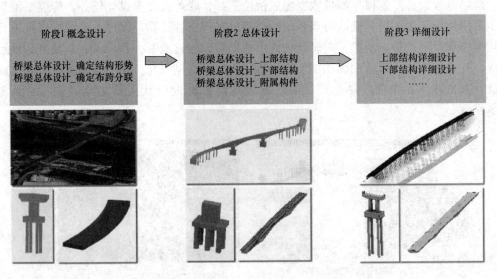

图 11-9　桥梁正向设计各阶段设计内容

1. 概念设计

桥梁概念设计阶段主要完成桥位选择、布跨设计、分联设计以及基本参数的设置，在概念设计阶段，用户通过新建桥梁概念设计对象，可在三维设计环境下快速生成桥梁概念模型，包括桥梁起终控制点、梁高、桥台控制高度等设计属性信息；用户采用交互设计工具进行布跨分联设计，能够快速在三维环境下获得桥梁的概念模型，辅助设计人员快速地进行桥梁结构布置，结构类型设计选型工作如图 11-10(a) 所示。

2. 总体设计

桥梁总体设计阶段主要解决主体结构的外轮廓构造设计，在这一阶段用户可以通过设计轮廓库选择标准的上下部结构轮廓，基于概念设计的分联设计模型和下部结构模型进行轮廓的快速布置，自动生成构造三维模型，如图 11-10(b) 所示。

在这一阶段，上部结构、下部结构及附属结构以不同的 3D Part 级别的对象进行存储，构造的精细化程度还较低，主要用于桥梁的初步设计阶段。

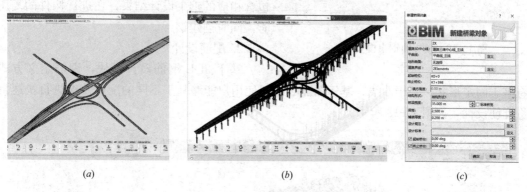

(a)　　　　　　　　　　　　(b)　　　　　　　　　　　　(c)

图 11-10　桥梁概念模型创建

(a) 占位模型；(b) 总体设计模型；(c) 输入界面

3. 构造详细设计

桥梁总体设计完成了桥梁的基本构造设计，并在结束设计时将不同的构件拆分至 PLM 对象内独立管理，以便在施工图设计阶段对模型的细节进行深化，如主梁端部槽口设置、漏水孔开设、伸缩缝详细选型、盖梁挡块布置、支座位置调整等。在桥梁设计软件的上部结构、下部结构以及附属结构设计模块中根据设计需求设置辅助设计工具，在功能详细介绍中详细说明，如图 11-11 所示。

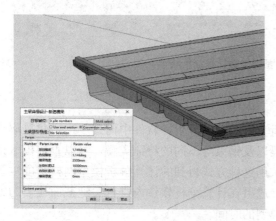

图 11-11　构造详细设计

11.2.3 配筋配束设计

1. 配束设计

对于预应力结构的钢束设计在桥梁正向设计软件中采取了两种方案：

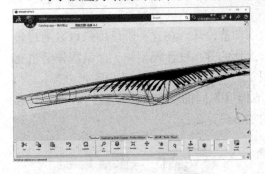

图 11-12　预应力钢束模型创建

（1）正向设计过程，采用基于箱梁局部坐标系的纵曲线、平曲线以及平纵拟合设计器完成钢束的引导线设计，为保证模型轻量化仅作语义化定义不作详细模型设计，如图 11-12 所示；

（2）基于构件库系统的标准构件，构件内包含相应的钢束设计结果，在进行构件的复用时，同时创建钢束。

2. 配筋设计

基于 3DE 钢筋设计模块，钢筋定义方式有基于固定形状、基于曲线、基于曲面 3 种，使用户能够基于不同的配筋要求进行快速批量配筋设计，如图 11-13 所示。

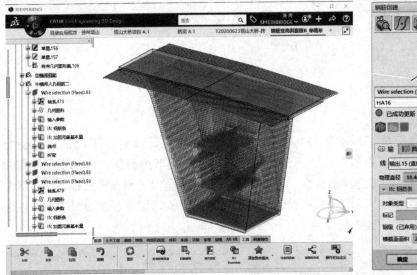

图 11-13　3DE 预置参数化钢筋模板

11.2.4 计算分析

桥梁设计过程中对于设计成果必须进行有效的验算分析，软件中内置了语义化提取功能，根据桥梁结构的外箱室、内箱室、横梁以及钢束等不同的特征类型，可以直接提取计算软件所需要的计算数据进行验算分析，采用这种方式得到的计算分析模型网格密度以及截面的精确性，较传统工程师根据初版设计成果在计算分析软件内进行关键截面建模的方式提高了计算精度，并且节省了建立计算模型的时间。

在保障了桥梁的安全稳定要求的同时，城市区域的高架桥梁设计往往会对周边区域产生不利影响，例如在居民区、商业区等人口密集区域桥梁的结构设计是否会对周边居民的正常生活造成噪声、空气、采光等各方面的影响，结合 Abaqus 仿真分析软件的 XFlow、Isight、SIMULIA 模块功能，能够将设计成果直接导入计算软件进行仿真分析，并根据分析结果进行设计迭代，不用再次进行分析软件繁琐的前处理工作，大大提升了设计效率，如图 11-14 所示。

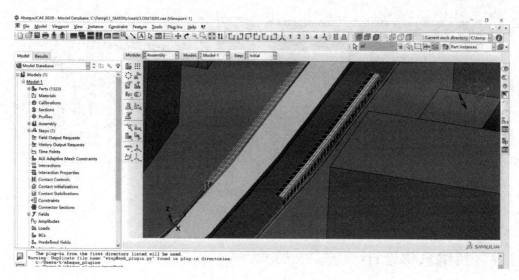

图 11-14　Abaqus 计算分析界面

11.2.5　成果输出

1. 属性信息输出

桥梁正向设计软件基于上海市政总院《桥梁专业设计阶段 BIM 交付导则》进行了桥梁组件、构件的设计对象开发，如图 11-15 所示，从而在软件的运行过程中对于桩号定位、常用的设计参数以及构件编码等实现了自动赋予及输出的功能。

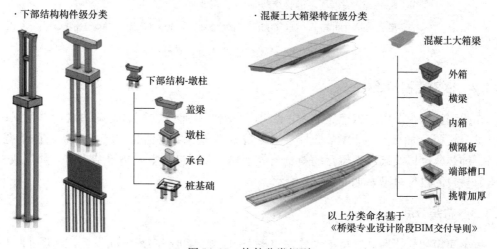

图 11-15　构件分类规则

2. 专用数据格式输出

目前，桥梁正向设计软件除继承了 3DE 平台原有的输出类型外，根据不同的项目交付要求，可以将设计成果的几何信息以及要求的非几何信息写入到专用数据格式中。如河北省某项目专用交付格式，桥梁正向设计软件将信息提取为明文格式，方便用户进行转换使用，如图 11-16 所示。

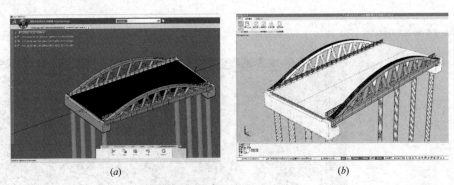

(a)　　　　　　　　　　　　　　(b)

图 11-16　专用数据格式输出
(a) CATIA 原始模型；(b) 转换后满足交付的模型

11.3　桥梁总体设计

11.3.1　功能菜单

桥梁总体设计功能的开发主要是为了解决概念设计阶段的设计问题，该阶段建立了桥梁的总体定位信息，首先建立桥梁上部总体占位，而后通过分跨设计生成下部结构占位模型，并利用分联设计的功能，生成伸缩缝这一附属结构占位模型，提供分联信息。主要功能菜单如图 11-17 所示。

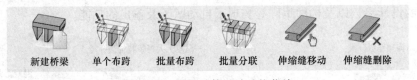

新建桥梁　　单个布跨　　批量布跨　　批量分联　　伸缩缝移动　　伸缩缝删除

图 11-17　桥梁总体设计功能菜单

11.3.2　桥梁建模初始化

在模型显示视图中选取道路 3D 中心线、平曲线、地形曲面、道路边线，并定义平曲线上桩号代码（如 K）、起终点桩号，给定桥梁名称、填方信息、结构形式、桥梁宽度、梁高、铺装厚度以及起终点桥台的斜交角等参数，即可自动生成桥梁结构树，并生成上部结构、桥台的占位模型，如图 11-18 所示。

11.3.3　布跨分联

桥梁建模初始化后，在桥梁总体占位模型的基础上进行布跨分联设计，如图 11-19(a)所示。

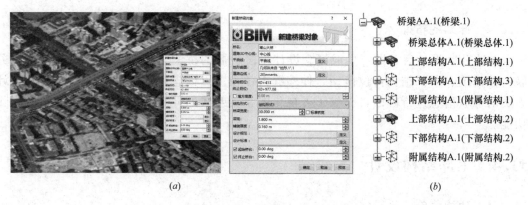

图 11-18 桥梁建模初始化

（a）桥梁总体占位模型；（b）生成结构树

布跨功能分为单个布跨和批量布跨两种。三维正向设计软件集成了地形模型和实际的正射影像，可以让用户在实景状态下进行单个布跨设计，设计人员可以在实景状态下识别需要避让的内容，如路口、河道等。利用单个布跨功能在路口两侧进行墩位设计，如图 11-19（b）所示。

关键节点单个布跨后，可推出路线上其余墩位的布置情况，并考虑标准化的布跨规格，给定路线布跨表达式，进行批量布跨设计，如图 11-19（c）所示。

布跨设计可以自动生成下部结构占位模型，其建模过程中地形曲面参与运算，自动设置承台标高。

当全桥下部结构墩位设计完毕后，使用批量分联功能对桥梁进行分联划分，将分联标记由"连续"改为"伸缩缝"即可在该墩位处设置分联，并自动建立伸缩缝占位模型。如图 11-19（d）所示。

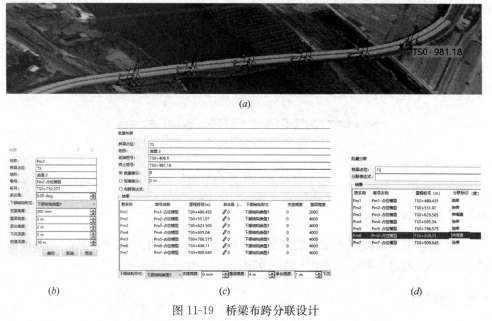

图 11-19 桥梁布跨分联设计

（a）桥梁布跨；（b）单个布跨；（c）批量布跨；（d）批量分联

11.3.4　伸缩缝布置

布跨分联设计后，即可生成概念设计阶段所需的桥梁占位模型，包括上部结构分联占位模型、下部结构占位模型、伸缩缝占位模型。概念设计结束后，软件允许设计人员对分联信息进行修改，提供了可视化的、交互式的伸缩缝拖拽移动、伸缩缝删除功能。

11.4　上部结构设计

11.4.1　功能菜单

上部结构设计功能模块解决了桥梁总体设计阶段的上部结构设计问题，基于概念设计模型的结果，通过批量复用轮廓库中的上部结构外轮廓资源，形成具备准确外轮廓的上部结构总体设计模型。其功能菜单如图 11-20 所示。

截面实例化　端部实例化　端部设计　主梁总体设计　新建主梁　联复用　上部结构零件拆分

图 11-20　上部结构设计功能菜单

11.4.2　纵曲线设计器

纵曲线设计器为用户提供了绘制具有一定变化规律的曲线的工具，在上部结构设计中，该功能可设计上部结构主梁截面的变化趋势曲线、梁底线等，如图 11-21 所示。

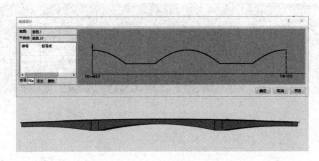

图 11-21　纵曲线设计器

11.4.3　新建主梁

在主梁截面定位曲线制备完毕的情况下，进行截面实例化，实例化后的截面可通过新建主梁功能逐联创建上部结构主梁模型，如图 11-22 所示。

11.4.4　联复用

创建完某一联桥梁上部结构外轮廓模型后，可对该联的上部结构模型进行复用。如

图 11-23 所示，选择要被复用的联，并选择复用到的目标位置，即可快速在目标位置建立上部结构模型。

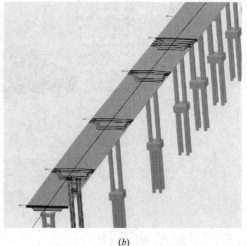

(a)

(b)

图 11-22　主梁建立
(a) 新建主梁功能；(b) 新建主梁完成实例化

11.4.5　上部结构零件拆分

逐联进行上部结构总体设计完毕后，利用上部结构零件拆分功能，将所设计的上部结构总体模型拆分到上部结构详细设计节点中，如图 11-24 所示。

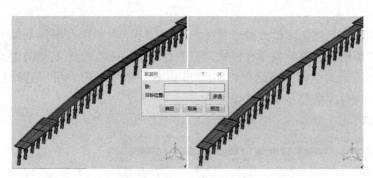

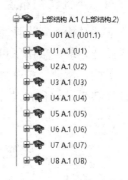

图 11-23　联复用

图 11-24　上部结构零件拆分

11.4.6　预制装配上部结构设计

预制装配结构是目前市政公路桥梁的发展方向，针对标准化设计的需求桥梁正向设计软件基于构件库管理系统实现了标准构件的标准联自动计算、三维建模、出图一体化方案，实现了预制小箱梁、预制 T 梁、预制空心板梁、新型预制结构的辅助设计功能。

用户在桥梁总体设计阶段定义了桥梁上部结构基本类型，结合道路设计数据、分联布跨结果，只需要从构件库中选取相应的预制装配构件程序其将自动运行完成建模操作，如图 11-25 所示。

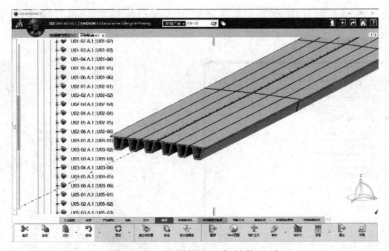

图 11-25 预制装配上部结构设计

11.5 下部结构设计

在桥梁总体设计阶段形成了下部结构的准确外轮廓，但是所有的下部结构构造设计以几何图形集的方式存放于总体设计下部结构节点，如图 11-26(a) 所示，对应设计的方案阶段（可研、初步设计）能够表达精确的外形轮廓，提供计算依据以及工程量统计依据，完成墩柱、排水槽、装饰槽、系梁结构、挡块装置以及上下部结构之间的支座系统的详细布置等。

11.5.1 下部结构布置

下部结构布置设计主要为满足施工图设计阶段对于多墩柱、多承台等组合形式下部结构的设计，软件采用了可扩展组合下部结构设计模式，以三柱墩为基础，设计下部结构盖梁、墩柱、承台、桩基础及系梁的空间排布结果，如图 11-26(b) 所示。用户可以选择总体设计结果进行合并设计或进行多墩柱多承台的设计。

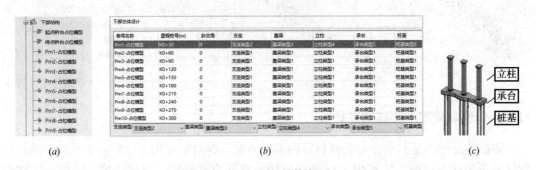

(a) (b) (c)

图 11-26 下部结构布置
(a) 结构树；(b) 下部结构总体布置窗体；(c) 三柱墩

11.5.2 盖梁详细设计

当上部结构为预制结构或者需要连接不同类型上部结构构造时需要设置盖梁结构以保

证上部结构的放置要求，盖梁的详细设计主要包含盖梁分片设计以及挡块布置调整功能，如图 11-27（a）所示。

11.5.3　墩柱详细设计

在详细设计阶段单个墩柱处于 3D Part 级别节点下，用户可以对墩柱进行开槽和外观装饰设计，同时，设计成果可以被快速复用到其他类型相似的墩柱，如图 11-27(b) 所示。

11.5.4　承台详细设计

承台构件的自定义特征开发包含了垫层设计及扩大基础设计两项内容，详细设计包含承台详细构造设计以及扩大基础设计，如图 11-27（c）所示。

11.5.5　桩基群布置

桩基群布置设计主要满足在一个下部结构基础中包含多种桩基尺寸类型的设计要求，并且在软件内预置了矩形排布、圆形排布、奇偶排布等常见类型的桩基群布置方案，以便用户快速进行桩基构造设计，如图 11-28 所示。同时，根据承台设计结果，桩基础具备保持固定边距、保持固定间距等多种自动调整功能，以满足用户快速设计需求。

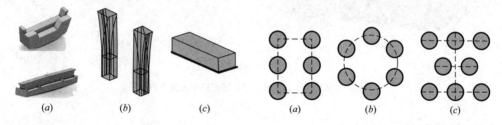

图 11-27　下部结构详细设计	图 11-28　桩基群详细设计
(a) 盖梁详细设计；(b) 墩柱详细设计；(c) 承台详细设计	(a) 矩形排布；(b) 圆形排布；(c) 奇偶排布

11.6　附属结构设计

11.6.1　功能菜单

附属结构设计功能模块解决了桥梁总体设计阶段的附属结构设计问题，基于概念设计模型，通过参照上部结构总体设计模型的结果，批量复用轮廓库中附属结构截面资源，生成具备准确外轮廓的附属结构总体设计模型。其功能如图 11-29 所示。

图 11-29　附属结构设计功能按钮

11.6.2 新建防撞护栏

在上部结构主梁新建完成后，主梁结构边线即为防撞护栏截面定位参考线，同时也是防撞护栏建模时的引导线。在模型视图中选取主梁模型，即可查询到该主梁的名称、与该主梁相关的防撞护栏草图及其引导线信息。由于同一主梁可能对应多个防撞护栏，软件允许用户通过下拉框选取某一特定的防撞护栏进行实例化，如图 11-30 所示。

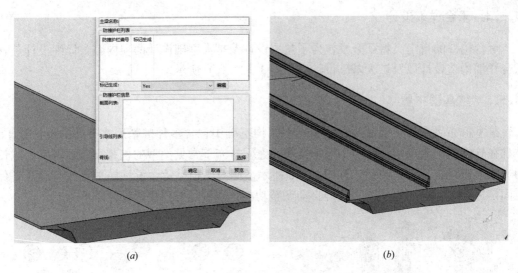

(a)　　　　　　　　　　　　　　　　　　(b)

图 11-30　防撞护栏建立
（a）防撞护栏形式选择；（b）防撞护栏完成实例化

11.6.3 新建铺装

新建防撞护栏后，可利用主梁模型、防撞护栏模型的边线确定桥面铺装的边界，利用截面库中桥面铺装断面进行实例化后，使用新建铺装功能按钮生成桥面铺装，如图 11-31 所示。

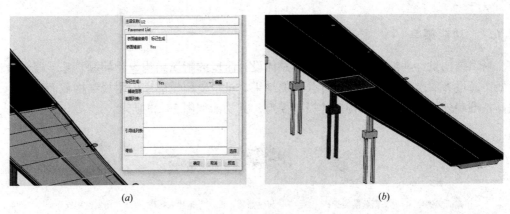

(a)　　　　　　　　　　　　　　　　　　(b)

图 11-31　铺装建立
（a）铺装选择；（b）铺装完成实例化

11.7　桥梁标准构件库

桥梁三维数字化设计工作具有专业性强、难度大、操作复杂等特点，让很多桥梁设计人员望而却步；同时，桥梁工程中存在着大量相同、类似的结构。对桥梁工程中的每个构件单独建模不仅将大量的时间花费在重复建模工作上，还不利于建模标准化的推进。

桥梁标准构件库是桥梁正向设计系统中不可或缺的一环，通过收集桥梁设计过程中的标准截面、标准构件和标准组件建立桥梁标准构件库，利用 CATIA 二次开发功能实现桥梁标准构件重复使用，达到简化设计过程、提高设计效率的目的。

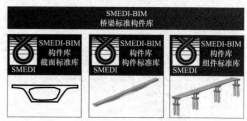

图 11-32　桥梁标准构件库分类

桥梁标准构件库包括截面标准库、构件标准库和组件标准库，如图 11-32 所示。

11.7.1　桥梁构件入库

桥梁标准构件库收录的构件繁多，构件库管理系统根据构件的类型、所属的结构进行划分，方便桥梁设计人员对不同构件的使用。同时，增加了快速搜索功能，可以根据构件的名字进行模糊搜索，达到快速查询到目标构件的目的，如图 11-33(a) 所示。

桥梁构件入库采用统一的标准界面，不仅规范了入库的流程和数据还降低了软件学习难度，如图 11-33(b) 所示。

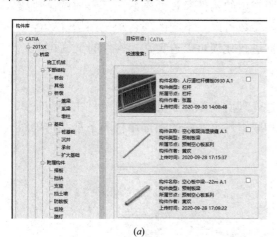

(a)

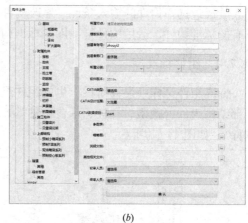

(b)

图 11-33　桥梁标准构件库

(a) 桥梁标准构件库构件浏览；(b) 桥梁标准构件库入库界面

入库界面的输入条件和参数输入说明：

（1）界面左侧的树状图是一个显示选择框，可选择标准构件所属的桥梁类型节点；

（2）所属节点是一个显示框，可交互选择树状图上的桥梁类型节点；

（3）参数表可以对本地的 Excel 文件进行选择，该表格是标准构件输入参数的说明表。

11.7.2 截面标准库

标准截面是总体设计阶段产生的截面经过处理后入库形成的，桥梁设计人员进行 BIM
建模时可以在截面标准库中调用各种类型的标准截面，然后可以对截面的参数进行修改以
满足不同项目的需要。

截面标准库根据截面类型对标准截面进行分类储存，大体分为上部结构截面、下部结
构截面和附属结构截面，如图 11-34 所示。

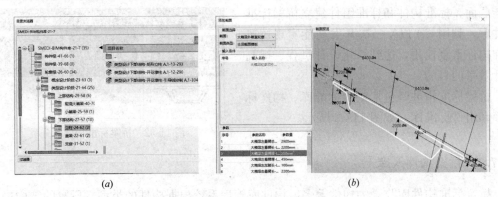

(a) (b)

图 11-34　截面标准库

(a) 标准库调用界面；(b) 修改截面参数

11.7.3 构件标准库

标准构件是总体设计阶段和详细设计阶段产生的构件经过处理后入库形成的。桥梁设
计人员通过选择构件的输入条件、修改构件的参数可以在不同的项目中复用构件标准库中
已有的标准构件，运用构件标准库的标准构件进行建模可以避免常规构件的重复建模。

11.7.4 组件标准库

标准组件是详细设计阶段产生的组件经过处理后入库形成的。标准组件主要包括单个
下部结构组件（盖梁、立柱、承台、桩基）和联组件（一联的上部结构和下部结构的组合
构件），如图 11-35 所示。

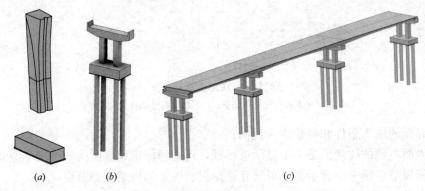

(a) (b) (c)

图 11-35　下部结构构件、组件、联组件

(a) 标准构件；(b) 标准组件；(c) 联组件

对于重复下部结构较多的桥梁，组件标准库的形成可以极大地提升建模效率，让桥梁设计人员摆脱繁重重复的建模工作，更加专注于桥梁设计本身。

11.8　桥梁配筋配束

11.8.1　钢筋设计功能

桥梁正向设计软件集成在 3DE CIV 环境下，提供了配筋设计功能，如图 11-36 所示。

钢筋创建　　钢筋转换　　钢筋配件　　钢筋干涉　　钢筋标记管理　　导出钢筋报告　　显示钢筋图层　　显示钢筋线

图 11-36　钢筋设计功能菜单

11.8.2　配筋设计模块

利用配筋设计模块，可以实现钢筋建模设计以及钢筋报表导出功能，其中 ＊.bvbs 格式可以直接输入钢筋自动折弯设备实现自动加工生产，如图 11-37 所示。

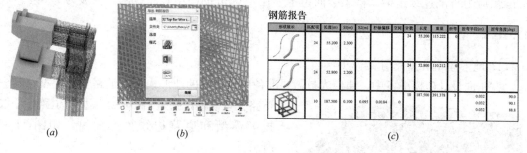

钢筋报告

形状展示	区配项	长度(m)	S1(m)	S2(m)	杆轴偏移	空间	计数	长度	重量	折弯	折弯半径(m)	折弯角度(deg)
	24	55.200	2.300				24	55.200	115.222	0		
	24	52.800	2.200				24	52.800	110.212	0		
	10	187.500	0.100	0.095	0.0184	0	10	187.500	391.378	3	0.032	90.0
											0.032	90.1
											0.032	88.8

图 11-37　桥梁配筋配束

（a）结构配筋设计；（b）钢筋表导出；（c）钢筋表成果

11.9　成果输出功能

桥梁正向设计软件主要面向三维数字化设计及计算分析，交付成果以三维模型为主要输出成果，为兼顾现阶段 BIM 设计与传统二维图纸设计并存的要求，在软件功能中集成了图纸输出功能（包括桥梁总体布置图、构造设计图等）。并且，逐步探索桥梁工程三维图表达绘制标准，利用先进的 MBD 设计交付思想，逐步实现基于三维模型的设计信息表达，相较传统的二维图纸表达更加直观便捷，也为自动化施工机械的引入做好数据标准，如图 11-38 所示。

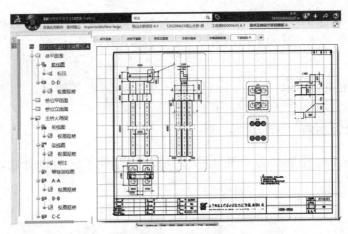

图 11-38　成果输出功能

11.10　工程应用案例（塔山京杭运河大桥）

11.10.1　项目背景

塔山京杭运河大桥位于徐州市贾汪区塔山镇境内，主桥平面位于直线段内，引桥平面位于曲线段内。桥梁跨径组成为：（4×30）+（72+120+72）+2×（3×30）(m)，桥梁全长572.28m。其中主桥为（72+120+72)m 三跨预应力混凝土变截面连续箱梁，引桥采用30m 预应力现浇连续箱梁。桥梁竖向位于半径 4500m 的凸型竖曲线内，纵坡为 2.8%。

11.10.2　设计过程

1. 地形模型和道路骨架模型

在正向设计建模准备中，建模人员需要准备建模所需的地形模型和道路骨架模型，其中道路骨架模型包括道路中心线模型、道路中心线投影模型和道路边线投影模型，如图 11-39所示。

2. 概念设计阶段模型

在概念设计阶段模型建立中，建模人员需要输入桥梁基本信息，包括桥梁名称、道路 3D中心线、平曲线、地形曲面、道路界线、起始

图 11-39　地形模型+道路中心线模型

桩位、终止桩位、填方高度、结构形式、桥梁宽度、梁高、铺装厚度、起始桥台角度和终止桥台角度等参数，完成概念设计阶段的桥梁上部结构占位模型的建立，如图 11-40 所示。

对建立好的上部结构占位模型进行分联和布跨，完成联占位模型和下部结构模型的建立，如图 11-41 所示。

3. 总体设计阶段

在总体设计阶段，通过使用截面构件库中的上部结构和下部结构标准截面，进行上部结构和下部结构的模型建立，根据塔山京杭运河大桥的设计图纸对标准截面的参数进行修改以满足设计要求，如图 11-42 所示。

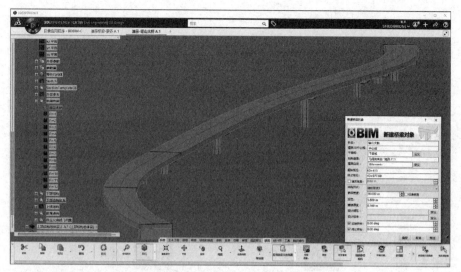

图 11-40　大桥上部结构占位模型

图 11-41　大桥下部结构占位模型布置

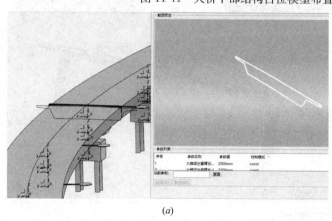 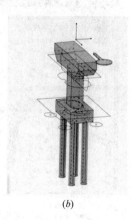

(a)　　　　　　　　　　　　　　　　(b)

图 11-42　塔山京杭运河大桥模型建立

(a) 大桥主梁截面布置；(b) 大桥下部结构截面布置

4. 详细设计阶段

在详细设计阶段通过调用构件库中已有构件，完成详细下部结构模型的设计建模工作，如图 11-43 所示。

11.10.3 设计及应用成果

最终形成的塔山京杭运河大桥总体桥梁模型如图 11-44 所示。

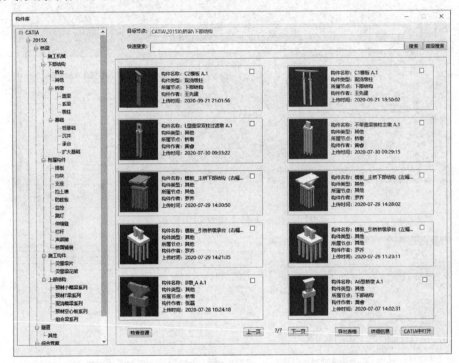

图 11-43　从构件库中选用施工图深度下部结构

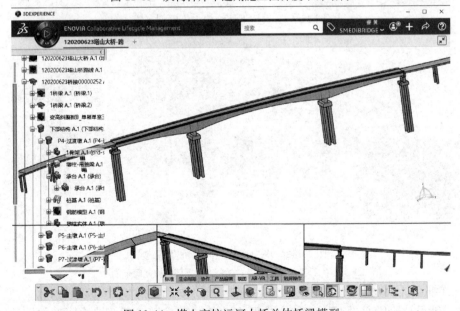

图 11-44　塔山京杭运河大桥总体桥梁模型

第 12 章　数字时代 BIM 技术应用

12.1　概述

十九大报告中提出要建设"数字中国",推动互联网、大数据、人工智能和实体经济深度融合,实施大数据战略,加快建设数字中国,促进产业发展创新升级。

当前,以 BIM 技术、大数据技术、移动互联网技术、物联网技术等为代表的数字技术,正成为推动建筑业转型升级、健康发展的重要动力。BIM 技术是建筑业"从建造走向制造,从建造走向智造"的关键技术,其产生的大数据也是数字城市、智慧城市的基础。

12.1.1　数字化交付

住房和城乡建设部《2016－2020 年建筑业信息化发展纲要》(建质函〔2016〕183 号)要求,建立完善数字化成果交付体系。建立设计成果数字化交付、审查及存档系统,推进基于二维图的、探索基于 BIM 的数字化成果交付、审查和存档管理。

数字化交付是将工程建设期数字化设计、数字化采购、数字化施工管理所产生的模型、数据、文档进行系统性的规范整理,并以资产为核心、多种业务编码和分类相结合,通过一定的流程将信息有机关联,创建数据模型,将其作为一个整体移交给业主。数据的产生、确认贯穿整个生命周期,数字化交付的核心在于提供可用的数据。

2019 年 3 月,国务院办公厅《关于全面开展工程建设项目审批制度改革的实施意见》(国办发〔2019〕11 号)提出:要实现工程建设项目审批"四统一",即统一审批流程、统一信息数据平台、统一审批管理体系、统一监管方式。

2020 年 4 月,住房和城乡建设部印发《住房和城乡建设部工程质量安全监管司 2020 年工作要点》(建司局函质〔2020〕10 号),要求推广施工图数字化审查,试点 BIM 审图,各省市的 BIM 审图推广节奏加速。

BIM 模型的强大优势,成为数字化交付工作的重要技术支撑,在推进监管审查工作创新改革之路上将迎来更广阔的应用空间,基于 BIM 的数字化交付时代即将来临。

12.1.2　数字资产 (Digital Assets)

2020 年 4 月,中共中央、国务院印发《关于构建更加完善的要素市场化配置体制机制的意见》(简称《意见》),数据作为一种新型生产要素写入了《意见》。《意见》指出加快培育数据要素市场,推进政府数据开放共享,提升社会数据资源价值,加强数据资源整合和安全保护。鼓励运用大数据、人工智能、云计算等数字技术,在应急管理、疫情防控、资源调配、社会管理等方面更好地发挥作用。

在数字经济时代,数据已经成为关键生产要素,就像在农业经济时代和工业经济时代中,土地、劳动力、资本技术是关键生产要素。数据要素涉及数据生产、采集、存储、加工、分析、服务等多个环节，是驱动数字经济发展的"助燃剂"，对价值创造和生产力发展具有广泛影响，正推动人类社会迈向一个网络化连接、数据化描绘、融合化发展的数字经济新时代。

数据是数字社会的生产要素，人工智能是生产工具，云计算、5G、边缘技术等是重要的生产环境，数据资源是提供生产生活服务的中间产品。由于数据处理手段的重大突破以及人工智能领域计算能力的发展，数据已经成为有价值的生产资料。在数字经济时代，那些掌握着丰富知识和大量数据的新阶层将加快形成，并发挥着越来越重要的作用。

从数据生产要素到数字资产，关键是交换和整合。为了真正把数据变成新的生产资料和资本，必须对数据资源进行有意义的交换和整合，让整个数据流通起来，成为真正可交易的产品，这就产生了"数字资产"的概念。

BIM 技术作为一种应用于工程设计、建造、管理的数据化工具，通过对工程数据和信息模型进行整合，在工程全生命周期内，最大限度地节约资源、减少污染、保护环境，提供健康、高效、适用的作业空间，向绿色建筑的目标迈进。BIM 数据作为企业和社会无形的数字资产，正在通过技术创新创造无限价值。

目前，数据权属有待进一步明确，我国还存在诸多限制和制约数据自主有序流动的体制机制障碍，如何既能充分释放数据红利，还能有效保障安全隐私，这都是需要重点研究和突破的方向。

12.1.3 数字工程

数字工程是指利用 BIM 和云计算、大数据、物联网、移动互联网、人工智能、5G 等信息技术，结合先进的精益建造理论方法，集成人员、流程、数据、技术和业务系统，实现工程建设的全过程、全要素、全参与方的数字化、在线化、智能化。

数字工程将面向数字国土、数字城市、数字建筑、数字设施、智慧社会等广泛领域，涵盖各类工程资产的数据采集、组织、存储、分发等过程中所涉及的管理体系、服务过程和数字资产。

在探讨 BIM 的本质其实是工程数字化的过程中，BIM 的雏形源于两个问题：一个是为了解决二维的局限而衍生出来的三维技术；另一个是为了解决信息化而提出的建筑信息体系。BIM 本身具有的数据性和结构化特征，使其可能成为工程建设业的未来，但就目前国内的情形来看，将此类技术直接转化成商业利益似乎还有一段距离。

未来 BIM 的定位在哪里？对于设计行业而言，急切需要一个标准化和数字化的解决之道，否则利用 BIM 进行工程设计的效率并不能完全体现。想要实现标准化，通过收集整理出来的大量数据样本，将整个工程用数字化表达出来，最后再通过这些大数据进行智能化的转换，这也是未来推进设计企业 BIM 发展的方向。能够适应市场环境的技术才能生存下来，当 BIM 技术与工程行业相结合，又搭上了互联网这辆快车，这种新技术带动了更多的组织变革、生产变革甚至制度变革，会创造出一个全新的生态系统。

BIM 是工程数字化的导火索，但也必须依托工程数字化的生态成熟，才能成就 BIM 本身。BIM 应用过程中产生的大量数据，贯穿在整个项目中，然而，企业可以有效利用的数据只占总数据的 1%，剩余的 99% 称为黑暗数据，即指那些针对单一目标而收集的数据，通常用过之后就被归档闲置，其真正价值未能被充分挖掘。数据被收集存储了，但缺乏对其深度理解的使用方式。

以 BIM 为核心技术形成数据载体，结合物联网、移动互联网、云计算、大数据、人工智能等数字化技术，做好工程项目的数字化实时过程管理，并通过多项目、各业务线数据的互联互通，形成企业的集中管控，真正实现企业对单个项目以及多项目间基于实时数据的精细化管理。

12.1.4 城市信息模型 (CIM)

随着城市化的深入，在建设工程领域，一系列城市信息化模型技术应运而生，从建筑信息模型到城市信息模型，一个比 BIM（建筑信息模型）更宏大的技术概念——CIM (City Information Modeling，城市信息模型) 正在兴起。

CIM 是以建筑信息模型（BIM）、地理信息系统（GIS）、物联网（IoT）等技术为基础，整合城市地上地下、室内室外、历史现状未来多维多尺度信息模型数据和城市感知数据，构建起三维数字空间的城市信息有机综合体。

CIM 的定义从技术维度看，就是将物理城市映射到数字空间，构建城市级 CPS（物理信息系统），也就是"数字孪生城市"，BIM 解析单体建筑和城市构造，GIS 标注空间位置，IoT 与 5G 配合实现对城市部件的全面感知和互联应用。

城市信息模型基础平台（basic platform of city information modeling）是在城市基础地理信息的基础上，建立建筑物、基础设施等三维数字模型，表达和管理城市三维空间的基础平台，是城市规划、建设、管理、运行工作的基础性操作平台，是智慧城市的基础性、关键性和实体性信息基础设施，简称"CIM 平台"。

CIM 平台建设让城市更智慧、让城市管理更精细化、打破各部门信息数据孤岛；CIM 平台建设让相关企业能更好、更便捷、更高效地获取信息，确保不遗漏各种关联信息。同时也为规划、设计、建造、运营提供牢固坚实的客观数据基础。CIM 平台建设让人民的生活更美好、更便捷，如基于 CIM 的智慧社区、疫情的联防联控等，这才是 CIM 平台建设的终极目标。

12.1.5 数字城市 (Digital City)

数字城市是从工业化时代向信息化时代转换的基本标志之一。一个城市的数字化水平，首先取决于它的信息获取能力，以及与该能力有充分联系的信息产生、信息传递和信息应用等各个环节。数字城市信息基础设施的规划与建设，其中心始终围绕着城市对于信息获取总能力的持续提高。

BIM 与数字城市的融合是未来技术发展的方向，未来数字城市一定会越来越关注显示细节，而 BIM 也会加强对大量项目的支撑，甚至能发展出特殊的数据库；同时 BIM 与数字城市融合应用，可提高长线工程（如道路）和大规模区域性工程（如综合园区）的管理能力，BIM 的应用对象往往是单个建筑物，利用数字城市宏观尺度上的功能，可将 BIM 的应用范围扩展到道路、铁路、隧道、水电、港口等工程领域，两者的融合是社会与科技发展的必然趋势，也是信息化发展的必经之路。

三维城市模型已经成为数字城市空间框架的核心内容之一，然而在当前的数字城市中，三维建筑模型仅仅是建筑物的表面模型，没有对建筑物内部的空间进行划分，不包含建筑物的各种信息，仅用于三维建筑外观显示；BIM 以建筑工程的各项相关信息数据作为模型的基础，进行建筑模型的建立，通过数字信息仿真模拟建筑物所具有的真实信息；在数字城市建立的过程中，融合 BIM 技术的成果可以为建筑增加更多的信息，也让数字城市充实起来，如图 12-1(a) 所示。

BIM 平台可为每个建筑单体提供三维可视化的数据库。在数字城市平台中，由于使用了大尺度的城市模型，每个单体建筑的信息不可能表达全面，而 BIM 模型正好弥补了这一短板。通过链接等形式将 BIM 模型与城市模型衔接，既可保证运行效率又可实现城市节点的全面展现，如图 12-1(b) 所示。

(a)   (b)

图 12-1　数字城市三维模型

(a) 三维城市 GIS 模型；(b) 三维城市 BIM 模型

12.1.6　智慧城市（Smart City）

智慧城市是将新一代信息技术充分运用到城市各行各业中，实现信息化、工业化与城镇化深度融合，有助于缓解"大城市病"，提高城镇化质量，实现精细化和动态管理，提升城市管理成效，改善市民生活质量。

建设智慧城市，也是转变城市发展方式、提升城市发展质量的客观要求。通过建设智慧城市，及时传递、整合、交流、使用城市经济、文化、公共资源、管理服务、市民生活、生态环境等各类信息，提高物与物、物与人、人与人的互联互通、全面感知和利用信息能力。

智慧城市建立在数字城市的基础框架上，以城市信息化建设为基础，结合物联网、云计算、大数据、移动互联网、工业互联网、人工智能、区块链、卫星导航等新一代信息技术，将城市化与信息化高度融合，通过物联网使城市的各个设施实现信息交互联系，将反馈来的海量数据运用大数据进行分类存储，以云计算为主，对数据进行计算，再将决策数据反馈到设施，实现城市设施的自动化控制。

随着智慧城市的深入发展，"BIM＋GIS＋物联网＋云技术"已经成为智慧城市建设基础的技术架构。BIM 和 GIS 是智慧城市数据的重要来源。BIM 模型的三维数据集成方式，可以使建筑信息以模型形式呈现，所有数据联动处理，如图 12-2(a) 所示。GIS 技术作为重要的空间信息系统，可以集成地图视觉效果与地理信息的分析，对地理分布数据进行一系列的数字化统计管理和处理，如图 12-2(b) 所示。

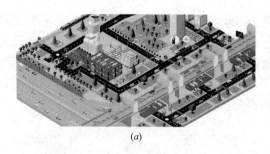 

(a)　　　　　　　　　　　　　　　　　　　　　　(b)

图 12-2　智慧城市三维数据模型

（a）城市三维数据集成方式；（b）城市三维数据分析方式

12.1.7　新基建

2020 年"新基建"一词首次被写入政府工作报告，伴随着我国数字化转型的不断发展，新基建对我国经济发展的驱动也将越来越重要。尤其以 5G 网络、数据中心、人工智能、互联网、物联网建设等为代表的"新基建"正改变着社会治理、生产制造、民众生活等各个方面。可以预见，随着"新基建"的开展，万物都将数据化，数据量和计算量呈指数爆发，这也对信息资源的存储、管理、共享、应用以及安全提出了新的挑战，也是对众多数据平台、信息平台提出的重要挑战。

"新基建"是以新发展理念为引领，以技术创新为驱动，以信息网络为基础，面向高质量发展需要，提供数字转型、智能升级、融合创新等服务的基础设施体系。"新基建"共包括三大领域：

一是信息基础设施，主要指基于新一代信息技术演化生成的基础设施，例如，以 5G、物联网、工业互联网、卫星互联网为代表的通信网络基础设施，以人工智能、云计算、区块链等为代表的新技术基础设施，以数据中心、智能计算中心为代表的算力基础设施等。

二是融合基础设施，主要指深度应用互联网、大数据、人工智能等技术，支撑传统基础设施转型升级，进而形成的融合基础设施，例如，智能交通基础设施、智慧能源基础设施等。

三是创新基础设施，主要指支撑科学研究、技术开发、产品研制的具有公益属性的基础设施，例如，重大科技基础设施、科教基础设施、产业技术创新基础设施等。伴随技术革命和产业变革，创新基础设施的内涵、外延也不是一成不变的，将持续跟踪研究。

"新基建"的价值落地涉及数据的基础设施建设和数据应用场景两个层次，其中数据的基础设施建设是"新基建"的一个物质基础，核心是数据的高效连接和处理，而数据将会被广泛用于融合基础设施的建设，融入传统基础设施数字化、智能化的应用场景中。"新基建"将会产生大量的数字化、网络化和智能化的应用场景，构成一个真正的智慧城市。

随着"新基建"的建设实施，建筑、城市、交通工具和运输网络等物理世界被数据连接到一起，将变得更加自动化、智能化。在 BIM 模型中，数据载体连接着工程全生命周期的每一个阶段，也在各参与方之间进行数据与业务信息的传递，而互联的 BIM 技术是实现建筑业数字化的基础，能使建造过程中非常传统的各种数据、业务线条、逻辑关系等实现数字化，如图 12-3（<i>a</i>）所示。

将 BIM 和云以及移动互联技术进行深度结合，推动土木工程行业进入了一个互联 BIM 的时代。以 BIM 数据为基础的数字建造，可以应用到数据的基础设施化和基础设施数据化的各种场景当中去。这其中包括了高分辨率的工程测绘、以云为基础所提供的无限的计算能力、跨项目全生命周期的数字化协作、AI 以及建筑业和制造业的融合，也就是常说的建筑工业化，以及互联网及其相关的高级分析技术，如图 12-3(b) 所示。

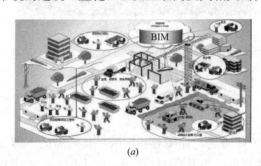 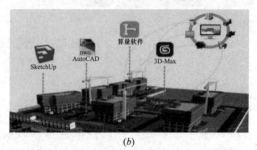

(a)　　　　　　　　　　　　　　　(b)

图 12-3　BIM 与"新基建"

(a) 互联 BIM 技术；(b) BIM 结合云提供计算能力

随着数据这个新型基础更加丰富，BIM 将会与以云计算为代表的超强计算力、人工智能、机器人、物联网等新技术进一步集成应用，称之为工业化的 BIM 技术与颠覆性的跨界创新，持续推动行业的变革和产业升级。

智慧城市是一项涉及物联网、云计算、大数据等众多技术的复杂巨系统。随着 5G 时代的来临，大容量、低时延的网络传输将变为现实，人类将进入万物互联的物联网时代，智慧城市建设也将步入一个崭新阶段。CIM 这个概念的提出，将视野从单体建筑拉高到建筑群和城市一级，给予智慧城市更加有力的支撑。5G 网络和 CIM 的共同技术支撑，为智慧城市系统的构建提供了无限的可能性。

12.1.8　时空大数据 (Spatial-Temporal Big Data)

自然资源部办公厅关于印发《智慧城市时空大数据平台建设技术大纲（2019 版）》的通知（自然资办函 ［2019］ 125 号），提出城市是社会发展最活跃的地区，因此智慧城市建设是建设智慧社会的重要组成部分，而时空大数据平台是智慧城市建设与运行的基础支撑。

时空大数据主要包括时序化的基础时空数据、公共专题数据、物联网实时感知数据、互联网在线抓取数据和根据本地特色扩展数据，构成智慧城市建设所需的地上地下、室内室外、虚实一体化的、开放的、鲜活的时空数据资源，具有多源、海量、高速的特点，是大数据与时空属性的融合。位置轨迹数据、地图数据、遥感影像数据等多源数据给城市产生的每一条信息都打上了时间和空间的标签，有利于理顺数据之间的各种关系。利用好这些数据，能更好地满足服务和管理层面的需求，以及经济和城市发展层面的需求。

建设时空数据中心，管理全过程模型数据。BIM 开放的数据结构结合可视化技术，可提供多维度的数据基础和数据模型展示，如图 12-4(a) 所示；还可提供自适应系统的信息获取、实时反馈数据智能服务，如图 12-4(b) 所示。

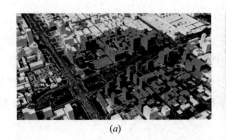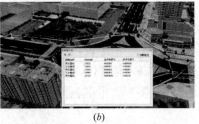

(a)　　　　　　　　　　　　　　　　　(b)

图 12-4　多维度的数据基础和数据模型

(a) 地面时空数据；(b) 地下时空数据

12.2　城市信息模型（CIM）

12.2.1　CIM 国内政策

2019 年 3 月，国务院办公厅《关于全面开展工程建设项目审批制度改革的实施意见》（国办发〔2019〕11 号）中提出全面开展工程建设项目审批制度改革，统一审批流程，统一信息数据平台，统一审批管理体系，统一监管方式，实现工程建设项目审批"四统一"。地方工程建设项目审批管理系统要具备"多规合一"业务协同、在线并联审批、统计分析、监督管理等功能，在"一张蓝图"基础上开展审批，实现统一受理、并联审批、实时流转、跟踪督办。以应用为导向，打破"信息孤岛"。

2019 年 3 月，住房和城乡建设部发布行业标准《工程建设项目业务协同平台技术标准》CJJ/T 296—2019。标准要求有条件的城市，可在 BIM 应用的基础上建立城市信息模型（CIM）。基于统一的城市空间及管网、道路等城市基础设施的布局，在"多规合一"业务协同平台中协调景观风貌，进行多方案比选、红线和控高分析、视域分析、通视分析、日照分析等合规性比对，并通过仿真模拟和分析，进一步优化设计方案。

2020 年 7 月，住房和城乡建设部、工业和信息化部等 13 部委发布《推动智能建造与建筑工业化协同发展的指导意见》（建市〔2020〕60 号），提出通过融合遥感信息、城市多维地理信息、建筑及地上地下设施的 BIM、城市感知信息等多源信息，探索建立表达和管理城市三维空间全要素的城市信息模型（CIM）基础平台。

2020 年 9 月，住房和城乡建设部关于印发《城市信息模型（CIM）基础平台技术导则》的通知（建办科〔2020〕45 号指出），为贯彻落实党中央、国务院关于建设网络强国、数字中国、智慧社会的战略部署，指导各地开展城市信息模型（CIM）基础平台建设，推进智慧城市建设，总结试点工作经验做法，制定了《城市信息模型（CIM）基础平台技术导则》。

12.2.2　CIM 国内进展

以广州、厦门、南京等 5 个城市为试点，探索 BIM 和 CIM 技术支撑工程建设项目审批制度改革以及 CIM 基础平台的建设。经过探索和实践，试点城市已经在数据和平台建设、标准体系构建、BIM 和 CIM 实践应用方面积累了一定的经验。

其中，广州市已初步形成了 CIM 基础平台，完成了全市范围的三维模型建设，并以 CIM 基础平台为基础，探索了智慧审批、城市更新、消防审批、城市体检、施工安全、房地产监测等 CIM+应用，制定了 BIM 电子报建、CIM 基础平台的一系列标准。

南京市已初步建立了 CIM 基础平台，提出了南京 BIM 模式格式，加强国情的衔接、集成和共享，明确了工程建设项目、BIM 应用的规建管一体化思路。

BIM 是单体，CIM 是群体，BIM 是 CIM 的细胞。要解决智慧城市的问题，仅靠单个细胞的 BIM 还不够，需要大量细胞再加上各种连接网络构成的 CIM 才可，如图 12-5 所示。

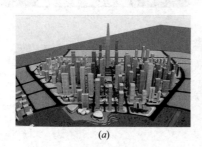 

图 12-5　城市三维模型
(a) 城市群体模型 (CIM)；(b) 城市单体模型 (BIM)

当前大部分城市在 CIM 基础平台的工作上仍十分薄弱，CIM 工作的顶层框架尚未建立；三维的空间、数字底板尚未形成；数据绘制的体制机制尚未建立；部门各自为政的行业壁垒尚未打通；数据融合等关键技术尚未突破；城市数字底座尚未形成。

CIM 建设目前还存在很多问题。首先，CIM 概念并未形成共识，国内外在学术上有不同观点；其次，不同类型的 BIM 彼此不通，实现不同类型的 BIM 集合存在技术难度，数据量过于庞大，图形引擎效率不够理想；再次，数据标准难以统一，不同机构、行业、部门、城市等都有不同的规划建设运营标准；最后，安全性问题尚未解决，CIM 汇聚了海量信息，使城市地上地下基本透明。

CIM 建设亟待解决三个方面的核心技术：一是空间定位、分割及编码体系，确保城市任何部件或事件都能在四维时空中得到识别；二是图像快速存储、显示、计算等，尤其是在移动网页端实现，与图像引擎效率密切相关；三是跨行业、跨机构、跨部门的标准体系，包括专业、数据、安全等。

CIM 本质是服务城市全生命周期，不断地全要素迭代、全开放赋能各行各业，最终形成超越真实城市的数字超级系统，与真实城市共同演进。河北雄安新区 CIM（以下简称"雄安 CIM"）建设实践从 2017 年 7 月开始，核心是坚持数字城市与现实城市同步规划、同步建设，适度超前布局智能基础设施，推动全域智能化应用服务实时可控，建立健全大数据资产管理体系，打造具有深度学习能力、全球领先的数字城市。

雄安 CIM 平台强调全周期，以时间为核心的集成创新。遵循城市空间生长周期的客观规律，以数字技术赋能增效空间管理，监测与展示雄安空间成长建设全过程。根据现实城市成长的"现状评估—总体规划—控详规划—方案设计—施工监管—竣工验收"6 个阶段，实现城市全生命周期信息化和城市审批管理全流程数字化，推动数字城市数据汇聚，记录雄安的过去、现在与未来。

CIM 建设是国内外发展大趋势，不管是 BIM+GIS 还是基于广义数据库的 BIM+GIS+IoT 等，都是行业探索的技术路径，本质都是为解决区域、城市、片区、社区、建筑、部件、事件、人等在空间中的定位、数据融合及其计算。

12.2.3　住房和城乡建设部 CIM 导则介绍

为贯彻落实党中央、国务院关于网络强国战略部署，指导各地开展城市信息模型（CIM）基础平台建设，按照《住房和城乡建设部 工业和信息化部 中央网信办 关于开展城市信息模型（CIM）基础平台建设的指导意见》（建科［2020］59 号）要求，住房和城乡建设部组织有关单位编制了《城市信息模型（CIM）基础平台技术导则》。导则总结了广州、南京等城市试点经验，提出 CIM 基础平台建设在平台构成、功能、数据、运维等方面的技术要求。

1.CIM 基础平台的定位

应定位于智慧城市的基础平台，由城市人民政府主导建设，负责全面协调和统筹管理，并明确责任部门推进 CIM 基础平台的规划建设、运行管理、更新与维护工作。

2.CIM 基础平台的建设原则

应遵循"政府主导、多方参与，因地制宜、以用促建，融合共享、安全可靠，产用结合、协同突破"的原则，统一管理 CIM 数据资源，提供各类数据、服务和应用接口，以满足数据汇聚、业务协同和信息联动的要求。

3.CIM 基础平台的集成性

CIM 基础平台应实现与相关平台（系统）对接或集成整合：

（1）CIM 基础平台宜对接智慧城市时空大数据平台和国土空间基础信息平台，应对接或整合已有工程建设项目业务协同平台（即"多规合一"业务协同平台）功能，集成共享时空基础、规划管控、资源调查等相关信息资源。

（2）CIM 基础平台应支撑城市建设、城市管理、城市体检、城市安全、住房、管线、交通、水务、规划、自然资源、工地管理、绿色建筑、社区管理、医疗卫生、应急指挥等领域的应用，应对接工程建设项目审批管理系统、一体化在线政务服务平台等系统，并支撑智慧城市其他应用的建设与运行。

4.CIM 数据分类与构成

CIM 数据宜从要素、应用行业、数据采集、成果形式、时态、城市建设运营阶段和工程建设专业等角度进行分类，见表 12-1。

CIM 数据分类（部分）　　　　　　　　　　　　　　　表 12-1

分类名称	类目	分类名称	类目
要素	定位基础	应用行业	城乡建设
	水系		交通与物流
	居民地及设施		能源
	交通		水利
	管线管廊		风景园林
	境界与政区		自然资源
	地形地貌		生态环境
	植被与土质		卫生医疗
	其他		城市综合管理
			工业和信息化
			其他

CIM 数据应至少包括时空基础数据、资源调查数据、规划管控数据、工程建设项目数据、公共专题数据和物联感知数据等门类，见表12-2。

CIM 数据构成 表 12-2

门类	大类	门类	大类	门类	大类
时空基础数据	行政区	规划管控数据	国土空间规划	公共专题数据	兴趣点数据
	电子地图		专项规划		地名地址数据
	测绘遥感数据		已有相关规划		社会化大数据
	三维模型	工程建设项目数据	立项用地规划许可	物联感知数据	建筑监测数据
资源调查数据	国土调查		建设工程规划许可		市政设施监测数据
	地质调查		施工许可		气象监测数据
	耕地资源		竣工验收		交通监测数据
	水资源	公共专题数据	社会数据		生态环境监测数据
	城市部件		法人数据		城市安防数据
规划管控数据	开发评价		宏观经济数据		
	重要控制线		人口数据		

12.2.4 CIM 平台建立

CIM 平台需要能够从多个维度完整地描述结构复杂的城市系统，丰富的语义信息是必不可少的，这些语义信息更多地来自对微观城市实体要素的详细描述，如建筑、市政设施、植被、水体、地貌、部件、设备、自然人、法人等，而这种详细描述需要 BIM 数字模型支持，如图 12-6 所示，具体平台建立内容如下：

图 12-6 城市信息模型（CIM）平台建立

（1）建立倾斜摄影、三维地质、道路、桥梁、隧道、管廊、市政管线、地下空间等 BIM 模型。

（2）对原始格式的 BIM 模型进行数据转换、轻量化处理，完成 BIM 模型的入库和数据发布。

（3）驾驶舱子系统提供全景展示，包括现状实景模型、规划模型、建筑模型、市政模型的三维展示功能，可看到新城的现状及未来。

12.2.5　城市基础设施数字化

随着地下管线、构筑物等城市基础设施的规模和密度逐渐增大，现代城市规划建设和管理从二维向三维转变。运用 CIM 平台将规划、国土、市政、交通、水利、安防、人防等各自为政的主管部门管理制度向协同管理、多管合一的动态管理转变。

建立以 BIM 数字模型为基础的多方参与城市可视化平台，用于解决建筑、社区、城市层面信息不关联和纵向断层的问题。BIM 数字模型包括空间数据（模型）及属性数据（参数），其中空间数据（模型）又包含空间位置、外观形状等，属性数据（参数）包含设计参数、施工参数及运维参数等，如图 12-7 所示。

图 12-7　城市基础设施 BIM 数字模型

BIM 数字模型作为一个多维度数据拓展的信息承载器，可实现新城基础设施如燃气、热力、供水、排水、电力、电信等地下管线的三维空间展示、查询分析功能；可形成一套完整的空间信息及其属性信息，根据不同的需求应用要求，以二维、三维不同形式表现。如图 12-8 所示。

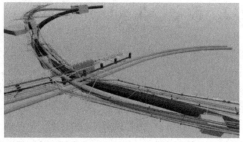

图 12-8　管线 BIM 数字模型

12.2.6　上海市政总院 CIM 管理平台建设

随着城市信息模型技术的诞生，结合三维地理信息系统（GIS）、建筑信息模型（BIM）和物联网（IoT）等多种先进技术，将为智慧城市的建设注入新鲜的血液。从智慧城市和 CIM 技术的内涵出发，两线并行，形成一套基于 CIM 的智慧城市管理平台设计方案。

为满足新区多规合一、系统集成、智能信息的要求，建立数字城市框架和标准，为"数字孪生城市"建设提供基础和支撑。

以 BIM、GIS 等时空数字模型为依据，形成三维空间"一张图"，提升城乡规划和工程设计的实现程度，推动规划、设计、施工、运维全生命周期中数据的互通和共享，促进 CIM 平台的进一步发展。

CIM 管理平台建设的主要内容包括：一个标准、一个模型、一个平台。

一个标准：是指 CIM 平台数据管理标准和成果交付标准体系。这是贯通数字城市和现实城市之间的语言标准、业务标准，是实现新区数字城市建设的技术保障。

一个模型：是指基于城市建设的时空大数据模型，这是实现"数字孪生城市"的时空载体，包含地上、地面、地下，过去、现在、将来全时空信息的城市全尺度的数字化表达。

一个平台：是指智慧城市建设的 CIM 管理平台。CIM 管理平台是数字城市空间基础设施，支撑城市规划、建设、管理、交通、民生、治理等垂直应用，服务新区智慧城市创新发展，如图 12-9 所示。

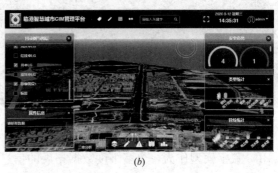

|(a)|(b)|

图 12-9　上海市政总院智慧城市 CIM 管理平台
(a) 登录界面；(b) 工作界面

12.3　数字孪生（Digital Twin）

12.3.1　数字孪生技术

数字孪生（Digital Twin）是充分利用物理模型、传感器更新、运行历史等数据，集成多学科、多物理量、多尺度、多概率的仿真过程。

数字孪生是一个普遍适应的理论技术体系，可以在众多领域应用，目前在产品设计、产品制造、医学分析、工程建设等领域应用较多。目前在国内应用最深入的是工程建设领域，关注度最高、研究最热的是智能制造领域。

在工程建设领域中应用数字孪生技术，建立虚拟 BIM 空间模型，从而在虚拟空间中完成映射，反映相对应的建筑实体的全生命周期过程。它可以帮助设计更好地实施，对设备数据进行优化，进而帮助未来的规划进行模拟。

数字孪生七大要素是：物理空间、数字空间、数据、模型、控制、管理、服务；七大组成部分是：传感器、控制器、执行器、智能管理与决策平台、智能控制算法与模型、数据、系统集成。

　　数字孪生最大的特点在于对实体、孪生体之间的动态仿真。实体上各种传感器所产生的数据流会及时输入并表现在孪生体上，形成历史数据的记录。在孪生体上所做的实验和调整也可以通过某种形式的指令，来指导实体相应产生的变化，如图 12-10 所示。

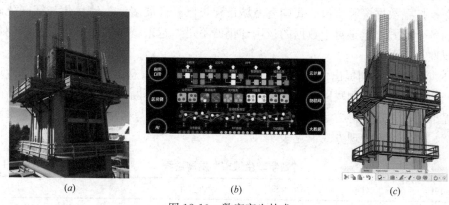

图 12-10　数字孪生技术

(a) 实体（物理空间）；(b) 动态仿真平台（控制）；(c) 孪生体（数字空间）

12.3.2　"数字孪生城市"

　　城市场景是数字孪生技术的主要应用场景之一。"数字孪生城市"的本质是城市级数据闭环赋能体系，通过数据全域标识、状态精准感知、数据实时分析等，来实现城市的模拟、监控以及控制，解决城市规划、设计、建设、管理、服务过程中的诸多问题。

　　"数字孪生城市"三要素是：数据、模型、服务。与传统智慧城市相比，"数字孪生城市"不仅包括传统测绘数据、新型测绘数据等常规 GIS 数据，也包括基于倾斜摄影、BIM、激光点云的三维模型数据，基于移动互联网的地理位置数据、基于物联网的实时感知数据等，以及非结构化的视频、图片、文档等。

　　城市大数据平台以城市 BIM 数据为骨架，整合城市规划、建设、管理等数据，同时不断融入物联网感知数据、位置数据和各种运行数据，保证城市数据的实时性，展示城市真实运行状态。除此之外，通过对接已建政务系统、行业系统的政务数据和行业数据，实现城市数据的协同共享。

　　"数字孪生城市"实现了城市全要素数字化和虚拟化、城市状态实时化和可视化、城市管理决策协同化和智能化，形成了物理维度上的实体世界和信息维度上的虚拟世界同生共存、虚实交融的城市发展新格局，如图 12-11 所示。

图 12-11　"数字孪生城市"实现

(a) 物理维度上的实体城市；(b) 信息维度上的虚拟城市

"数字孪生城市"是建设智慧城市不可或缺的一环，它不仅仅是一个大型数字模型的集合，更是在安全监控下运行的全国数字循环系统。数字循环分为三个主要层次：数据管理、意义构建和最优决策。随着层次的上升，数据的数量有所降低，同时质量也逐步上升。将深度挖掘数据资源价值。我国智慧城市建设已经开展多年，信息化与智能化硬件遍布城市的各个地方，但是对于数据的运用却仍然不足，越来越多的城市已经意识到数据资源的重要性。

2018 年 4 月，我国提出创建雄安新区数字孪生城市的概念。雄安新区数字孪生城市是在大数据、人工智能、物联网、云计算等新一代信息技术不断发展、数据作用不断凸显的背景下提出的，它旨在将数字技术与城市规划、治理、运营相结合，以数据支撑城市决策、运营，创新城市治理方式，见表 12-3。

"数字孪生城市"发展过程　　　　　　　　　　　　　　表 12-3

发展阶段	产生时间	产生背景	硬件技术	软件技术	供应商
"智慧地球"	2012—2018 年	概念引入	无线通信、宽带	GIS、GPS、RS 技术	IBM、Oracle
智慧城市	2012—2016 年	国家部委牵头试点	RFID	云计算、SOA	设备商、集成商
新型智慧城市	2016 年至今	国家统筹、25 部委试点	NB-IoT	大数据、人工智能	互联网、运营商
"数字孪生城市"	2018 年至今	雄安兴起、部委试点	5G、D2D、全城智能	BIM、CIM	专业厂商

12.3.3　CIM 与"数字孪生城市"

CIM 通过 BIM、三维 GIS、大数据、云计算、物联网（IoT）、智能化等先进数字技术，形成与实体城市"孪生"的数字城市模型，实现城市从规划、建设到管理的全过程、全要素、全方位的数字化、在线化和智能化，改变城市面貌，重塑城市基础设施。

CIM 是"数字孪生城市"的基础核心，同时利用 CIM 的可扩展性，可以接入人口信息、房屋信息、住户水电燃气信息、安防警务数据、交通信息、旅游资源信息、公共医疗信息等诸多城市公共系统的信息资源，实现跨系统应用集成、跨部门信息共享，支撑"数字孪生城市"的决策分析。

CIM 作为实现"数字孪生城市"的关键技术，虽然其应用从数量、范围和深度上都有飞速发展，但是目前仍然存在空间建模较为单一、实体描述尺度粗泛、实体表达较为简单以及难以实现真三维的高仿真模拟分析、处理和表达更多维度信息等问题。

BIM 是创建和使用数字孪生的工具，为城市提供基于 BIM 城市数字模型，覆盖城市的所有电力线、变电站、污水系统、供水和排水系统、城市应急系统、Wi-Fi 网络、高速公路、交通控制系统等所有能连接的地方。

12.3.4　CIM 与智慧城市

CIM 的能力是要承载城市规模的海量信息，满足城市发展需求的集成性管理。CIM 平台结合物联网、大数据挖掘、云计算等技术，融合三维地理信息和 BIM 数据，为整个智慧城市建设提供丰富的数据。

CIM 平台提供基础空间数据（城市现状三维实景、地形地貌、地质等）、现状数据（人口、土地、房屋、交通、产业等）、规划成果（总规、控规、专项、城市设计、限建要素等）、地下空间数据（地下空间、管廊等）等城市规划相关信息资源，成为智慧城市的底板。

CIM 建设既是智慧城市跨行业融合的基石和底板，也是推动城市高质量发展的重要抓手，更是带动我国 21 世纪产业升级的重要引擎。CIM 建设将会扩展出"数字空间领地"，探索基于信息融合创新的新产业培育发展路径，为我国产业融合以及新型城镇化建设提供切实可行的方案。

传统智慧城市建设强调以通信为主的智能基础设施建设和应用场景，而 CIM 建设更强调城市本身的全息数字化。CIM 首先是传统智慧城市空间定位的数字坐标；其次是城市建设领域信息化集成应用的数字操作系统；最后是城市智慧化建设运营交易的数字中枢，如图 12-12 所示。

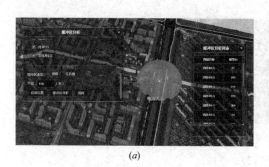 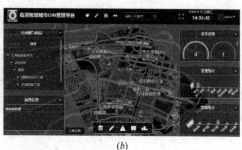

图 12-12　城市智慧化信息建设
(a) 空间分析信息（数字坐标）；(b) 规划道路、河流信息（全息数字化）

12.3.5　数字孪生未来展望

数字孪生的出现，是信息化发展到一定程度的必然结果，数字孪生正成为人类认识物理世界的新工具。数字孪生是一套支撑数字化转型的综合技术体系。

（1）数字孪生不仅仅是一项通用使用技术，也将会是数字社会人类认识和改造世界的方法论（试验验证、理论推理）；

（2）数字孪生将成为支撑社会治理和产业数字化转型的发展模式，如图 12-13 所示；

（3）数字孪生落地的关键是"数据＋模型"，亟需分领域、分行业编制数字孪生模型全景图谱，如图 12-14 所示。

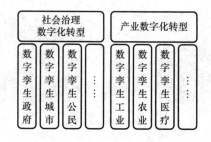

图 12-13　数字化转型的发展模式

图 12-14　数字孪生模型全景图谱

12.4 数字时代 BIM 技术应用

12.4.1 BIM 技术与城市数字化

　　BIM 技术的应用有利于促进城市的数字化发展。基于 BIM 技术自身所具备的特征，通过 BIM 数据，可获得整体城市的地理环境信息（例如地形、道路、周边环境）、市政基础设施信息（例如地下供水、排污、天然气、电力、通信等）、所有建筑物信息及其他相关信息等，通过此种方式，仅需要选择对象，便能够查看该对象的所有相关资料，并且还可在此基础上对不同专业领域的资料进行综合分析与模拟，为各级政府机构进行城市规划设计、旧城改造、公共设施选址评估、应急救灾等领域的决策提供一定的帮助，如图 12-15 所示。

(a)　　　　　　　　　　(b)　　　　　　　　　　(c)

图 12-15　城市数字化模型

(a) 地理环境模型；(b) 市政基础设施模型；(c) 建筑物信息

12.4.2 BIM 技术与 GIS 技术融合

　　GIS 技术为城市的智慧化发展奠定了基础，BIM 技术则附着了城市建筑物的整体信息，二者相结合将创建一个附着大量城市信息的虚拟城市模型，这实际上就是智慧城市的基础。

　　BIM 和 GIS 正从各自领域的应用逐步走向两个领域的融合。"BIM＋GIS"可以为城市景观规划、城市交通分析、安防应急、城市微环境分析、市政管网管理、住宅小区规划、既有建筑改造等诸多领域提供预测规划、仿真推演和决策支撑平台。与各自单独应用相比，在建模质量、分析精度、决策效率、成本控制水平等方面都有明显提高，如图 12-16 所示。

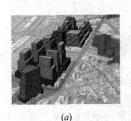  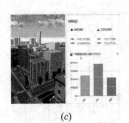 

(a)　　　　　　(b)　　　　　　(c)　　　　　　(d)

图 12-16　城市规划正向设计（BIM＋GIS）

(a) 规划方案创建；(b) 方案调整；(c) 指标统计；(d) 方案比较

随着新一轮信息技术的发展和应用，城市的智慧化发展在全世界范围引起了关注。BIM 技术在建筑业的应用价值已经得到有效验证，BIM 和 GIS 的融合应用将为智慧城市的发展带来无限可能。BIM 技术和 GIS 技术的结合将使城市中的人们生活更加智能、便捷，让城市变得越来越宜居、越来越智能。

12.4.3　BIM 技术与 CIM 融合

3D GIS＋BIM 与 CIM 的应用，将创建一个虚拟的智慧城市，各种满足智慧城市建设的规划、城市智慧应用解决方法，均能够先在虚拟的智慧城市中得到模拟仿真和分析验证，并且还能够从中获得"城市历史发展和文化形成的智慧，解决城市生活宜居、便捷、安全的智慧，以及城市可持续发展与提升核心竞争力的智慧"，以此来为智慧城市的建设提供指导，且还能够对虚拟的智慧城市进行建设成果评估。此外，在智慧城市运行阶段，通过将物联网、移动互联网与实体城市关联，可实现智慧城市的运行管理。

CIM 将开启 BIM 技术发展的第二个十年，同时也为整个 BIM 产业带来新的生机。如果说第一个 BIM 十年是行业内在玩劳动密集型服务，第二个 BIM 十年则是跨界玩高科技 IT 型服务。BIM 与 CIM 的服务差异见表 12-4。

BIM 与 CIM 的服务差异　　　　　　　　　　　　　　　表 12-4

对比项目	BIM	CIM
主流	劳动密集型服务	高科技 IT 型服务
模型范围	项目级 BIM 咨询、培训、产品	园区级、城市级 BIM 产品，体量足够大，涉及互联网、物联网、大数据、人工智能等技术
领域	BIM 领域传统业务模式	BIM 领域新业务模式
企业	传统设计院、施工单位、咨询单位所擅长	非传统设计院、施工单位、咨询单位所擅长
利润	利润偏低；劳动密集型产业，互联网企业不参与	利润高（长期的维护收入）；高科技 IT 服务，符合互联网企业新一代的信息技术战略
应用	偏设计阶段和施工阶段 BIM 应用	偏运营阶段 BIM 应用
周期	业务周期性短	业务服务周期性长
费用	合同金额小	合同金额大

CIM 的推广会加速 BIM 与 IoT、AI 等技术的融合，加快推进目前 BIM 运维技术的成熟度，对工程项目全生命周期 BIM 应用的闭环有很大推动作用。同时因为 CIM 应用涉及互联网、物联网、云计算、大数据、人工智能等技术，非传统设计院、施工单位、咨询单位所擅长，因此互联网巨头纷纷入局。只有少数传统企业因为有战略需求，所以会投入大量资金来研究 BIM 领域新业务。

在 5G 时代，数据传输可以实现"D2D"（Device to Device），这意味着很多建筑设计、结构计算、BIM 模型搭建等建筑业作业不必放在设备本地，可以在云端完成。目前园区级 BIM 模型、城市级 BIM 模型的浏览非常不流畅，操作模型需要大量时间加载。5G 的发展为大模型、城市级 BIM 模型的应用提供了可能性。

12.4.4　BIM 技术与智慧交通

2020 年 8 月 6 日，交通运输部印发《关于推动交通运输领域新型基础设施建设的指导意见》（交规划发〔2020〕75 号），其指导思想为：以习近平新时代中国特色社会主义思想为指导，深入贯彻党的十九大和十九届二中、三中、四中全会精神，坚持以新发展理念引领高质量发展，围绕加快建设交通强国总体目标，以技术创新为驱动，以数字化、网络化、智能化为主线，以促进交通运输提效能、扩功能、增动能为导向，推动交通基础设施数字转型、智能升级，建设便捷顺畅、经济高效、绿色集约、智能先进、安全可靠的交通运输领域新型基础设施。

智慧交通是交通行业信息化的趋势，而三维 GIS 是智慧交通应用不可或缺的基础之一。智慧交通不单是指交通设施的建设管理会更加智能化、智慧化，而且通过将交通实体对象信息转换为可呈现、可分析、可管理的三维虚拟对象，可构建现实世界与虚拟世界并行的"数字孪生"体系，这将是未来智慧交通应用的重要工具与核心模式。

当前的交通设施信息化程度较低，传统的平面图纸以及人工数据采集办法，费时费力，而且偏差较大，并且由于地域位置等因素，变更成本和维护成本相当高，为将来的维护管理带来隐患。目前常用的技术是采用 3D 激光扫描，生成点云数据，再导入 BIM 模型生成软件，重新建模。通过监测设备与基于物联网的射频识别技术（RFID）和无线传感器技术（WSN）的结合进行数据信息传递，监测和采集桥梁与隧道中的受力、温度、变形、安全应急等数据信息，并导入 BIM 模型。通过 BIM 的可视化，为相关人员提供具有精准的定位、编号信息的直观三维视图，为相关人员提供位置参考，如图 12-17 所示。

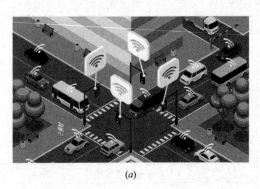 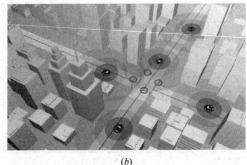

(a)   (b)

图 12-17　BIM 技术与智慧交通
(a) 智慧交通（监测设备）；(b) 智慧交通（精准定位）

12.5　智慧市政实施方案

12.5.1　国内智慧城市建设总体概况

智慧城市不是一个概念，不是一个文件，不是一个噱头，智慧城市需要资金、技术、时间，需要多领域的数字化、信息化、智能化，需要从城市感知、数据治理、数据汇聚的平台以及支撑城市智慧的应用体系等各方面长时间和系统化的积累。扎实推进智慧城市底板和平台建设，推进基于底板和平台的智慧审批、智慧市政、智慧交通、智慧城管以及智慧园区、智慧小区、智慧楼宇等应用，应该坚持少说多做。

近年来，我国政府大力推进智慧城市规划建设，国家层面推出了十多个相关政策文件，要求运用物联网、云计算、大数据、空间地理信息集成等新一代信息技术，促进城市规划、建设、管理和服务智慧化。

1. 现状问题

近年来，我国智慧城市建设取得了积极进展，但也暴露出缺乏顶层设计和统筹规划、体制机制创新滞后、网络安全隐患和风险突出等问题，一些地方出现思路不清、盲目建设的苗头，亟待加强引导。

2. 指导思想

八部委《关于促进智慧城市健康发展的指导意见》明确指出，智慧城市是运用物联网、云计算、大数据、空间地理信息集成等新一代信息技术，促进城市规划、建设、管理和服务智慧化的新理念和新模式。建设智慧城市，对加快工业化、信息化、城镇化、农业现代化融合，提升城市可持续发展能力具有重要意义。

3. 建设目标

（1）公共服务便捷化。基本建成覆盖城乡居民、农民工及其随迁家属的信息服务体系，公众获取基本公共服务更加方便、及时、高效。

（2）城市管理精细化。实现城市规划和城市基础设施管理的数字化、精准化水平大幅提升，推动政府行政效能和城市管理水平大幅提升。

（3）生活环境宜居化。居民生活数字化水平显著提高，水、大气、噪声、土壤和自然植被环境智能监测体系和污染物排放、能源消耗在线防控体系基本建成。

（4）基础设施智能化。宽带、融合、安全、泛在的下一代信息基础设施基本建成。电力、燃气、交通、水务、物流等公用基础设施的智能化水平大幅提升，运行管理实现精准化、协同化、一体化。

（5）网络安全长效化。城市网络安全保障体系和管理制度基本建立，基础网络和要害信息系统安全可控，重要信息资源安全得到切实保障，居民、企业和政府的信息得到有效保护。

12.5.2　智慧市政实施总体目标

建成全面感知城市安全、交通、环境、网络空间的感知网络体系，更好地用信息化手段感知物理空间和虚拟空间的社会运行态势。充分考虑国内智慧城市发展状况、人工智能发展状况、对智慧城市的认识，确定实施总体目标。

总体目标：

（1）市政信息与城市其他信息共享利用；

（2）智能化管控市政设施；

（3）优化配置市政设施资源；

（4）监控市政系统运行。

12.5.3　智慧市政实施技术路线

1. 上海市政总院智慧市政实施技术路线

建设智慧市政，首先要市政设施的数字模型，以实现物理城市与数字城市之间虚实映射和实时交互的构建机制，即为"数字孪生城市"。"数字孪生城市"是建设智慧市政的前提条件，CIM 模型是智慧市政的核心资产。

推进 BIM 平台、云计算、大数据、物联网、移动互联网和人工智能、5G 等智能技术，并与市政工程的设计、建设、管理、养护和运营服务全深度融合，以弥补传统建设方式的不足，提质增效，实现系统化、精准化、去风险化的管理赋能。

从信息化到智能化再到智慧化，是建设智慧城市的必由之路，上海市政总院智慧市政实施技术路线如图 12-18 所示。

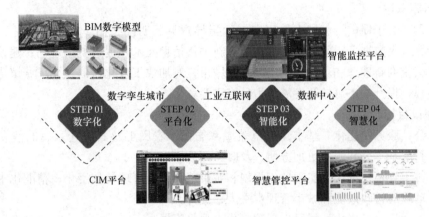

图 12-18　上海市政总院智慧市政实施技术路线

2. 数字孪生建设

"数字孪生城市"主要指利用数字孪生技术（一种利用物理模型、传感器更新、运行历史等数据，在虚拟空间完成对实体世界的模拟过程），在虚拟空间构建一个与物理世界相匹配的孪生城市。

水厂数字孪生实现如图 12-19 所示。

图 12-19　水厂数字孪生实现

3. 市政基础设施智慧化管理系统

市政基础设施智慧管理平台采用网格管理法和城市部件管理法，以市级平台为中心，连接各城区子系统，实现数据交换和业务协调，提高市政基础设施管理的信息化、标准化、精细化、动态化。

充分整合现有市政基础设施资源（道路、桥梁、供水、燃气、供热、市容市貌、路灯照明、户外广告等），实现由多种通信手段相融合的集监控、应急、指挥、管理、服务等功能为一体的数字化市政基础设施智慧化管理系统，实现日常市政业务的可视化管理，实现对重大安全事故和突发事件的实时监控、指挥、评估和应急处理，为市政管理有关部门提供科学的辅助决策手段，最终实现市政管理手段现代化，提高整个城市的管理水平。市政基础设施智慧化管理系统总体框架如图 12-20 所示。

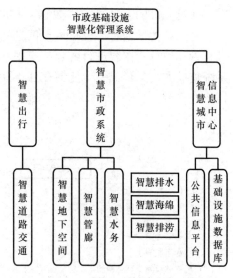

图 12-20　市政基础设施智慧化管理系统总体框架

4. 智慧交通

智慧交通是在整个交通运输领域充分利用物联网、空间感知、云计算、移动互联网等新一代信息技术，综合运用交通科学、系统方法、人工智能、知识挖掘等理论与工具，以全面感知、深度融合、主动服务、科学决策为目标，通过建设实时的动态信息服务体系，深度挖掘交通运输相关数据，形成问题分析模型，实现行业资源配置优化能力、公共决策能力、行业管理能力、公众服务能力的提升，推动交通运输更安全、更高效、更便捷、更经济、更环保、更舒适地运行和发展，带动交通运输相关产业转型、升级。智慧交通系统组成如图 12-21 所示。

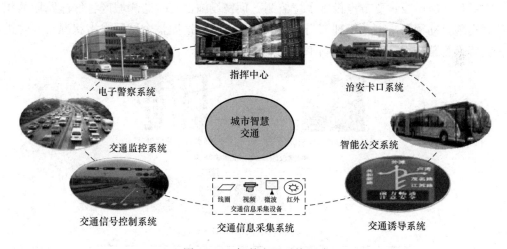

图 12-21　智慧交通系统组成

5. 智慧管廊

智慧管廊设计内容包括：管廊运维管理中心、设备及环境监控系统、火灾报警系统、安防系统、通信系统等。智慧管廊系统组成如图 12-22 所示。

在城市地下综合管廊信息系统中，除了包括综合管廊的地理信息和容纳的管线属性信息之外，还应包括廊道环境信息和廊道内各类管线生产运行信息。

通过先进的云计算、大数据、物联网等计算机技术、网络技术、通信技术和管理技术，将三维地理信息、设备运行信息、环境信息、安全防范信息、视频图像、预警报警信号、管理信息等内容进行融合，应用、网络、专业子系统、物联网设备等资源通过有效的系统集成方式，形成一个能够在互连互通中实现子系统优势互补、协同作用的管廊运营监控整合平台。

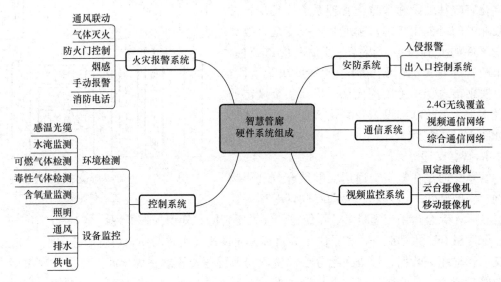

图 12-22　智慧管廊系统组成

6. 智慧排水

在易积水区域及重要节点设置水位监测、预警设施，实时监测城区各低洼路段的积水水位并实现自动预警。市政管理部门借助该系统可整体把握整个城区内涝状况，及时进行排水调度。智慧排水系统组成如图 12-23 所示。

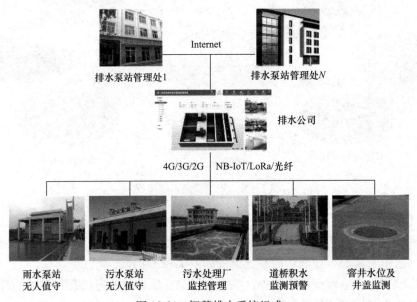

图 12-23　智慧排水系统组成

7. 智慧海绵

通过在重要海绵城市设施（生物滞留设施、调蓄池等）的关键节点设置水位、水量或水质监测设施，实时或定期监测收集雨水情况。市政管理部门借助该系统可结合智慧排水，整体把握整个城区积水状况，及时进行排水调度。同时，可加强与气象预报联动、强化水位管控、预降、做好重要节点监控，增加智慧排水、信息预警预报系统等，如图 12-24所示。

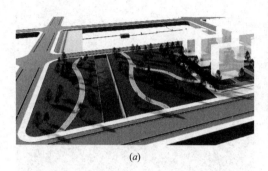 

图 12-24　智慧海绵

（a）海绵城市 BIM 模型；（b）智慧海绵监测点

8. 复合灯杆

创新集成多种功能的复合灯杆，以减少道路各类设施立杆情况。复合灯杆集成了 4G 基站、5G 基站、智能监控、一键求助、标志标牌、信号灯、互动媒体等功能。复合灯杆的功能选择宜根据所处区域的需求确定，如图 12-25 所示。

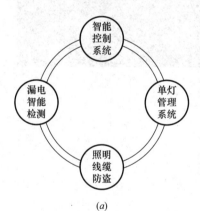  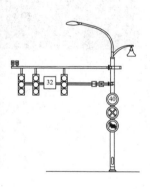

图 12-25　复合灯杆系统功能及架构

（a）复合灯杆系统架构；（b）复合灯杆实景

9. 智慧地下管线

国务院印发的《国家新型城镇化规划（2014—2020 年）》中提出"发展智能管网，实现城市地下空间、地下管网的信息化管理和运行监控智能化"。住房和城乡建设部提出的《国家智慧城市试点指标体系》中明确规定了地下管线与空间综合管理指标：实现城市地下管网数字化综合管理、监控，并利用三维可视化等技术手段提升管理水平。在这样的政策环境下，建设智慧地下管线，提高城市地下管线管理水平，推进"智慧城市"建设刻不容缓。

当前电力、通信、燃气、给水排水等城市地下管线管理方分属不同政府部门或企业，形成了信息孤岛，使得地下空间越来越拥挤，地下管线被挖断、施工受阻挠等问题时有发生。

智慧城市建设包括"智慧建筑""智慧政务""智慧医疗""智慧交通"和"智慧物流"等多方面的内容，这些都属于"地上智慧"。而"地下智慧"则是由地下管线数字化管理中心专门收集地下空间使用的基础信息，用以保护城市地下资源的科学规划、合理利用和本质安全，如图 12-26 所示。

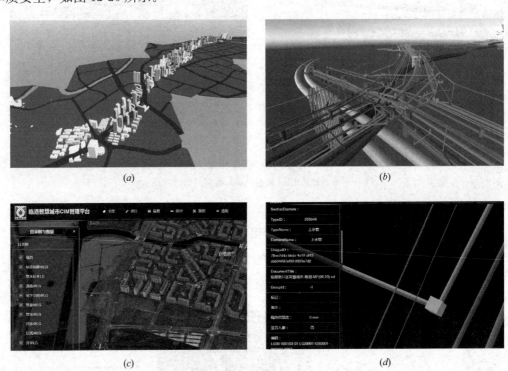

图 12-26　智慧城市 CIM 平台

(a) 地面构筑物；(b) 地下管线；(c) 管理平台；(d) 管线信息查询

参考文献

[1] 国务院办公厅. 国务院办公厅关于促进建筑业持续健康发展的意见 [EB/OL]. [2017-02-24]. http://www.gov.cn/zhengce/content/2017-02/24/content_5170625.htm.

[2] 中华人民共和国住房和城乡建设部. 住房城乡建设部关于印发推进建筑信息模型应用指导意见的通知 [EB/OL]. [2015-06-16]. http://www.mohurd.gov.cn/wjfb/201507/t20150701_222741.html.

[3] 交通运输部办公厅. 交通运输部办公厅关于推进公路水运工程 BIM 技术应用的指导意见 [EB/OL]. [2017-12-29]. https://xxgk.mot.gov.cn/2020/jigou/glj/202006/t20200623_3312675.html.

[4] 住房城乡建设部工程质量安全监管司. 市政公用工程设计文件编制深度规定（2013年版）[M]. 北京：中国建筑工业出版社，2013.

[5] 张吕伟，蒋力俭. 中国市政设计行业 BIM 指南 [M]. 北京：中国建筑工业出版社，2017.

[6] 张吕伟，杨书平，吴凡松. 市政给水排水工程 BIM 技术 [M]. 北京：中国建筑工业出版社，2018.

[7] 张吕伟，程生平，周琳. 市政道路桥梁工程 BIM 技术 [M]. 北京：中国建筑工业出版社，2018.

[8] 张吕伟，刘斐，李宁. 市政隧道管廊工程 BIM 技术 [M]. 北京：中国建筑工业出版社，2018.

[9] 清华大学 BIM 课题组. 中国建筑信息模型标准框架研究 [M]. 北京：中国建筑工业出版社，2011.

[10] 何关培. 如何让 BIM 成为生产力 [M]. 北京：中国建筑工业出版社，2015.

[11] 中国建筑标准设计研究院有限公司. 建筑信息模型设计交付标准：GB/T 51301—2018 [S]. 北京：中国建筑工业出版社，2018.

[12] 建筑信息模型存储标准（报批稿）.

[13] 住房和城乡建设部城乡规划管理中心. 工程建设项目业务协同平台技术标准：CJJ/T 296—2019 [S]. 北京：中国建筑工业出版社，2019.

[14] 中国交通建设股份有限公司，中交第一公路勘察设计研究院有限公司. 公路工程信息模型应用统一标准：JTG/T 2420—2021 [S]. 北京：人民交通出版社，2021.

[15] 中国水利水电勘测设计协会. 水利水电工程信息模型存储标准：T/CWHIDA 0009—2020 [S]. 北京：中国水利水电出版社，2020.

[16] 铁道第三勘察设计院集团有限公司. 铁路工程信息模型数据储存标准 1.0：CRBIM1002—2015 [S]. 中国铁路 BIM 联盟，2015.

[17] 国际标准《使用 BIM 进行信息管理》（ISO 19650）

［18］ 国际标准《工程建设和设施管理业中数据共享工业基础类别》（ISO 16739）

［19］ 国际标准《建筑信息模型-信息交付手册》（ISO 29481）

［20］ 国际标准《建筑工程-建设工程信息结构》（ISO 12006）

［21］ 住房和城乡建设 BIM 产品大型数据库 http：//www. chinabimdata. org

［22］ 中国知网 http：//www. cnki. net

［23］ 百度文库 http：//wk. baidu. com. cn/uc

［24］ 百度图片 https：//image. baidu. com/